TypeScript

TypeScript Hands-On

ハンズオン

掌田津耶乃 [著]
Tuyano SYODA

秀和システム

本書で使われるサンプルコードは、次のURLでダウンロードできます。

http://www.shuwasystem.co.jp/support/7980html/6533.html

本書について

TypeScript 4.3.2、Node.js 16.2.0に対応しています。

はじめに

✚Web を JavaScript から解放しよう！

「すべてをWebへ」——この動きが近年加速しつつあります。スマホやPCのアプリなど、あらゆるプログラムが、気がつけばWeb技術を利用した「Webアプリ」へと変わりつつあります。

Webは、誰もが簡単に作れ公開できる素晴らしい技術です。けれど、「すべてをWebへ」移行したら、実はとてつもなく大きな問題が発生してしまうことに多くの人は気づいていません。それは——

「すべてのプログラムを『JavaScript』だけで書かなければいけない」

——このことです。Webでは、JavaScriptしか使えません。ところがこのJavaScript、柔軟性がありすぎるため、とんでもない処理を書いても平気で動いてしまう、ちょっと困った奴なのです。もっときっちりと厳格にプログラムを書けるようにしてほしい、でないと本格的な開発には使えないぞ。そう感じている人もきっと多かったことでしょう。

そんな人への一つの回答が、「TypeScript」です。

TypeScriptは、JavaScriptの進化形です。本書では、TypeScriptという言語の基礎的な文法からきっちりと説明をしていきます。プログラムというのは、実際に書いて動かさないと理解できませんから、随所に**「試してみよう」**マークを付けて実際に簡単なコードを書いて動作を確かめながら学んでいきます。

基礎文法の他に、Webのクライアントサイドとサーバーサイドそれぞれで多用されている**「React」**と**「Node.js（Express/Nest）」**をTypeScriptで開発する基本についても説明をしています。これ一冊で、Webの基礎的な技術を使ったアプリ開発は、一通りTypeScriptで行えるようになるでしょう。

TypeScriptをマスターすれば、あなたもJavaScriptから解放されます。もっときちんとプログラムを書き、作り、動かせるようになります。TypeScriptは、もはやJavaScriptプログラマには不可欠なものといってよいでしょう。JavaScriptで苦労している人。ぜひTypeScriptに挑戦してみて下さい。**「今までの苦労は何だったんだ？」**ときっと思うはずですよ。

2021.08　掌田津耶乃

Contents 目　次

Chapter 7 **サーバーサイドとTypeScript** 327

TypeScriptを
はじめよう

TypeScriptで開発するためには、
まずどのようにTypeScriptが動いているのか、
基本的な仕組みを理解する必要があります。
そしてプロジェクトを作り、
TypeScriptのソースコードを変換し
アプリケーションを生成する手順を知らなければいけません。
こうした基礎的な知識をここで身につけましょう。

Section 1-1　TypeScriptを準備しよう

ポイント
- ▶TypeScriptがなぜ使われるのか、その理由を理解しましょう。
- ▶Node.jsの準備を整えましょう。
- ▶Visual Studio Codeの準備を整えましょう。

JavaScriptの限界

　現在、JavaScriptの世界は大きな変化の只中にあります。Webの開発においては、ReactやVue3などのフロントエンドフレームワークが急速に広まり、Webのあり方を劇的に変えつつあります。またアプリケーション開発の世界では「Webへのシフト」が進みつつあり、PWA（Progressive Web Apps）と呼ばれるネイティブアプリと同等のユーザー体験を提供する技術により、Webアプリとしてパソコンやスマートフォンのアプリを作るような動きが広まりつつあります。

　あらゆる分野で、Webの技術が使われるようになっている。これは開発する側にとってどういうことを意味するでしょうか？　それは「どんな分野でも、開発はJavaScriptで行う」ということになるのです。JavaScriptさえ使えれば、Webもパソコンもスマホもすべて開発できる、そういう世界がやってこようとしています。

　しかし、このことは多くの開発者を別の問題に気づかせることとなりました。それは、**「JavaScriptはもう限界じゃないか?」**ということです。

◉ 大規模開発は無理?

　JavaScriptは、非常にラフなスタイルでプログラムを作成することを可能にします。このことは、**「Webという限られた世界で、あまりプログラミング経験のない人間でも簡単なプログラムを作れるようにする」**という点ではよいものでした。しかし、大規模な開発に用いようとすると、この**「ラフなスタイル」**が次第に問題となってきます。どんな問題が引き起こされているのでしょうか。

✚ 値のタイプが自由すぎる

JavaScriptのプログラムでは、使用する値のタイプ（型）をあまり意識しません。変数の中にあるのがどんなタイプの値なのか、あまり深く考えずにプログラムを書いている人も多いでしょう。

変数に代入されている値がテキストから数値に変わっていたりすることも実際あります。**「この変数はどういうタイプの値でどんな用途に使うものか」**をきちんと考えず、**「とりあえず今使う値が入ってるだけ」**という程度の感覚でプログラムを書き、そして動かすことができてしまいます。

このように自由すぎる変数の使い方をして書かれたプログラムは恐ろしくメンテナンスが難しくなります。

✚ 関数も自由すぎる

関数は、さまざまな処理をひとまとめにして呼び出すための基本ですが、JavaScriptでは必要な値を渡すための引数にどんな値でも入れることができるため、非常にいい加減な使い方ができてしまいます。

また変数の利用範囲が**「関数内かグローバルか」**といった大雑把なものであるため、**「この構文の中だけでこの変数を使う」**ということができません。構文を抜けたあとも変数は放置され、知らずに使ってトラブルを引き起こしたりします。特に関数が長く複雑なものになってくると、この**「使い終わった後も残っている変数」**は知らない内にバグの原因となることもあります。

✚ オブジェクトも自由すぎる

JavaScriptのオブジェクト指向は、非常にユニークであり、かつ柔軟です。とりあえず必要なものだけオブジェクトにまとめておけば、作ったあとでいくらでも中身を書き換えることができます。

しかしこの自由度の高さが、本格開発においては問題となります。多くのオブジェクト指向言語で使われている**「クラス」**を定義して、これをコピーしオブジェクトを作る方式のほうが、同じ内容のオブジェクトを多数作成でき、中身も保証されるためトラブルは起こしにくくなります。最新のJavaScriptではクラスが使えるようになっていますが、まだまだ浸透していないため多くのJavaScriptプログラマはクラスを使っていません。

JavaScriptもこうした問題は気がついており、標準化の過程でさまざまな新しい仕様が追加されています。けれど、それら新機能はブラウザによって使えたり使えなかったりで、今ひとつ広まっていない感があります。また値のタイプやオブジェクトの問題などはJavaScriptの根本となる文法に原因があるため、そう簡単には解決できないのも確かでしょう。

トランスコンパイラ言語の登場

しかし、Webで使えるプログラミング言語はJavaScriptしかありません。問題があっても、これを使ってプログラムを作るしかないのです。まったく新しい言語をWebブラウザに追加することはそう簡単にはできませんから。

新言語は追加できない。けれどJavaScriptではいろいろ問題がありすぎる。これを解決するためにはどうすればいいのか。——そこで登場したのが「**トランスコンパイラ**」と呼ばれる技術です。

トランスコンパイラは、「**ある言語のソースコードを別の言語のソースコードに変換する**」というものです。今までの言語では、コンパイラという技術は広く使われていました。これは、ソースコードをネイティブコードに変換するものです。しかしトランスコンパイラはネイティブコードではなく、別の言語のソースコードに変換します。

この技術により、「**別の言語で書いたものをJavaScriptのソースコードに変換して使う**」というプログラミングスタイルが可能となったのです。値のタイプをきちんと管理し、クラスベースのオブジェクト指向が使える言語でプログラムを書き、これをJavaScriptにトランスコンパイルして使う。こうすれば、堅牢でより安全なプログラムを作成し、しかもJavaScriptでそれを動かすことができます。

もちろん、生成されたスクリプトはJavaScriptそのものですから、値のタイプも適当に設定できます。しかしトランスコンパイルにより、常に決まったタイプの値が変数に代入されるようにコーディングされているため、問題を引き起こすことはなくなります。

◐図1-1：トランスコンパイラでは、ソースコードをJavaScriptのスクリプトにコンパイルして使う。

TypeScriptとは？

このトランスコンパイラ言語の中でも、現在もっとも広く使われているのが「**TypeScript（タイプスクリプト）**」と呼ばれる言語です。TypeScriptは、マイクロソフトにより2012年に開発されたオープンソースのプログラミング言語です。JavaScriptに非常に近い文法になっており、JavaScript経験者ならばスムーズに移行することができます。そしてトランスコンパイラにより簡単にソースコードをJavaScriptのスクリプトに変換できるため、扱いも比較的簡単です。

では、なぜTypeScriptが支持されるのでしょうか。TypeScriptの特徴を踏まえて考えてみましょう。

✚ 静的型付け言語

最大の理由はこれでしょう。JavaScriptは、変数にどんなタイプの値も代入することができます。時々勘違いしてしまう人もいるのですが、これは「**JavaScriptには型がない**」というわけではありません。「**動的型付け**」といって、実際にスクリプトを実行しているときに変数のタイプが設定されるようになっているためです。

これに対し、TypeScriptは「**静的型付け**」の言語です。これは変数の型がスクリプトを実行する前に決められていることを示します。TypeScriptはトランスコンパイルする際にはすべての変数の型が決定されており、異なる型の値が代入されたりするとエラーとなりトランスコンパイルができません。つまり、問題なくトランスコンパイルしスクリプトファイルが生成されれば、その時点ですべての変数の型は決定されており、その型以外の値は一切使われていないことが保証されます。

✚ クラスベースオブジェクト指向

JavaScriptでもクラスは使えるようになっているのですが、比較的新しく導入された機能であるため使えない環境などもまだあります。TypeScriptでは、オブジェクト関係は基本的にクラスを使って作成します。またインターフェースなど、多くのオブジェクト指向言語でサポートされている機能も追加されており、より強力なクラスベースオブジェクト指向になっています。

✚ 上位互換の文法

TypeScriptを使おう！ というと、「**JavaScriptだけで十分。そんなに次々と新しい言語なんて覚えられないよ**」という反応を見せる人も多いようです。が、これは勘違いです。

TypeScriptは、JavaScriptの文法の上位互換言語です。つまり、JavaScriptの文法がほぼそのまま使えるのです。またJavaScriptで新しくサポートされる機能などもすべて取り込まれており、それらに加えて独自の機能が少しだけ付け足されている、といった形になっています。

従って、TypeScriptを学ぶということは「**将来のJavaScript**」を学ぶことに近いのです。多くの機能は、いずれJavaScriptでも使われるようになるものだったりします。TypeScriptは、「**JavaScriptとは異なる別の言語**」ではないのです。これは「**JavaScriptの進化形**」なのです。

TypeScriptに必要なもの

では、TypeScriptを使うには、どのようなものが必要になるのでしょうか。何を準備すればいいのか簡単にまとめておきましょう。

✚ Node.js（npm）

まず用意すべきなのは、Node.jsです。Node.jsというのは、JavaScriptエンジンプログラムです。これをインストールすることで、JavaScriptのスクリプトをパソコン内で直接実行できるようになります。

このNode.jsには、さまざまなJavaScriptのライブラリ類を管理するパッケージ管理ツール「**npm**」が組み込まれています。JavaScript関係のソフトウェアは、すべてこのnpmでインストールし利用できるといってもいいでしょう。

TypeScriptも、npmでインストールすることができます。ですから、最初にNode.js（と、そこに組み込まれているnpm）が必要なのです。

✚ TypeScript本体

TypeScript本体が必要になりますが、これは別途ダウンロードしてインストールするような作業は不要です。既に述べたように、npmというパッケージ管理ツールを使い、必要に応じてインストールし使います。

この他、TypeScriptを利用する上であると便利なツール類がいくつかありますが、それらもすべてnpmでインストールできます。

✚ Webpack

これは厳密にはTypeScriptの利用とは直接関係ないのですが、TypeScriptを利用するような比較的規模の大きな開発になると、スクリプトなども多数扱うようになります。Webpackは、多数のリソース類を一つにまとめるものです。本格的なアプリのプロジェクトでは、このWebpackを使ってアプリケーションを生成するものも多いため、基本的な使い方ぐらいは覚えておきたいところです。

Node.jsをインストールする

では、Node.jsのインストールを行いましょう。これはNode.jsのWebサイトからダウンロードして行います。以下のURLにアクセスをしてください。

https://nodejs.org/ja/

⬥図1-2：Node.jsのWebサイト。

サイトのトップページには、2つのバージョンのダウンロード用リンクが表示されています。これは、アクセスする時期によって掲載されるバージョンは変わっていきます。この中から、**「もっとも新しい偶数バージョンのもの」**をダウンロードしてください。たとえば、バージョンが14と15ならば、14です。14と16ならば、16をダウンロードします。

Node.jsは、偶数バージョンが長期サポートされるバージョンで、奇数バージョンは最新機能を盛り込んだショートサポートバージョンになります。奇数バージョンの場合、半年ほどでサポート終了となりますので、最新機能を使ってみたい人以外にはおすすめできません。必ず偶数バージョンをダウンロードしてください。

◉ インストールを行う（Windows）

では、ダウンロードしたインストーラを起動してインストールを行いましょう。以下の手順に従って作業してください。

✚1. Welcome to the Node.js Setup Wizard

インストーラを起動すると、この画面が現れます。そのまま「**Next**」ボタンをクリックして次に進みます。

◉図1-3：Welcome to the Node.js Setup Wizard。そのまま次に進む。

✚2. End-User License Agreement

ライセンス契約の表示が現れます。下にある「**I accept ……**」チェックをONにして次に進みます。

◎図1-4：End-User License Agreement。チェックボックスをONにして次に進む。

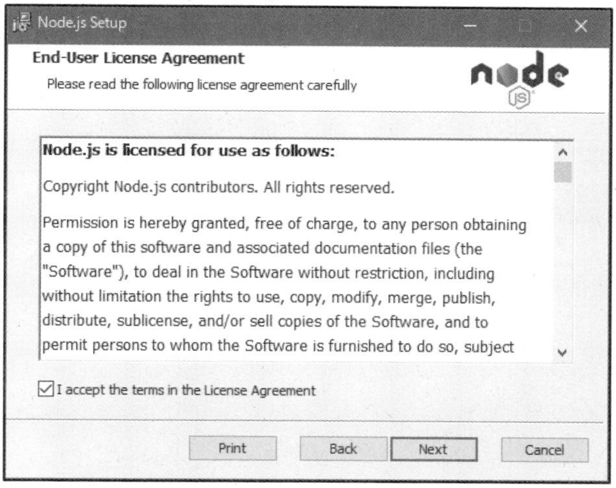

✚3. Destination Folder

　インストールする場所を指定します。デフォルトではCドライブの「**Program Files**」内に「**nodejs**」フォルダを作成しインストールします。特に理由がなければそのままにしておきます。

◎図1-5：Destination Folder。インストール場所を指定する。

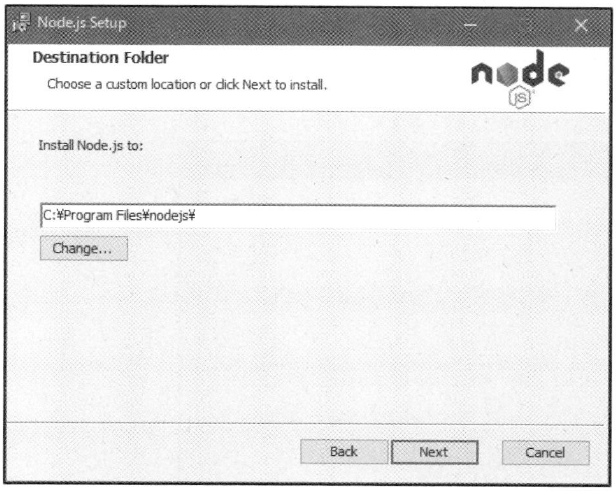

✚4. Custom Setup

インストールする内容を指定します。項目は多数ありますが、基本的にはデフォルトのままで問題ありません。

◉図1-6：Custom Setup。インストール内容を設定する。

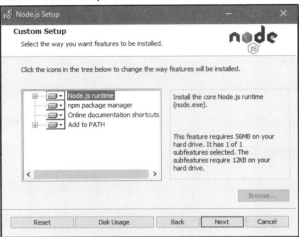

✚5. Tools for Native Modules

オプションでインストールするモジュールをON/OFFします。これはOFFのままで問題ありません。

◉図1-7：Tools for Native Modules。OFFのまま次に進む。

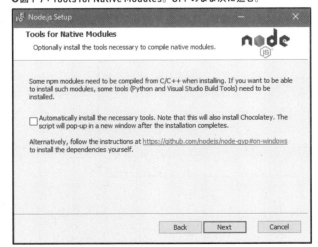

✚6. Ready to Install Node.js

　これでインストールの準備は完了です。「**Install**」ボタンをクリックするとインストールを開始します。後は作業が終わるまでじっと待つだけです。

◉図1-8：Ready to Install Node.js。「Install」ボタンでインストールを開始する。

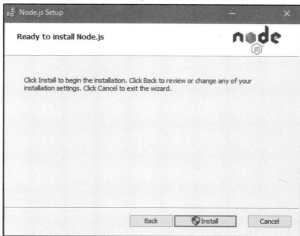

✚7. Complated the Node.js Setup Wizard

　インストールが完了すると、この画面になります。下にある「**Finish**」ボタンをクリックしてインストーラを終了してください。

◉図1-9：Complated the Node.js Setup Wizard。「Finish」ボタンで終了する。

◉ インストールを行う（macOS）

続いて、macOSです。ダウンロードされるのはPKGファイルです。そのまま起動してインストールを行いましょう。

✚1. はじめに

起動すると、「**ようこそNode.jsインストーラへ**」と表示された画面になります。そのまま「**続ける**」ボタンで次に進みます。

⊕図1-10：「はじめに」画面。そのまま次に進む。

✚2. 使用許諾契約

ライセンス契約の画面になります。「**続ける**」ボタンを押すと上からダイアログシートが現れるので、「**同意する**」ボタンをクリックします。

◎図1-11：使用許諾契約画面。「続ける」を押し、ダイアログシートで「同意する」ボタンを選ぶ。

✚3. インストールの種類

　　インストールの種類と場所を設定する画面になります。これは、特に理由がなければそのま
まにしておきます。**「インストール」**ボタンをクリックすると、インストールを開始します。

◎図1-12：インストールの種類。デフォルトのままでいい。

＋4. インストール完了

インストールが終わると、画面にインストールしたパッケージの内容が表示されます。後は「**閉じる**」ボタンを押してインストーラを終了すれば終わりです。

◉図1-13：インストールが完了するとこの画面になる。

開発ツールについて

以前ならば、Webの開発には専用の開発ツールなど不要、という考え方が多かったのですが、現在は違います。Web開発であっても、多数の種類が異なるファイルを扱うため、それらをうまく扱えるツールがあれば、そのほうが圧倒的に開発効率は上がるでしょう。

ここでは、マイクロソフトの「**Visual Studio Code**」という開発ツールを利用します。Visual Studio Codeは、フォルダを開いてその中にある多数のファイル類を階層的に表示し、同時に複数のファイルを編集することができます。またアプリ内にターミナル機能を持っており、コマンドプロンプトなどのアプリを別途起動することなく、Visual Studio Code内でコマンドの実行を行えます。ほぼ編集機能に特化しているため機能もそれほど複雑ではなく、動作も重くありません。Webの開発にはうってつけのツールと言えるでしょう。

Visual Studio Codeは、以下のURLで公開しています。

https://visualstudio.microsoft.com/ja/downloads/

◉図1-14：Visual Studio Code のダウンロードページ。

　このページにアクセスし、**「無料ダウンロード」**というボタンの上にマウスポインタを移動しましょう。各プラットフォームのダウンロードのリンクがプルダウンして現れます。ここから利用したいプラットフォームのものをクリックしてください。これでVisual Studio Codeのインストーラがダウンロードされます。

◉ インストールを行う（Windows版）

　では、インストールをしましょう。まずはWindowsからです。ダウンロードされるインストーラを起動し、以下の手順で作業してください。

✚ 1. 使用許諾契約の同意

　起動すると、画面にライセンス契約の表示が現れます。下の**「同意する」**ラジオボタンを選択し、次に進みます。

◉図1-15：使用許諾契約の同意。「同意する」を選ぶ。

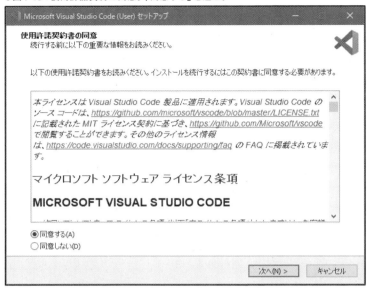

➕2. インストール先の指定

　　インストールする場所を指定します。これは特に理由がない限りデフォルトのままにしておき
ましょう。

◉図1-16：インストール先の指定。デフォルトのままでOK。

✚3. スタートメニューフォルダの指定

スタートメニューに用意するフォルダ名を指定します。これもデフォルトのままでいいでしょう。

●図1-17：スタートメニューフォルダの指定。そのまま次に進む。

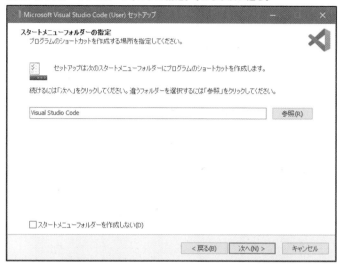

✚4. 追加タスクの選択

インストール時に行う作業を選択します。デフォルトでは「**PATHへの追加**」のみがONになっています。これは、そのまま次に進めばいいでしょう。

●図1-18：追加タスクの選択画面。デフォルトのままでOKだ。

Chapter
1
2
3
4
5
6
7

✚5. インストール準備完了

この画面になったら準備完了です。**「インストール」**ボタンをクリックしてインストールを実行しましょう。

◉図1-19：インストール準備完了画面。「インストール」ボタンでインストール開始する。

✚6. Visual Studio Code セットアップウィザードの完了

しばらく待っていると、インストールが完了し、このような画面になります。**「完了」**ボタンを押してインストーラを終了して終わりです。

◉図1-20：この画面になったら「完了」ボタンを押して終わりだ。

◉ インストールを行う（macOS）

続いてmacOSです。これは、実は説明はありません。ダウンロードしたファイルは圧縮ファイルになっており、これをダブルクリックすると、Visual Studio Codeのアプリがそのまま保存されます。後は適当な場所（**「アプリケーション」**フォルダなど）に移動して使うだけです。

日本語化を行う

Visual Studio Codeは、インストールした状態は英語の表示になっています。これを日本語化しておきましょう。

Visual Studio Codeを起動し、左端の上部に並んでいるアイコンの一番下にあるものをクリックしてください。右側にリストが現れるので、その一番上にあるフィールドに**「japanese」**と入力します。これで一覧リストの中に**「Japanse Language Pack for Visual Studio Code」**という項目が表示されます。これを探して選択してください。

この画面は、Visual Studio Codeの機能拡張プログラムを管理するものです。ここで使いたい機能拡張プログラムを検索してインストールできます。検索したJapanese Language Pack for Visual Studio Codeは、Visual Studio Codeを日本語化するプログラムです。これを選択し、右側に表示される説明画面から**「Install」**というボタンを探してクリックしてください。これでインストールが実行されます。

◎図1-21：Japanse Language Pack for Visual Studio Code を検索しインストールする。

インストール完了後、ウインドウの右下にアラートが表示されます。そこにある**「Restart」**ボタンを押してください。これでVisual Studio Codeが再起動し、日本語表示に変わります。

◉図1-22：アラートの「Restart」ボタンを押してリスタートする。

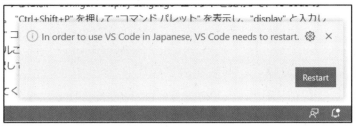

Section 1-2 TypeScriptによる アプリケーション作成

ポイント

▶TypeScriptでトランスコンパイルできるようになりましょう。

▶Node.jsプロジェクトのセットアップ手順を覚えましょう。

▶アプリケーションのビルドと実行の方法と働きを理解しましょう。

トランスコンパイルについて

では、実際にTypeScriptを使ってみましょう。といっても、まだTypeScriptのプログラム本体はインストールされていません。まずはTypeScriptをインストールして使える状態にしましょう。

コマンドプロンプトまたはターミナルを起動してください。そして以下のコマンドを実行しましょう。

```
npm install typescript -g
```

◉図1-23：コマンドプロンプトからTypeScriptをインストールする。

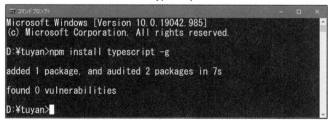

これで、TypeScriptがnpmのグローバル環境にインストールされます。インストールが完了したら、コマンドが正常に動作するか確かめましょう。以下のコマンドを実行してください。

```
tsc --V
```

◎図1-24：TypeScriptのバージョンを表示する。

　これで、「**Version 4.3.2**」というようなバージョン番号が表示されれば、コマンドは正常に認識されています。

◉ TypeScriptファイルを用意する

　この「**tsc**」というコマンドが、TypeScriptのトランスコンパイラ本体です。このコマンドを使って、TypeScriptのソースコードをJavaScriptのスクリプトに変換します。では、実際にやってみましょう。

　まず、TypeScriptのソースコードファイルを作成します。ここでは、デスクトップに「**sample. ts**」という名前でファイルを用意しましょう。これは、ただのテキストファイルです。特殊なフォーマットのファイルではありません。TypeScriptのファイルは、「**.ts**」という拡張子のテキストファイルとして作成をします。

　ファイルを作ったら、テキストエディタ（メモ帳などなんでもかまいません）で開いて、以下のように記述しましょう。

◎リスト1-1

```
console.log("Welcome to Typescript!")
```

　記述をしたらファイルを保存しておきます。ごく単純なものですが、動作を確認するだけですからこれで十分でしょう。

◉ トランスコンパイルする

　では、このファイルをJavaScriptのファイルにトランスコンパイルしましょう。コマンドプロンプトまたはターミナルを起動してください。そして「**cd Desktop**」と実行します。これでカレントディレクトリ（コマンドが実行されるディレクトリ）がデスクトップに移動します。続いて、以下のコマンドを実行してください。

```
tsc sample.ts
```

⊕図1-25：tscコマンドでsample.tsをトランスコンパイルする。

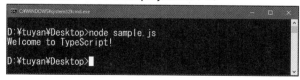

実行し、特にエラーもなく入力状態に戻ったら、トランスコンパイル成功です。デスクトップに**「sample.js」**というファイルが作成されているはずです。これがtscコマンドによって生成されたJavaScriptのファイルです。

これを開くと、以下のように記述されていることがわかるでしょう。

⊕リスト1-2

```
console.log("Welcome to TypeScript!");
```

まったく同じじゃないか、と思ったかも知れませんね。でもよく見てください。最後にセミコロン（;）が追加になっています。まったく同じ内容がコピーされているわけではないことはこれでわかるでしょう。

◉ スクリプトを実行する

ファイルができたら、これをNode.jsで実行してみましょう。以下のようにコマンドを実行してください。

```
node sample.js
```

⊕図1-26：nodeコマンドでsample.jsを実行する。

実行すると、その下に**「Welcome to TypeScript!」**と表示されます。これがスクリプトの実行結果です。Node.jsというのは、このように**「node ファイル名」**と実行することでJavaScriptのスクリプトを実行することができます（ただし、Webページで使っているスクリプトがそのまま実行できるわけではありません。Node.js用に書かれたスクリプトでないといけません）。

とりあえず、これで**「TypeScriptのコードを書く」「トランスコンパイルする」「できたス**

Chapter
1

2

3

4

5

6

7

クリプトを実行する」という基本的な操作はできるようになりました！

Webページのスクリプトは？

今、試したのは、Node.jsで直接実行するスクリプトです。しかし、おそらくほとんどの人は、こうしたスクリプトを書いているわけではないでしょう。それよりも、Webページで使うスクリプトを書いていることのほうがはるかに多いはずです。

Webページで使うスクリプトも、TypeScriptを利用して記述し、トランスコンパイルできます。ただし、注意すべき点があります。それは、**「HTMLファイルに書かれているものはトランスコンパイルできない」**という点です。

WebページでJavaScriptを使う場合、HTMLファイル内に<script>タグを使って記述するやり方と、別途スクリプトファイルを用意してそれを読み込む方法があります。TypeScriptで書けるのは、後者の**「スクリプトファイルを別途用意する」**という場合のみです。HTMLファイル内に記述されたスクリプトをトランスコンパイルすることはできません。

◉ HTMLファイルを用意する

では、実際に試してみましょう。まず、WebページとなるHTMLファイルを用意します。先ほどと同様、デスクトップにファイルを用意しましょう。名前は**「sample.html」**としておきました。そして以下のように内容を記述しておきます。

◉リスト1-3

```
<!DOCTYPE html>
<html lang="ja">
<head>
  <meta charset="UTF-8" />
  <title>Sample</title>
  <link href="https://cdn.jsdelivr.net/npm/bootstrap@5.0.0/dist/css/
    bootstrap.min.css" rel="stylesheet" crossorigin="anonymous">
  <script src="sample.js"></script>
</head>
<body>
  <h1 class="bg-primary text-white p-2">Sample page</h1>
  <div class="container py-2">
    <p class="h5" id="target">wait...</p>
  </div>
</body>
</html>
```

ここでは、「**Bootstrap**」というCSSフレームワークを利用しています。＜link＞は、そのためのものです。そして、＜script src="sample.js"＞というようにしてsample.jsのスクリプトを読み込み利用するようにしてあります。

◉ sample.tsを修正する

では、sample.tsを修正しましょう。このファイルの内容を以下のように書き換えてください。

�○リスト1-4

```
window.addEventListener('load',(event)=> {
  let p = document.querySelector('#target')
  p.textContent = "This is message by TypeScript."
})
```

記述したら保存をし、コマンドプロンプトまたはターミナルから「**tsc sample.ts**」を実行してトランスコンパイルをします。生成されたsample.jsファイルの内容は以下のようになっているでしょう。

�○リスト1-5

```
window.addEventListener('load', function (event) {
    var p = document.querySelector('#target');
    p.textContent = "This is message by TypeScript.";
});
```

若干、違いが現れていますね。トランスコンパイルによりコードが変化しているのが少しだけわかるでしょう。

では、sample.htmlをダブルクリックしてWebブラウザで開いてみてください。「**This is message by TypeScript.**」とメッセージが表示されれば、トランスコンパイルされたsample.jsのスクリプトが正常に動作しています。もし、「**wait...**」という表示のままだったならば、スクリプトが動いていないことになります。その場合は、ファイル名やファイルの保存場所、トランスコンパイルする前のスクリプトの内容などを確認しましょう。

◐図1-27：作成されたsample.htmlをWebブラウザで開いたところ。

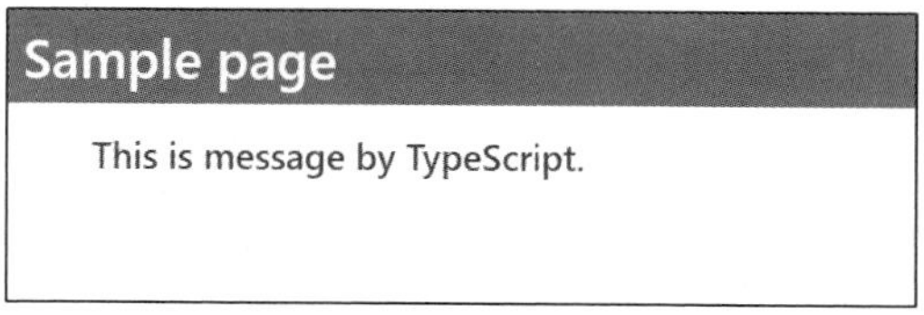

Sample page

This is message by TypeScript.

Node.jsプロジェクトで開発する

　最近のWeb開発は、多数のリソースファイルを組み合わせていきます。またWebアプリといっても「**サーバーサイドレンダリング**」などサーバー側で必要な処理を行うものもあり、単にWebページだけを作ればいいわけではなくなりつつあります。

　こうした複雑化したWeb開発では、これまでのように手作業でHTMLファイルやスクリプトファイルを作って配置するのではなく、きちんとした開発環境を使ってプロジェクトとしてソースコードを作成し、ビルドしてWebアプリを生成するという、従来のネイティブアプリなどと同じような手法でプログラムを作成していくことも増えてきました。

　こうしたWebアプリ開発では、Node.js（およびnpm）を使ってプロジェクトを生成し、ビルドしてアプリを生成します。これには、TypeScriptだけでなく、Webpackと呼ばれるプログラムも併用します。Webpackは「**JavaScriptモジュールハンドラ**」と呼ばれるプログラムで、多数のスクリプトファイルをひとまとめにして圧縮し一つのファイルとして生成します。npm、TypeScriptのトランスコンパイラ、Webpackといったものを統合することで、「**TypeScriptベースでWebアプリを作成し、ビルドするとJavaScriptベースの公開用アプリが生成される**」といった処理が実現されます。

◉ プロジェクトを作成する

　では、実際にこうしたNode.jsプロジェクトによる開発の手順を説明していきましょう。まず、Webアプリを作成するフォルダを用意します。デスクトップに「**typescript_app**」という名前のフォルダを作成してください。

　作成したら、Visual Studio Codeを起動し、何も表示されていないウインドウに「**typescript_app**」フォルダをドラッグ＆ドロップします。これで、このフォルダがVisual Studio Codeで開かれた状態となります。

◉図1-28：「typescript_app」フォルダを作成し、Visual Studio Codeで開く。

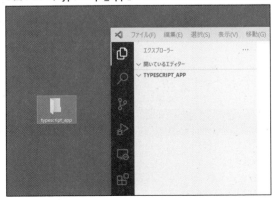

◉ ターミナルを開く

Visual Studio Codeでは、アプリ内からコマンドを実行できるようになっています。**「ターミナル」**メニューから**「新しいターミナル」**メニューを選んでください。これでウインドウの下部にターミナルというビュー（画面を構成する小さなツールウインドウ）が現れます。これがコマンドを実行するためのものです。

◉図1-29：ターミナルを画面に表示する。

npmの設定ファイルを作成する

では、このフォルダをNode.jsのプロジェクトにしていきます。最初に行うのは**「初期化」**の作業です。開いたターミナルより、以下のコマンドを実行してください。

```
npm init -y
```

●図1-30：npm initで初期化する。

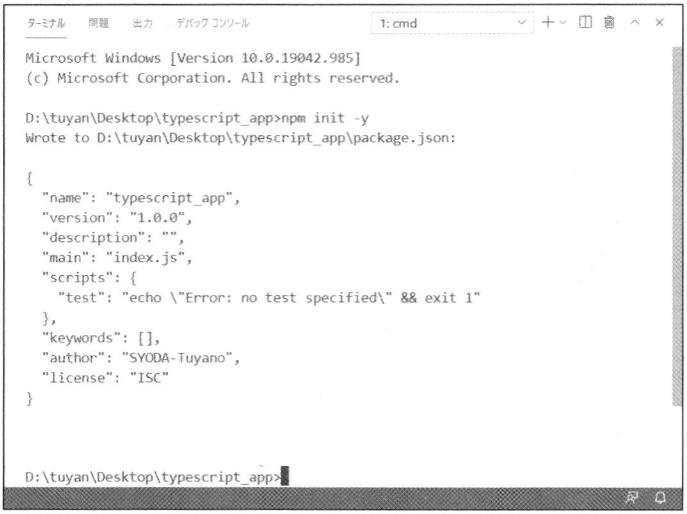

```
ターミナル    問題    出力    デバッグ コンソール              1: cmd            ∨  + ∨  □  🗑  ∧  ×

Microsoft Windows [Version 10.0.19042.985]
(c) Microsoft Corporation. All rights reserved.

D:\tuyan\Desktop\typescript_app>npm init -y
Wrote to D:\tuyan\Desktop\typescript_app\package.json:

{
  "name": "typescript_app",
  "version": "1.0.0",
  "description": "",
  "main": "index.js",
  "scripts": {
    "test": "echo \"Error: no test specified\" && exit 1"
  },
  "keywords": [],
  "author": "SYODA-Tuyano",
  "license": "ISC"
}


D:\tuyan\Desktop\typescript_app>█
                                                              ⌨ ♪
```

　これを実行すると、npmのパッケージ情報を記述する**「package.json」**というファイルが生成されます。この中に、このプログラムに関する情報が記述されます。開いていると、このような内容になっているはずです。

●リスト1-6

```
{
  "name": "typescript_app",
  "version": "1.0.0",
  "description": "",
  "main": "index.js",
  "scripts": {
    "test": "echo \"Error: no test specified\" && exit 1"
  },
  "keywords": [],
  "author": "……作者名（設定がなければ空のまま）……",
  "license": "ISC"
}
```

　authorの値はそれぞれの名前になっているでしょう。これは、JSONと呼ばれるデータです。JSONは**「JavaScript Object Notation」**の略で、JavaScriptのオブジェクトをテキストの形で記述するためのフォーマットです。このJSONを利用することで、複雑な構造のデータをテキストとして記述できます。

　いくつか補足しておきましょう。"main"には、メインプログラムとなるスクリプトファイルの

名前が指定され、"scripts"にはnpmで実行できる処理の定義が用意されています。ここでは"test"というテスト用のコマンドが用意されています（ただし、これは使いません）。

TypeScriptの設定を行う

続いて、TypeScriptをプロジェクトに組み込みます。TypeScriptは、既にインストールして使えるようになっていますが、プロジェクトの開発では、必要なパッケージ類はプロジェクトの中にインストールしておくのが一般的です。今回もプロジェクト内にTypeScriptを追加しておくことにします。ターミナルから以下のコマンドを実行してください。

```
npm install typescript @types/node --save-dev
```

これでTypeScriptと、Node.jsでTypeScriptを利用する際に必要となる@types/nodeというパッケージを追加しました。

図1-31：TypeScript関連パッケージをプロジェクトに追加する。

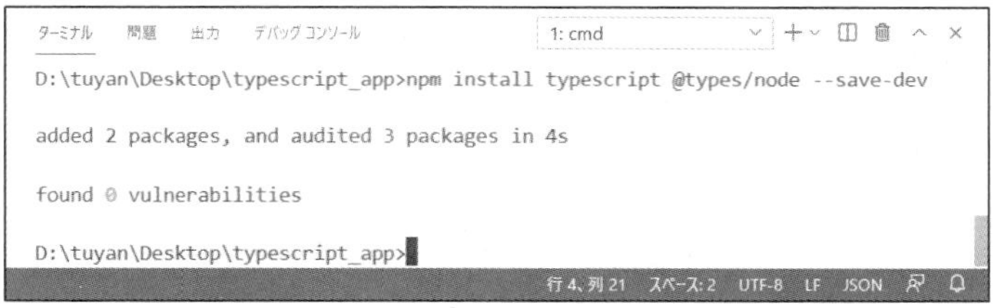

◎TypeScript設定ファイルを作成する

インストールできたら、TypeScriptの設定ファイルを作成します。これは以下のコマンドを実行します。

```
tsc --init
```

これで、フォルダ内に「**tsconfig.json**」というファイルが作成されます。これが、TypeScriptに関する設定情報のファイルです。これもやはりJSONフォーマットで記述されています。

◆図1-32：TypeScriptの設定ファイルを作成する。

◉ tsconfig.json について

では、作成されたtsconfig.jsonがどのようなものか見てみましょう。開くと、非常に多くの項目が記述されているのに驚くでしょう。ただし、その大半はコメント文になっており、これらをすべて省くと以下のようなものになっていることがわかります。

◆リスト1-7

```
{
  "compilerOptions": {
    "target": "es5",
    "module": "commonjs",
    "strict": true,
    "esModuleInterop": true,
    "skipLibCheck": true,
    "forceConsistentCasingInFileNames": true
  }
}
```

これらは、TypeScriptに関する必要最低限の設定項目です。この他にも設定内容は多数用意されており、それらがすべてコメントとして書かれています。今、ここでこれらの内容を理解する必要はありません。ただ、「**TypeScriptに関する設定はこのファイルに書かれていて、設定を追記することでいろいろな挙動を編集できるようになっている**」ということだけ理解しておきましょう。

Webpackの設定ファイル作成

これでTypeScriptを利用したプロジェクトのベースは完成です。ただし、現状では TypeScriptのトランスコンパイルや、必要なファイル類をまとめて実際に公開するアプリを生成したりする作業は自分で行わないといけません。こうしたパッケージングのためにWebpackというソフトウェアをインストールしておきましょう。

ではターミナルから以下のコマンドを実行してください。

```
npm install webpack ts-loader @webpack-cli/generators
```

◉図1-33：webpackとts-loaderをインストールする。

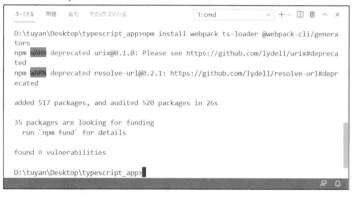

これは、Webpack本体と、TS Loaderというパッケージをインストールするものです。これでWebpackの機能が利用できるようになります。実を言えば、この後で使うnpxというコマンドを使えば、@webpack-cli/generatorsはインストールしなくても利用できます（ただし、結局インターネット経由でプログラムをダウンロードするのは同じなので、ここではインストールしておきました）。

◉ Webpack-CLIで初期化する

では、Webpackの初期化を行いましょう。ターミナルから以下のコマンドを実行してください。

```
npx webpack-cli init
```

これを実行すると、次々に質問が表示されていきます。これらを順に入力していってください。

```
? Which of the following JS solutions do you want to use?
```

JavaScript関連のソリューションに対応させるためのものです。選択肢として**「none」****「ES6」**「Typescript」といったものが表示されます。上下キーで移動し、**「Typescript」**を選択してEnter/Returnしてください。

```
? Do you want to use webpack-dev-server? (Y/n)
```

Webpackの開発サーバーを追加するかです。デフォルトでは追加します。そのままEnter/Returnしてください。

```
? Do you want to simplify the creation of HTML files for your bundle? (Y/n)
```

簡略化したHTMLファイルを生成するかどうかを示します。デフォルトでは簡素化したものを生成します。これもそのままEnter/Returnしましょう。

```
? Do you want to add PWA support? (Y/n)
```

PWA（Progressive web apps）をサポートするか尋ねてきます。これもデフォルトのままEnter/Returnしましょう。

```
? Which of the following CSS solutions do you want to use? (Use arrow keys)
```

CSS関連ソリューションの対応を選択します。今回は特に使わないので**「none」**を選んだままEnter/Returnしましょう。

```
? Do you like to install prettier to format generated configuration? (Y/n)
```

設定ファイルを見やすくフォーマットするものです。これもそのままEnter/Returnします。

```
? Overwrite package.json? (ynaxdH)
```

package.jsonを上書きするか尋ねてきます。**「y」**をタイプし、Overwrite（上書き）を選択してください。

```
? Overwrite tsconfig.json? (ynaxdH)
```

tsconfig.jsonを上書きするか尋ねてきます。「**y**」をタイプし、Overwrite（上書き）します。後は、しばらく待っていれば作業完了し、プロジェクトが設定されます。

●図1-34：Webpack-CLIによる初期化を行う。

Webpack-CLIで作成されたもの

これで、プロジェクトがWebpack用に初期化されます。いくつかのファイルが生成されているのがわかるでしょう。プロジェクトのフォルダ内には以下のものが追加されています。

「src」フォルダ	スクリプトファイル類がまとめられるところです。ここに「index.ts」というスクリプトファイルが用意されています。
index.html	デフォルトで表示されるWebページです。
README.md	リードミーファイルです。
webpack.config.js	Webpackの設定ファイルです。

index.htmlと、「**src**」フォルダ内のindex.tsがWebアプリのファイルになります。これらのファイルの内容を書き換えることで、Webアプリを作成していけるようになっています。注意した

いのは「**スクリプトは『src』フォルダに入れる**」という点です。ここに保管されたTypeScript
のファイルが、ビルドの際にトランスコンパイルされ、一つのJavaScriptファイルにまとめられて
出力されるようになっています。

◉ webpack.config.js について

では、webpack.config.jsがどのようになっているのか、開いて中身を見てみましょう。すると
以下のように書かれているのがわかります。

◐ リスト1-8

```javascript
const path = require("path");
const HtmlWebpackPlugin = require("html-webpack-plugin");

const isProduction = process.env.NODE_ENV == "production";

const config = {
  entry: "./src/index.ts", // エントリーファイル
  output: {
    path: path.resolve(__dirname, "dist"), // 出力先
  },
  devServer: { // 開発サーバーの設定
    open: true,
    host: "localhost",
  },
  plugins: [ // プラグインの設定
    new HtmlWebpackPlugin({
      template: "index.html",
    }),
  ],
  module: {
    rules: [
      {
        test: /\.(ts|tsx)$/i,
        loader: "ts-loader",
        exclude: ["/node_modules/"],
      },
      {
        test: /\.(eot|svg|ttf|woff|woff2|png|jpg|gif)$/i,
        type: "asset",
      },
```

```
    ],
  },
  resolve: {
    extensions: [".tsx", ".ts", ".js"],
  },
};

module.exports = () => {
  if (isProduction) {
    config.mode = "production";
  } else {
    config.mode = "development";
  }
  return config;
};
```

かなり長い文ですが、これらも今すぐ理解する必要はありません。重要なポイントとしては以下のものだけわかっていればいいでしょう。

entry	エントリーファイル。このファイルが最初に使われるもの。デフォルトは「src」フォルダ内のindex.tsになっている。
output	出力先の設定。デフォルトではプロジェクト内の「dist」というフォルダになっている。
devServer	開発サーバーの設定。デフォルトでは、localhostドメインで自動的にファイルを開くようになっている。
plugins	プラグインの管理。HtmlWebpackPluginというプラグインが用意されており、ここで起動するファイルにindex.htmlが指定されている。
resolve	Webpackで処理するスクリプトの対象。extensionsで、tsx, ts, jsという拡張子のファイルを処理するように指定してある。

このように、Webpackの実行に関する細かな設定情報がこのファイルの中に記述されています。これはJavaScriptのスクリプトになっており、必要な情報をconfigというオブジェクトにまとめて、最後のmodule.exportsというところで実行モードに合わせてオブジェクトを返すようになっています。内容はよくわからなくとも、**「Webpackはここで詳しく設定できる」**ということは理解しておいてください。

アプリケーションをビルドする

では、簡単なサンプルを用意し、アプリケーションをビルドしてみることにしましょう。プロ

ジェクトに作成されたindex.htmlとindex.tsを開いて、先に作成したサンプルのsample.htmlとsample.tsの内容（それぞれリスト1-3と1-4）を記述してください。Visual Studio Codeでは、ウィンドウの左側にフォルダ内のファイル類が階層的に表示される**「エクスプローラー」**というビューが表示されます。ここからファイルをクリックすると、その場でファイルを開いて編集することができます。

ファイルの内容は、基本的にそのまま書き写せばいいのですが、一点だけ変更があります。index.htmlの＜script src="sample.js"＞という文を探し、このsrc属性を"main.js"に変更しておきましょう。Webpackでは、デフォルトでmain.jsという名前のfileにスクリプトがまとめられます。

fileが用意できたら、ターミナルから以下のコマンドを実行してください。

```
npm run build
```

◉図1-35：アプリケーションをビルドする。

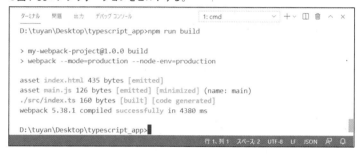

これを実行すると、プロジェクト内に**「dist」**というフォルダが作成され、そこにアプリケーションのファイル類が書き出されます。ここでは**「index.html」**「**main.js」**というファイルが保存されるのがわかるでしょう。これがビルドされたアプリケーションです。これら**「dist」**フォルダ内のファイルをWebサーバーにアップロードすればWebアプリとして公開できます。

◉図1-36：Visual Studio Codeの左側にあるエクスプローラーを見ると、「dist」フォルダにファイルが作成されているのがわかる。

開発サーバーで実行する

作成したWebアプリは、その場で動かして動作を確認できます。ターミナルから以下のコマンドを実行してください。

```
npm run serve
```

これで開発用のサーバーが起動し、Webブラウザでindex.htmlが開かれます。アドレスバーを見ると、http://localhost:8080/となっています。これが開発サーバーのURLになります。

●図1-37：開発サーバーを起動し、アプリを実行する。

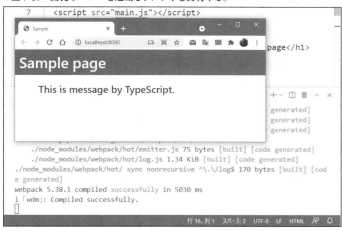

この開発サーバーは、もとのファイルの内容を修正し保存すると、その場で再ビルドし表示が更新されます。試しに、index.tsファイルの以下の文を書き換えてみましょう。

```
p.textContent = "This is message by TypeScript."
```

⬇

```
p.textContent = "これは修正したテキストです。"
```

◎図1-38：index.tsの内容を書き換える。

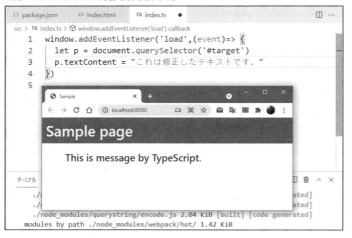

ファイルを保存すると、瞬時に再ビルドされ、Webブラウザの表示が更新されます。TypeScriptを使っていても、このようにリアルタイムに修正内容が反映されるので、**「トランスコンパイルして使っている」** という感じがほとんどしません。TypeScriptのコードがそのまま動いているように思えることでしょう。特にTypeScriptを利用している場合には、開発サーバーでの動作チェックは必須といえるでしょう。

◎図1-39：ファイルを保存すると、瞬時にWebブラウザの表示も更新される。

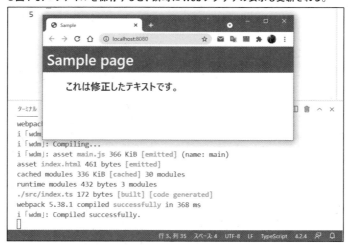

Chapter 2

値・変数・構文を
マスターする

プログラミング言語の基本は、
値と構文です。
TypeScriptの場合、
特に値と変数の「型」に大きな特徴があります。
ここでは値と構文、
そして値の型について説明をしましょう。

Section
2-1

値と変数

> **ポイント**
>
> ▶3つの基本的な値についてしっかりと理解しましょう。
> ▶変数と定数の使い方を学びましょう。
> ▶演算の使い方と、コンピュータ特有の問題について知っておきましょう。

TypeScriptの基本文法

　TypeScriptによる開発の基本が一通りわかったところで、TypeScriptの基本的な文法から学んでいくことにしましょう。

　当分は、もっとも基本的な値や変数といったところから制御構文などの基本的な使い方について説明していきます。既にJavaScriptをある程度使っている人にとっては、これらはすべてわかっていることでしょう。従って、JavaScript経験者は、こうした初歩の文法は読み飛ばしてしまってもかまいません。TypeScriptらしさが出てくるのは、2-3**「複雑な値」**からです。ここまではJavaScriptとほぼ同じですから飛ばしてしまっても問題ないでしょう。

　もちろん、JavaScriptもあまり使ったことがない人は、順番に読み進めましょう。

◉ TypeScriptプレイグラウンドについて

　ここでは短いサンプルコードを書きながら文法の基本を説明していきます。しかし、前章で説明したように「プロジェクトを作って、ファイルを設置して……」ということを毎回行わないといけないとなると、かなりストレスを感じるかも知れません。

　当面は、基礎的な文法の説明になりますから、わざわざ本格的なプロジェクトを用意する必要はないでしょう。そこで、しばらくは**「TypeScriptプレイグラウンド」**というサービスを使って学んでいくことにします。

　TypeScriptプレイグラウンドは、TypeScriptのソースコードを記述し、その場で実行できるオンラインサービスです。これは以下のURLで公開されています。

https://www.typescriptlang.org/ja/play

◎図2-1：TypeScript プレイグラウンドの画面。

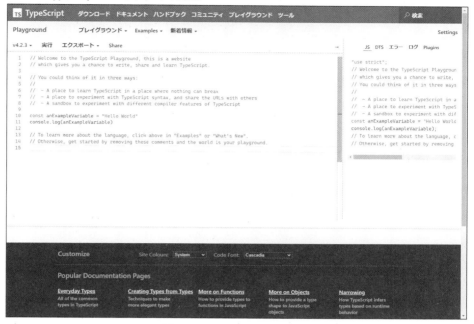

　TypeScriptプレイグラウンドの使い方はとても簡単です。左側にあるエディタ領域（サンプルのコードが書かれているところです）にTypeScriptのソースコードを記述し、上の**「実行」**をクリックすると、その場でソースコードがトランスコンパイルされ実行されます。右側のエリア上部にある**「ログ」**というリンクをクリックすると、実行結果の表示が現れます。これでプログラムの実行状況などを確認できます。

　では、デフォルトで簡単なソースコードが書かれているので動かしてみましょう。上部の**「実行」**リンクをクリックしてください。右側のエリアの表示が**「ログ」**に切り替わり、**「" Hello World"」**とテキストが表示されます（日本語でメッセージが表示される場合もあります）。

○図2-2：実行すると、右側にメッセージが表示される。

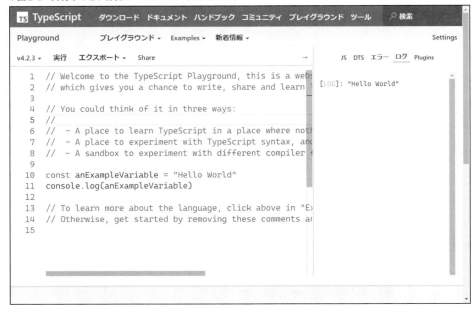

◉ コメントについて

　エディタのエリアには、けっこう長いテキストが書かれています。これをすべて実行して「**Hello World**」だけか、なんて思った人もいたかも知れませんね。

　ここに書かれている文のほとんどは緑色で表示されています。この部分は、「**コメント**」と呼ばれるものです。コメントは、ソースコードの中にメモ書きしておくためのもので、いくら書いてもプログラムとしては実行されません。

　TypeScriptでは、冒頭に//がついていると、その文の終わりまでがコメントとみなされます。また、長いテキストの冒頭と末尾にそれぞれ/*と*/記号を付けておくと、その間の部分もすべてコメントとみなされます。

　コメント部分をすべて取り除くと、ここに書かれているのはわずかに2文だけであることがわかります。

○リスト2-1

```
const anExampleVariable = "Hello World"
console.log(anExampleVariable)
```

◉ console.log について

　ここでは、"Hello World"という値を定数というものに入れ、それをログに出力しています。値

をログに出力しているのは「**console.log**」という部分です。これは、このように使います。

```
console.log( 表示する値 )
```

これで、()内に書いた値がログに表示されます。これは、これから頻繁に使うことになるので、最初に覚えておくことにしましょう。

◉ ソースコードは「文」の集まり

また、ここでは2行のテキストが書かれていますが、これらは1つ1つがTypeScriptで実行する「**文**」として書かれています。「**文**」は、実行する最小単位となるものです。TypeScriptでは、1つ1つの文を順に実行して処理を行います。

この文は、基本的に「**1つ1つ改行して書く**」ようになっています。あるいは、文の最後にセミコロン（;）記号をつけることで改行せずに1行にまとめて書くこともできます。たとえば、こういうことですね。

✚ 改行して書く

```
AAA
BBB
CCC
```

✚ つなげて書く

```
AAA;BBB;CCC
```

どちらの書き方でも問題なく動きます。また改行して最後にセミコロンを付けても問題ありません（JavaScriptを使ったことがあれば、この書き方をすることが多かったでしょう）。

基本の型とリテラル

では、TypeScriptの文法について説明をしましょう。最初に知っておきたいのは「**値**」についてです。

TypeScriptでは、さまざまな値を使います。値にはいくつかの種類（「**型**」あるいは「**タイプ**」と呼びます）があります。もっとも基本となる型は「**数値**」「**テキスト**」「**真偽値**」という3つです。

数値（number）	数の値ですね。TypeScriptでは、数の値はすべてnumberという種類の値として扱われます。整数や実数など細かく分かれてはいません。
テキスト（string）	テキストを扱うための値です。
真偽値（boolean）	これはプログラミング言語特有のもので、「**正しいか正しくないか**」といった二者択一の状態を示すのに使うものです。
private	同じクラスでのみ利用可能

　この他にも基本の値はいくつかあるのですが、それらは特殊な役割を果たすものであり、一般的な値として使われるのは上の3つだけと考えていいでしょう。これらは「**基本型（Primitive Type）**」と呼ばれます。

Column **numberは64bit浮動小数型**

　数値は、TypeScriptでは一つの型しかありません。数値はすべて内部では64bit幅の浮動小数の値というものとして扱われています。これは数値を仮数部と指数部に分けて管理するものです。ただし、小数点以下の値がないものは整数の値として扱えるようになっています。

◉ 基本型のリテラル

　値は、さまざまな形で使われますが、もっとも基本と言えるのが「**リテラル**」です。リテラルとは、ソースコード内に直接記された値のことです。リテラルの書き方は以下のようになっています。

╋ 数値（number）

　数をそのまま書くだけです。数値はすべてnumbrerですが、小数点をつけていない場合は整数として扱われ、小数点が付いていると実数として扱われます。このほか、以下のような特殊な書き方もあります。

数値E指数	「**数値×10のN乗**」という形で表します。
8進数	「**0o数値**」という形で記述します。
16進数	「**0x数値**」という形で記述します。
private	同じクラスでのみ利用可能

例）123	0.01	10000000	12.345E3	0x1234	0o4321

✚ テキスト（string）

テキストの前後をクォート記号で挟んで記述します。使えるのはシングルクォート、ダブルクォート、バッククォートといった記号が使えます。シングルクォートとダブルクォートはまったく同じ働きです。バッククォートは、値の中で改行が可能です。

```
例) "Hello"          'あいうおえ'          `改行できる`
```

✚ 真偽値（boolean）

真偽値は、2つしか値がありません。trueとfalseです。それ以外のものはすべて真偽値ではありません。

```
例) true        false
```

定数と変数

値は、リテラルとして使われるのは全体のごくわずかでしょう。多くは、「**変数**」「**定数**」といったものを利用して使われます。

変数・定数は、値を一時的に保管しておくことのできるメモリ上の領域です。これらを使って、さまざまなリテラルを保管して利用します。

◉ 定数

定数は、値を保管するものですが、最初に値を設定するとその後、二度と変更できません。その性格から、特定の値に名前をつけておくのに利用されます。この定数は、以下のような形で作成します。

```
const 名前 = 値
```

これで、指定した名前の定数が作られます。以後、定数は普通の値のリテラルと同じように扱うことができるようになります。

◉ 変数

変数も値を保管するものですが、定数と違い、後でいくらでも値を変更することができます。この変数は以下のような形で作成します。

```
var 名前
let 名前
var 名前 = 値
let 名前 = 値
```

varまたはletの後に変数名を付けて宣言をします。変数は後で値を設定できるため、最初に変数だけを作成し、後から値を設定することもできます。既にある変数に値を設定する場合も、イコール記号を使います。

```
変数 = 値
```

このようにすることで、変数に新しい値が設定されます。

変数や定数に値を設定することを**「代入」**といいます。変数は、作成後いつでも値を代入できます。

Column　letとvar

変数を宣言するときに使うletとvarは何が違うのでしょうか? これは、変数が利用できる範囲の違いです。varは、プログラム全体や、それが宣言された関数の中で利用できるようになっていますが、letでは宣言された構文の中でのみ使うことができます。このあたりは、構文や関数について理解してから改めて説明しましょう。

型アノテーションについて

変数を利用するとき、注意したいのは**「値の型」**です。変数には、**「型」**があります。そして、その型の値だけが代入できるようになっています。たとえば、こんな文を考えてみましょう。

```
let x = 123
```

これで変数xが作られ、そこに123という値が代入されます。ここで重要なのは、同時に**「変数xにはnumber型が設定される」**という点です。最初に代入する値の型が自動的に割り当てられるのです。

もし、**「この変数には、この型の値を使う」**ということをはっきりと指定しておきたいならば、変数名の後にコロンを付け、型名を指定して宣言をします。

```
var 名前: 型
```

```
let 名前: 型
```

このような形ですね。こうすると、その変数は指定した型の変数として宣言されます。もちろん、宣言と同時に値の代入を行うこともできます。

この**「:型」**の部分は、**「型アノテーション」**と呼ばれます。型アノテーションは、その変数への代入できる値に型の制約を設定します。x:stringとすれば、変数xにはstring型の値だけが代入されるように制約がかけられるわけですね。

◉ 試してみよう 違う型を代入してみる

では、実際に型の指定がどういう働きをするのか試してみましょう。TypeScriptプレイグラウンドのエディタのソースコードを削除し、以下のように書き換えてください。

◉リスト2-2

```
let x:number
x = 123
console.log(x)
x = "ok"
console.log(x)
```

◉図2-3：「エラー」のところにエラーが表示される。

これを記述すると、右側の**「エラー」**というところに赤い①が表示されます。**「エラー」**に表示を切り替えると、**「Type 'string' is not assignable to type 'number'.」**というエラーメッセージが表示されます。**「string型はnumber型に割り当てられません」**ということですね。

一応、**「実行」**ボタンを押せばプログラムは実行できますが、エラーが出た状態ですからまともには動きません。前章で作成したプロジェクトで、ソースコードをトランスコンパイルしようとしてもエラーで実行できない（つまりJavaScriptに変換できない）のです。

◉ any型について

ここで、ちょっとした実験をしてみましょう。先ほどのリストを以下のように修正してみてください。☆の文が修正したところです。

◉ リスト2-3

```
let x //☆
x = 123
console.log(x)
x = "ok"
console.log(x)
```

◉ 図2-4：xの型を指定しないと問題なく動く。

こうすると、なぜかエラーは発生しなくなり、そのまま問題なくプログラムが実行されるようになります。これは、なぜでしょう？

ここでは、「let x」というようにただ変数名を指定するだけで変数を用意しています。こうすると、特定の型が設定されていない変数が作られるのです。型が決まっていないため、どんな型の値を代入しても問題は起こりません。

この「**どんな型でも問題ない変数**」は、実は「**any**」型という型が設定されたものなのです。anyは、どんな値でも設定することができます。let xのように型の指定も値の代入もしていないと、自動的にany型が設定されます。これは「**let x:any**」と同じです。

どんな値でも入れられるというのは一見すると便利なように思いますが、これは要するに「**TypeScriptの値に関する便利な機能をすべて放棄する**」ということです。従って、よほどの理由がない限り、any型は乱用すべきではありません。「**こういうこともできるみたいだけど、普通は使わないものだ**」と考えましょう。

◉ 特殊な値

この他、非常に特殊な役割を果たす値があります。これらも、ここで合わせて覚えておきましょう。

✚null

これは「**値が存在しない**」状態を示します。nullと記述します。

✚undefined

これは「**値が用意されていない**」状態を示します。変数を宣言したが値が代入されていない、というような状態です。

✚NaN

これは数値の演算ができない状態を示します。数値でないものを演算しようとしたときなどの結果として使われたりします。

これらの内、もっともよく目にすることになるのはundefinedでしょう。これは変数を利用する際に起こるトラブルでよく目にすることになります。具体的にどういう状況でこれらの値が使われるかピンとこないでしょうから、今は「**こういう値が用意されている**」ということだけ頭に入れておいてください。そのうち、特にundefinedについては何度も目にすることになるでしょうから。

型の変換について

「**型が異なる値は変数に代入できない**」という決まりは、けっこう大きな問題となります。プログラムを作成する上で、たとえばテキストで入力された値を数値として計算する、などといったことは多いのです。

こうした場合に必要となるのが「**型の変換**」です。たとえば、用意されたテキストと数字の値を足し算することを考えてみましょう。

◉リスト2-4

```
let x = 123
console.log(x)
let y = "456"
x = y
console.log(x)
```

◆図2-5：テキストの値を数値の変数に代入するとエラーになる。

　このように実行しようとすると、x = yのところで赤い線が表示されエラーになってしまいます。理由はもうわかりますね。変数yは、string型の変数です。その値をnumber型の変数xに代入しようとしてエラーになったのです。

　しかし、let y = "456"では、yの値はテキストですが、しかしこれを456という数字として利用したい、ということはあるでしょう。このように、テキストを数字にしたり、数字をテキストにしたりというった操作は必ず必要になるものです。型の変換を行うことができれば、"456"を456として使えるようになります。

◉型の変換方法

　型の変換にはいくつかのやり方があります。テキストを数値に変換するのはとても簡単です。値の前にプラス記号をつけるだけです。

◆リスト2-5

```
let x = 123
console.log(x)
let y = "456"
x = +y // ☆
console.log(x)
```

◆図2-6：x = +yとすると問題なく値を代入できるようになる。

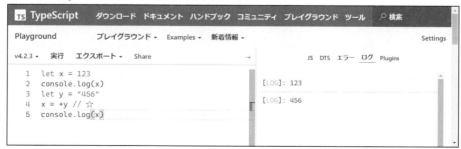

　☆の部分が修正したところです。このようにyの前に+をつけて、「x = +y」とするだけで、yの値は数値に変換されて代入されます。同じような考え方として、1をかけて「x = y * 1」とすることもあります。

◉ 新しい型の値を作る

　もう一つの方法は、値をもとに新しい値を作成する方法です。これは以下のようにします。

✚ 数値の値を作る

```
Number( 値 )
```

✚ テキストの値を作る

```
String( 値 )
```

　()の中に値を指定すると、その値をもとに別の型の値を作ることができます。先ほどのリストを以下のように修正してみましょう。

◎リスト2-6

```
let x = 123
console.log(x)
let y = "456"
x = Number(y)
console.log(x)
```

　これでも、問題なく動作します。x = Number(y)というようにすることで、テキストのyを数値に変換したものがxに代入されるようになります。

演算を行う

値は、演算記号を使って演算（計算）することができます。これは数値だけでなく、テキストにも用意されています。

✚ 数値の演算

これは皆さんおなじみの+-*/といった演算記号を使って行います。他、%という演算記号もあります。これは**「割り算のあまり」**を計算するもので、たとえば**「10 ％ 3」**とすれば**「1」**になります。

例) 1 + 2   3 * 4   6 - 3   8 / 2   10 ％ 3

✚ テキストの演算

テキストにも演算記号があります。それは**「+」**です。これにより、2つのテキストを一つにつなげることができます。

例) "abc" + "xyz"

◎ 試してみよう 計算をしてみる

では、実際に簡単な計算を行ってみましょう。以下のようにTypeScriptプレイグラウンドのソースコードを書き換えて実行してみてください。

◑リスト2-7

```
let price = 12500
let withTax =price * 1.1
let woTax = price / 1.1
console.log("金額:" + price)
console.log("税別の場合、税込価格は、" + withTax)
console.log("税込の場合、本体価格は、" + woTax)
```

❺図2-7：実行すると、priceの金額に消費税を足した金額と、内税として本体価格を計算した金額がそれぞれ表示される。

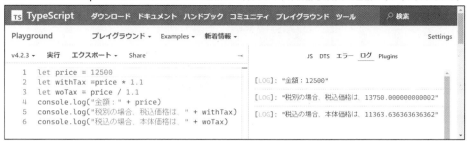

これを実行すると、変数priceの金額に1.1をかけた値と、1.1で割った値をそれぞれ計算して表示します。要するに、priceの金額が税別だった場合と税込だった場合でそれぞれ税込金額と本体金額を計算したわけですね。

◎ どうして端数が出る？

今のサンプルを実行してみると、確かに計算はできるのですが、おそらく想像したのとは少し違う表示がされたのではないでしょうか。

```
"金額：12500"
"税別の場合、税込価格は、13750.000000000002"
"税込の場合、本体価格は、11363.636363636362"
```

こんな具合に、非常に細かな端数が表示されてしまいます。price / 1.1の場合は、結果は循環小数となってしまうため、こんな具合に延々と端数が出てしまいます。しかし、price * 1.1は端数などでないはずです。それなのに、0.000000000002という不思議な端数が表示されてしまいます。

これは、「**コンピュータ特有の演算誤差だ**」と理解してください。コンピュータは内部では2進数で演算が行われますが、0.1は2進数で循環小数となる値であるため正確な表現ができません。このため、1.1倍した値は正確な値にはならず、誤差を含んでしまうのです。

これはTypeScriptに限ったものではなく、コンピュータで演算をする場合、常に発生してしまう誤差です。コンピュータで実数を処理する場合は、こうした誤差から無縁ではいられないのだ、ということをよく理解しておきましょう。

Section 2-2 制御構文

ポイント

▶ if による分岐の基本をしっかりと理解しましょう。

▶ else if と switch の使い方の違いがわかるようになりましょう。

▶ while と for の働きの違いをよく頭に入れましょう。

制御構文について

　値と演算がわかったら、次に理解すべきは、そうした演算をどのように実行していくか、ということでしょう。プログラミング言語というのは、基本的に**「最初の文から順に実行する」**という形になっています。しかし、ただ順に実行するだけでは、複雑な処理は行えません。そこで登場するのが**「制御構文」**と呼ばれるものです。

　制御構文は、文字通り**「処理の流れを制御するための構文」**です。これには大きく2つのものがあります。

✚ 分岐

　必要に応じて処理を分岐するためのもの。特定の場合のみ処理を実行したり、状況に応じて異なる処理を実行させたりする。

✚ 繰り返し

　必要に応じて処理を繰り返し実行するためのもの。状況に応じて同じ処理を繰り返したり、用意された多数の値についてそれぞれ処理を実行させたりする。

　どんなに複雑なプログラムであっても、基本はこの**「分岐」**と**「繰り返し」**の組み合わせでできている、と考えていいでしょう。これらは2つしかないわけではなく、それぞれ複数の構文が用意されています。

ifによる条件分岐

まずは分岐から説明しましょう。分岐のもっとも基本となるものは「**if**」構文です。これは以下のように記述します。

```
if （ 条件 ） 《条件成立時の処理》 else 《不成立時の処理》
```

ifの後に()で条件となるものを用意し、それが成立するならばその後にある処理を実行します。不成立だった場合は、elseの後にある処理を実行します。もし不成立の場合何もしないのであればelse以降は省略できます。

実行する処理は基本的に1文のみですが、複数の文を実行したければ{}記号を使って複数の文を一つにまとめて記述します。

◎ 試してみよう 偶数・奇数を調べる

では、実際にifを使ったプログラムを作ってみましょう。TypeScriptプレイグラウンドのソースコードを以下のように書き換えてください。

◎リスト2-8

```
const num = 12345 //☆
const result = num % 2
if (result == 0) {
    console.log(num + "は、偶数です。")
} else {
    console.log(num + "は、奇数です。")
}
```

◎図2-8：実行すると、numの値が偶数か奇数かを調べて表示する。

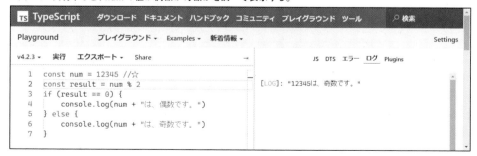

実行すると、「**12345は、奇数です。**」と表示されるでしょう。最初のnumの値（☆の部

分) をいろいろな値に書き換えて動作を確かめてみましょう。

　ここでは、numに整数の値を用意し、それを2で割ったあまりをresultに代入しています。2で割った値がゼロなら偶数ですし、1なら奇数になるわけですね。ifを見ると、(result == 0)という条件を設定しています。これで、resultがゼロかどうかをチェックしています。

比較演算子について

　ここで使った「==」という記号は「比較演算子」と呼ばれるものです。比較演算子は、2つの値を比較し、それが等しいかどうか、あるいはどちらが大きいか小さいかといったことを調べるためのものです。これには以下のような種類があります。

　(※A, Bの2つの値を比較する形でまとめておきます)

A == B	AとBは等しい
A != B	AとBは等しくない
A === B	AとBは値も型も等しい
A !== B	AとBは値と型が等しくない
A < B	AはBより小さい
A <= B	AはBと等しいか小さい
A > B	AはBより大きい
A >= B	AはBと等しいか大きい

　これらの中で注意しておきたいのは==と=== (および!=と!==) の違いです。==や!=は、2つの値が等しいかどうかを比べるものですが、2つの値の型まではチェックしません。

　TypeScriptでは、2つの異なる型の値を比較演算子で比べると、**「2つの値の型が違う」**とエラーになります。値を比較するためには、同じ型になっていなければいけないのです。従って、等しいか等しくないかの比較は、実質的にすべて===および!==を使うと考えてください。==を使っても、同じ型に変換されていないとエラーになるのですから、===と同じことです。

Column 比較演算は「真偽値」

　この比較演算子を使った式は、実行結果が必ず真偽値になります。比較演算子による式は、式が成立するならばtrue、しないならばfalseを返すのです。つまりifの条件というのは**「trueかfalseか」**で実行する処理を決めるものだ、と考えていいでしょう。比較演算の式でなくとも、真偽値で値が得られるものならばどんなものでもifの条件として使うことができます。

else ifによる条件の連続実行

このif文は、条件によって二者択一の処理を実行します。では、もし実行する分岐が3つある場合は? どうすればいいのでしょうか。

これはいくつかやり方が考えられますが、ifの条件を複数用意することで対応させることができます。このようにするのです。

```
if (条件1)
    条件1がtrueのときの処理
else if (条件2)
    条件2がtrueのときの処理

……必要なだけelse ifをつなげる……

else
    すべてfalseのときの処理
```

else ifは、そういうキーワードがあるわけではなく、これは**「elseの後にifを続けて書いている」**というだけです。このようにelseならばまた次の条件のifを用意する、ということを続けることで、多数の分岐をすることができるようになります。

◎ 試してみよう 月の値から季節を調べる

では、このelse ifを使ったやり方も実際に試してみましょう。TypeScriptプレイグラウンドのソースコードを以下のように書き換えてください。

⊕リスト2-9

```
const month = 7 //☆

if (month <= 0)
    console.log("不明です。")
else if (month < 3)
    console.log(month + "月は、冬です。")
else if (month < 6)
    console.log(month + "月は、春です。")
else if (month < 9)
    console.log(month + "月は、夏です。")
else if (month < 12)
    console.log(month + "月は、秋です。")
```

```
else if (month < 13)
    console.log(month + "月は、冬です。")
else
    console.log("不明です。")
```

●図2-9：実行すると、monthの月の季節を表示する。

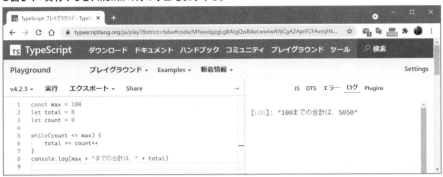

　これを実行すると、"7月は、夏です。" といったメッセージがログに表示されます。動作を確認したら、☆のmonthの値を1〜12の範囲でいろいろと書き換えて実行してみましょう。その月の季節が常に出力されるのがわかるでしょう。

　ここでは、monthの値をelse ifで何度もチェックして細かく分岐をしています。まず、month <= 0でゼロ以下かどうかをチェックし、そうでなければmonth < 3で3未満かどうか、month < 6で6未満かどうか、……という具合に細かくチェックして季節を表示していたのですね。

　こんな具合に、いくつもの条件を次々とチェックして処理をしていくような場合にelse ifは非常に役立ちます。

三項演算子について

　処理ではなく「**値**」を得るためだけにifを利用する場合は、もっと便利なものもあります。それは「**三項演算子**」と呼ばれるものです。

　三項演算子は、条件に応じて異なる値を得るための演算子で、以下のように記述します。

```
条件 ? 値1 : 値2
```

　条件に応じて2つの値のどちらかが使われます。この条件は、真偽値として得られる式などを指定します。

　先に数字が偶数か奇数か調べるサンプルをあげておきましたね。あれを、三項演算子を使って書き直してみましょう。

◎リスト2-10

```
const num = 12345 //☆

const result = num % 2 === 0 ? '偶数' : '奇数'
console.log(num + 'は、' + result + 'です。')
```

◎図2-10：実行するとnumは偶数か奇数かを調べて表示する。

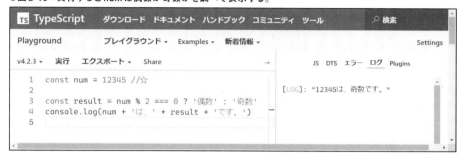

　これで、先のifのサンプルと同様に変数numが偶数か奇数か表示します。numの値をいろいろと書き換えて試してみましょう。

　ここでは、num % 2 === 0という式を使って偶数か奇数のいずれかのテキストを変数resultに取り出しています。そして、得られたresultを使ってテキストを作成して結果を表示しています。変数resultは、numの値によって偶数と奇数のどちらかのテキストが得られるようになっていたのです。

　このように**「条件に応じた値」**が必要なとき、わざわざif文を書いて値を変数などに代入するのはちょっと面倒でしょう。そんなとき、三項演算子は非常に役に立ちます。

値に応じて分岐する「switch」

　ifと並ぶもう一つの分岐を行う構文は**「switch」**というものです。これはifのように真偽値で条件をチェックするのではなく、用意した対象と一致する値を探してジャンプする、というものです。

```
switch ( 対象 ) {
  case 値1:
    値1のときの処理
    break
  case 値2:
    値2のときの処理
    break
```

```
……必要なだけcaseを用意……

    default:
        どれにも一致しないときの処理
}
```

　switchでは、()内に調べる対象となる値を用意します。これは変数などでもいいですし式などでもかまいません。何らかの値が得られるものであればどんなものでも指定できます。

　TypeScriptは、この()の値をチェックし、その後に並ぶcaseから完全に一致する値を探していきます。そして一致するcaseが見つかったら、その後にある処理を実行します。そしてbreakまで来たら構文を抜け、次に進みます。

　一致するcaseがまったくない場合は、最後のdefault:にジャンプをして処理を実行します。このdefault:は省略することもでき、その場合は一致するcaseがないと何もしないで次に進みます。

◎ 試してみよう switchでelse ifを書き直す

　では、これも実際に使ってみましょう。TypeScriptプレイグラウンドのソースコードを以下のように書き換えてみてください。

⊕ リスト2-11

```
const month = 7

switch (month) {
    case 1:console.log(month + "月は、冬です。"); break
    case 2:console.log(month + "月は、冬です。"); break
    case 3:console.log(month + "月は、春です。"); break
    case 4:console.log(month + "月は、春です。"); break
    case 5:console.log(month + "月は、春です。"); break
    case 6:console.log(month + "月は、夏です。"); break
    case 7:console.log(month + "月は、夏です。"); break
    case 8:console.log(month + "月は、夏です。"); break
    case 9:console.log(month + "月は、秋です。"); break
    case 10:console.log(month + "月は、秋です。"); break
    case 11:console.log(month + "月は、秋です。"); break
    case 12:console.log(month + "月は、冬です。"); break
    default: console.log("不明です。")
}
```

（※なお、TypeScriptプレイグラウンドで上記を実行すると、case 7:以外のところにエラーの表示がされるでしょう。これは、7以外のcaseが実行されないことが明白なためで、文法上のエラーではありません。今回は文法上の書き方としてのサンプルですので、これらのエラーについては無視してください）

先ほどのサンプルをswitchで書き換えてみました。switchは、このように()の値がどのようなものになるのか、あり得る値をすべてcaseで用意していきます。ここでは1年12ヶ月の値をチェックするので、1〜12までの値を用意してあります。caseでは複数の値を指定できないため、チェックする値の範囲が広がるとたくさんのcaseを用意しなければいけなくなります。あまりcaseが多くなると、switch文を使うよりifとelse ifを使ったほうが簡単にできるかも知れません。どちらを使ったほうがよりわかりやすくシンプルに書けるか、状況に応じて判断するようにしてください。

while/do...whileによる繰り返し

続いて、繰り返しです。繰り返しもいくつかの構文が用意されていますが、もっとも単純なのは、条件をチェックして繰り返すwhileという構文でしょう。これには2つの書き方があります。

✚while文(1)

```
while ( 条件 )
    繰り返す処理
```

✚while文(2)

```
do
    繰り返す処理
while ( 条件 )
```

while構文は条件をチェックし、その結果に応じて繰り返しを行います。条件には、ifと同様に真偽値の値が得られるもの（比較演算の式など）を指定します。この条件がtrueであれば、繰り返し部分が実行され、falseになると構文を抜けて次に進みます。

両者の違いは、**「条件のチェックを繰り返し前にするか、後にするか」**です。どちらも同じように感じるかも知れませんが、違いはあります。それは、**「条件が最初からfalseの場合」**です。最初に条件をチェックする場合、結果がfalseならば何も実行しませんが、後でチェックする場合は例え条件がfalseでも1度は処理を実行します。

◎ 試してみよう **1から100まで合計する**

では、実際にwhileを使った繰り返しを使ってみましょう。TypeScriptプレイグラウンドを以下のように書き換えて実行してください。

●リスト2-12

```
const max = 100 //☆
let total = 0
let count = 0

while(count <= max) {
    total += count++
}
console.log(max + "までの合計は、" + total)
```

●図2-11：1から100までの合計を計算して表示する。

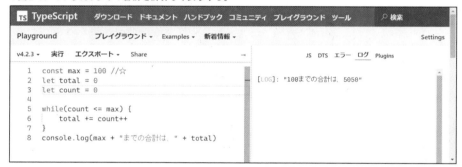

これを実行すると、1から100までの合計を計算して表示します。ここでは、while(count <= max)というように条件を設定し、countの値がmaxと等しくなるまでの間、繰り返しを行っています。そして繰り返し内ではtotalにcountを足してcountの値を1増やす、ということを行っています。こうすることで、countの値が1, 2, 3……と1ずつ増えていき、その値がすべてtotalに加算されていくわけです。

では、これをdo...whileに書き換えたらどうなるでしょうか。whileから2行下の}までの部分を以下のように書き換えてください。

●リスト2-13

```
do
    total += count++
while(count <= max)
```

これでも、やはり正常に合計が計算されます。基本的には、どちらのやり方でも結果は同じになります。異なる結果になるのは、最初から条件がfalseである場合のみです。

◉ 代入演算子とインクリメンタル演算子

今回のサンプルでは、繰り返し実行する処理部分を「**total += count++**」としてあります。2種類の見慣れない演算子が使われていますね。

まず+=というのは、代入演算子というものです。これは代入と四則演算が合体したもので以下のようなものが用意されています。

A += B	A = A + B と同じ
A -= B	A = A - B と同じ
A *= B	A = A * B と同じ
A /= B	A = A / B と同じ
A %= B	A = A % B と同じ

また、count++の「**++**」は、インクリメンタル演算子といって、つけられた変数の値を1増やす働きをします。同様のものに「**--**」という1減らす演算子（デクリメンタル演算子）もあります。

これらは、覚えていなくとも通常の四則演算で同じことは行えますが、知っていたほうがスマートに計算式を書くことができます。

> **Column** ++/--は変数の前後どちらにつける？
>
> ++および--は変数の前にも後にもつけることができます。どちらにつけるかは「**いつ値が増減するか**」に影響します。前につけると、値を増減したものが変数の値として取り出されます。後につけると、変数の値が取り出されたあとで増減されます。
>
> 先ほど、 total += count++という式を用意していましたね。たとえばcountの値が1の場合、この式はtotalに1を加算したあとでcountの値が2に増えます。total += ++countとすると、countの値が2に増えたあとでtotalに加算される（つまり2が足される）ようになります。

forによる繰り返し

もう一つの繰り返しは、forというものを使った構文です。このforは、実は使い方がいくつか用意されています。もっとも基本となる使い方は、以下のようなものです。

```
for ( 初期化 ; 条件 ; 後処理 )
    繰り返す処理
```

forは、その後の()内にセミコロンで3つの文を記述します。一つ目は、for構文に入ったときに実行される文で、2つ目のものは繰り返しを実行するかどうかを決める条件となる文です。そして繰り返し処理を実行したあとで3つ目の文が実行されます。

◉ 変数を使って繰り返す

このforのもっとも一般的な使い方は、**「繰り返し条件をチェックするための変数」**を使ったものです。これは以下のような形で利用します。

```
for (let 変数 = 初期値; 変数 < 終了値; 変数++)
```

変数に初期値を入れ、繰り返すごとに++で1ずつ増やしていきます。そして条件として変数が終了値と等しいか大きくなったら繰り返しを抜けるようにしておきます。

たとえば、先ほどwhileで行った**「1から100までの合計を計算する」**というサンプルをforで書き直してみましょう。

● リスト2-14

```
const max = 100 //☆
let total = 0

for(let i = 1;i <= max;i++) {
    total += i
}
console.log(max + "までの合計は、" + total)
```

●図2-12：実行すると1から100までを合計して表示する。

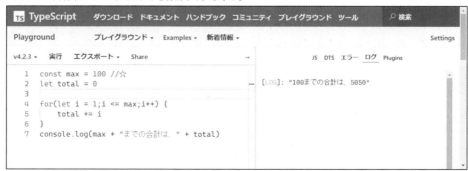

whileのサンプルとやっていることは同じですが、繰り返すごとに数字が増えていく変数をforの構文内に持つことで全体としてすっきりとした処理になっていることがわかります。

◉ for in と for of

この他にも、forは**「たくさんある値から順に取り出して処理する」**といった使い方をすることもあります。これは、以下のような書き方をします。

```
for ( let 変数 in 値 )
for ( let 変数 of 値 )
```

これらのforは、**「オブジェクト」**と呼ばれる値を扱うのに使います。オブジェクトは内部に多数の値を持つことができます。プログラミング言語では多数の値を管理する機能が用意されていますが、TypeScriptではこれらはすべてオブジェクトとして用意されています。

このオブジェクトから順に値を取り出して処理するのが、上記のfor...inとfor...ofです。この2つは、実は微妙に働きが違うのですが、今のところは**「だいたい同じようなもの」**と理解しておきましょう。これらについては、オブジェクトについて理解したところで改めて説明します。

Section 2-3 複雑な値

> **ポイント**
> ▶配列の基本的な使い方をマスターしましょう。
> ▶配列とタプルの違い、タプルの用途について考えましょう。
> ▶enum型の定義と利用方法について理解しましょう。

まだまだある、変わった値

TypeScriptでは、基本の値は**「数値」「テキスト」「真偽値」**の3つだけだ、と説明しました。しかし、**「基本の値」**ということは、基本の値ではないものもあるということでしょうか。

実は、あります。それもたくさん。TypeScriptでは、値の型は単純な値以外の型が多いのです。そうした基本の型以外のものについて説明しましょう。まずは**「配列」**からです。

◉ 配列は多数の値を一つにまとめるもの

配列は、多数の値をひとまとめにして扱うことのできる値です。これは、いくつかの作り方があります。

✚配列を作る(1)

```
[値1, 値2, ……]
```

✚配列を作る(2)

```
new Array()
```

✚指定のインデックス番号の値を利用する

```
配列 [ 番号 ]
```

配列は、多数の値に**「インデックス番号」**と呼ばれる通し番号を割り振って管理します。保

管されている値にはゼロから順に番号が割り振られます。その番号を指定することで、配列から特定の要素の値を取り出したり、あるいは新しい値を代入したりできます。インデックス番号は、ゼロから順に割り振られます。

では、実際に配列を使った例をあげておきましょう。簡単な配列を用意して、その値を利用します。

●リスト2-15

```
const data = [10, 20, 30]
const total = data[0] + data[1] + data[2]
console.log('合計' + total)
```

●図2-13：実行すると、配列dataの値を合計して表示する。

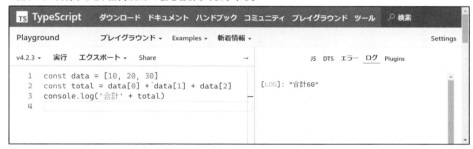

配列の値は、data[0]というように配列の変数名の後に[]記号で番号を指定して取り出します。data[0]ならば、インデックス番号がゼロの値を取り出します。ここでは値を取り出しているだけですが、たとえばdata[0] = 100というように配列の特定の要素に値を代入することもできます。

Column 配列の型はどうなる?

ここではconst data = [10, 20, 30]というようにして変数dataに配列を代入しました。では、このdataという変数の型はどうなっているのでしょうか? これは、正しくはこのようになります。

```
const data:number[] = [10, 20, 30]
```

number[]というのがdataの型名です。配列の型は、このように保管する値の型の後に[]をつけて表します。

77

変更不可の配列

配列は、データをまとめたものとして使うことが多いでしょう。このようなとき、「**もとのデータは変更できないようにしたい**」ということはよくあります。こういう場合、どうすればいいのでしょうか。

「**定数として用意すればいい**」と考えるかも知れませんが、これは間違いです。定数は、「**配列が代入されている変数**」に対して変更できないようにしますが、代入されている配列の中の要素については自由に変更できるようになっているのです。

では、配列の中身を変更不可にすることはできないのか？ もちろん、できます。これは「**readonly**」というキーワードを使うのです。

```
変数 : readonly 型[] = [……値……]
```

このように、変数の型を設定する際、型名の前に「**readonly**」というものをつけると、その配列の中身が変更できなくなります。

実際に簡単なコードを書いてみましょう。

○リスト2-16

```
const data1:number[] = [10,20,30]
let data2:readonly number[] = [10,20,30]

data1[0] = 100
data2[0] = 100
```

○図2-14：data1[0] = 100はErrorにならないが、data2[0] = 100はエラーになる。

これを記述すると、data1[0] = 100は何も問題ありませんが、data2[0] = 100ではエラーが発生します。data1はconstで宣言された定数ですが、その中の値は自由に変更できることがわかります。そしてdata2はletで宣言された変数ですが、readonlyをつけているため中の値を変更しようとするとエラーになるのです。

for...in と for...of再び

　　配列は、多数の値をまとめて管理するのに用いられます。たくさんのデータがあり、それらをすべて合計したり、決まった形で処理したりするのに配列は用いられます。つまり、**「配列にあるすべての値について決まった処理をする」** といった使い方を多用するのです。

　　こうした使い方のために用意されているのが、forです。forにはこのような使い方がありましたね。

```
for ( let 変数 in 値 )
for ( let 変数 of 値 )
```

　　この **「値」** 部分に配列を指定することで、配列内の値をすべて変数に取り出して処理をすることができます。

　　この2つの書き方に違いはあるのですが、これはオブジェクトについて理解が進まないと説明が難しいでしょう。もう少し先に進んで、オブジェクトについて説明したところで改めて触れることにします。それまでは、**「配列ではfor...ofを使う」** ということだけ覚えておいてください。

◎ 試してみよう データを合計する

　　では、実際にforを利用してデータの処理をしてみましょう。以下のようにソースコードを修正し実行してください。

◎リスト2-17

```
const data = [100,98,76,59,87]
let total = 0
for (let item of data) {
    total += item
}
const av = total / data.length
console.log('合計' + total)
console.log('平均:' + av)
```

◎図2-15：実行すると、配列の合計と平均を計算する。

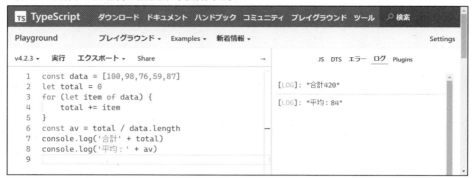

　これを実行すると、data配列に保管されている値の合計と平均を計算して表示します。ここでは、配列を用意した後、for (let item of data)というようにして繰り返しを行っています。これにより、dataから順に値をitemに代入して計算をすることができるようになります。

　ここではforで配列の値をすべてtotalに合計した後、const av = total / data.lengthというようにして平均を求めています。data.lengthというのは、data配列に保管されている要素の数を示すものです。**「いくつ値があるか」**を調べるのに多用されるので、ここで覚えておくとよいでしょう。

Column　配列もオブジェクト？

　ここでは配列という特殊な値について説明をしていますが、この配列は**「オブジェクト」**と呼ばれる値の一種です。配列の要素数を得るのにdata.lengthというものを使っていますが、これもオブジェクトのプロパティというものを使っています。

　オブジェクトについて理解が深まれば、**「あれもこれも全部オブジェクトなんだな」**ということがわかってくるでしょう。それまでは当分の間、**「配列という特殊な値がある」**と考えておきましょう。

配列の要素の操作

配列に保管されている値は、[]記号を付けて取り出したり値を設定したりできます。では、配列の前後に値を追加したり、削除したりするにはどうすればいいのでしょうか。

これには、配列に用意されている機能を利用します。以下に簡単にまとめておきましょう。

✚配列の最初に追加

```
配列.unshift( 値 )
```

✚配列の最初を削除

```
変数 = 配列.shift()
```

✚配列の最後に追加

```
配列 .push( 値 )
```

✚配列の最後を削除

```
変数 = 配列.pop()
```

unshiftとpushは、配列の最初と最後に値を追加します。またshiftとpopは、最初または最後の値を取り出して返します。これらを使いこなすことで、配列の内容を変更することができます。

◎ 試してみよう 配列の値を順に入れ替える

では、実際にこれらを利用した例を考えてみましょう。数字が5個入った配列dataを用意し、その値を操作してみます。

⊕リスト2-18

```
let data:any = [10,20,30,40,50]

console.log(data)
for(let i = 0;i < 5;i++) {
    data.pop()
    data.unshift('☆')
    console.log(data)
}
```

◎図2-16：最後の要素と取り出し、最初に'☆'を追加していく。

これを実行すると、forで繰り返すごとに配列の要素が変化していきます。最後の要素が削除され、最初に'☆'が追加されていくのがわかるでしょう。こんな具合に、配列は内容を後からいろいろと変更できるのです。

タプル型について

配列というのは基本的にすべて同じ型の値を保管します。しかし、場合によっては異なる種類の値をひとまとめにしたいこともあります。たとえば個人のデータをひとまとめにして使いたい場合、名前、メールアドレス、年齢、住所といったものを一つにまとめて管理できると便利ですね。けれど、名前やメールアドレスはテキストですし、年齢は数値です。性別などは真偽値で設定できるかも知れません。そうしたことを考えると、さまざまな種類の値を配列のようにまとめられるものが欲しくなります。

このような用途のときに用いられるのが「**タプル**」と呼ばれる型です。これは、以下のような形で型を指定します。

変数：[型1, 型2, ……]

タプルは、変数の型を指定する際、[]を使って必要な型をひとまとめにします。これにより、配列の各要素に指定の型の値を入れたものが作成されます。配列の要素ごとに型が指定されているため、指定と異なる型の値が代入されるとエラーになります。

◎ 試してみよう タプルを使ってみる

では、実際に簡単なサンプルを動かして、タプルというのがどのように働くのか確認しましょう。

⊙リスト2-19

```
let me:[string, number]
let you:[string, number]

me = ['taro', 39]
you = ['hanako', 'hanako@flower.com']

console.log(me)
console.log(you)
```

⊙図2-17：2つのタプル型に値を代入すると片方はエラーになる。

　ここでは、[string, number]というタプル型の値を2つ用意しました。それぞれに値を代入しconsole.logで表示するものですが、実際に書いてみると、変数youのところでエラーが発生します。you = ['hanako', 'hanako@flower.com']というように、[string, string]の値が設定されたため、型が合わないとエラーになったのです。タプルはこのように各種の値を決まった順番に一つにまとめたいようなときに用いられます。

⊙ タプルの値は？

　ここではmeやyouをそのまま出力していますが、これらタプルの中にある値をここに利用したいときはどうすればいいのでしょうか?

　これは、実は配列と同じ考えでいいのです。me[0]とすればmeの最初の値（'taro'）が得られますし、me[1]とすれば2番目の値（39）が得られます。値の変更も同じように行えます。

enum型について

多数の値の中から一つを選ぶ、ということはよくあります。たとえばじゃんけんのプログラムならば、選べる値は「**グー**」「**チョキ**」「**パー**」の3つしかありません。こういうとき、この3つの値だけしか選べない型が欲しくなるでしょう。

これを実現してくれるのが「**enum**」と呼ばれる型です。これは以下のような形で定義します。

```
enum 型名 { 項目1, 項目2, ……}
```

こうすることで、指定した型を新たに作ることができます。この型は、‖内に用意した値だけしか設定できません。それ以外の値は使えない型なのです。

試してみよう enumでjanken型を使う

では、これも試してみましょう。例として、じゃんけんの型を作成し、これを利用して表示を行ってみます。

○リスト2-20

```
enum janken { goo, choki, paa }

const you = janken.goo //☆

switch(you) {
    case janken.goo:
    console.log('あいこです。')
    break
    case janken.choki:
    console.log('あなたの勝ち！')
    break
    case janken.paa:
    console.log('あなたの負け...')
    break
}
```

（※これもyouの値が固定のため、case janken.paa以外のcaseにエラーが表示されます。文法的には問題ないので無視して実行してください）

●図2-18：実行すると「あいこです」と表示される。

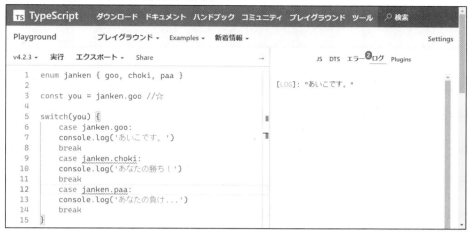

これを実行すると、**「あいこです。」**と表示されます。☆の変数youに代入するjankenの値を変えて表示がどう変わるか確認してみましょう。

ここでは、以下のような形でenumが作成されています。

```
enum janken { goo, choki, paa }
```

これで、goo, choki, paaという3つの値を持つjankenという型が作られたのです。その後を見ると、こんな具合に使っていますね。

```
const you = janken.paa
```

janken.paaで、janken型のpaaという値が設定されます。ここでは変数の型名を書いていませんが、これをきちんとつけたなら、このようになります。

```
const you:janken = janken.paa
```

janken型という新しい型が用意されていることがわかるでしょう。enum型は、enumという型があるのではなく、enumという**「複数の値から一つを選ぶ」**という方式の新しい型を定義するものなのです。

Section 2-4 型をさらに極めよう

ポイント

▶ **type** を使った型エイリアスの使い方をマスターしましょう

▶ リテラル型と条件型を使った複数型の入力の仕組みを理解しましょう。

▶ 値がない場合のオプションの使い方について考えましょう。

型エイリアスについて

先ほどのタプルをもう一度思い出してください。こんな感じでタプルの値を作っていましたね。

```
let me:[string, number]
```

型には[string, number]と指定をしています。もし、個人情報のデータをこのタプルで作成していこうと思ったなら、もう少しわかりやすく書けたほうがいいですね。stringやnumberが何を示しているのかこれではわかりません。

このような場合、型にエイリアス（別名）を設定することでわかりやすくすることができます。これには「**type**」というキーワードを使います。

```
type 新型名 = 型名
```

このようにすることで、指定した型に別名を設定することができます。新しい型というより、既にある型に別の名前をつけるわけです。

◎ 試してみよう タプルをわかりやすくする

では、実際に型エイリアスを使って、先ほどのサンプル（リスト2-16）を少し修正してタプルの内容をよりわかりやすくしてみましょう。

⊙リスト2-21

```
type name = string
type age = number

let me:[name, age]
let you:[age, name]

me = ['taro', 39]
you = [28, 'hanako']

console.log(me)
console.log(you)
```

⊙図2-19：実行すると、meとyouのタプルを作成し表示する。

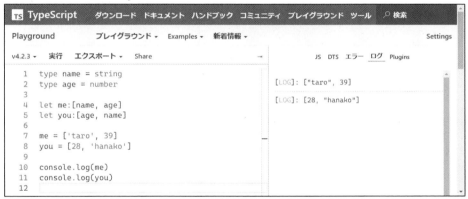

　これを実行すると、meとyouという2つの変数にタプルの値を代入し、それをそのまま出力します。事前にtypeでnameとageという型エイリアスを用意しており、それを使ってタプルを作っていますね。

```
let me:[name, age]
let you:[age, name]
```

　どうです？　これなら、各値がどういうものかすぐにわかりますね？　こんな具合に、よりイメージしやすい型名をつけることでタプルはずいぶんとわかりやすくなります。

typeで型を定義する

　この型エイリアスで使ったtypeというキーワードは、実はもっとパワフルな使い方ができるものです。たとえば、先ほどタプルで使う値の型にnameとageという型エイリアスを作成しました。これで見やすくなりましたが、しかし新しいデータを変数に代入するたびに[name, age]という型の指定をしないといけないのはけっこう面倒くさいものです。

　だったら、[name, age]というタプル型に型エイリアエスで別名を付けてしまえばいいのです。実際にやってみましょう。

●リスト2-22

```
type name = string
type mail = string
type age = number
type person = [name, mail, age]

const taro:person = ['taro','taro@yamda',39]
const hanako:person = ['hanako','hanako@flower',28]
const sachiko:person = ['sachiko','sachiko@happy',17]

const data:person[] = [taro,hanako,sachiko]

for(let item of data) {
    console.log(item)
}
```

●図2-20：person型を用意し、personの配列にデータをまとめて出力する。

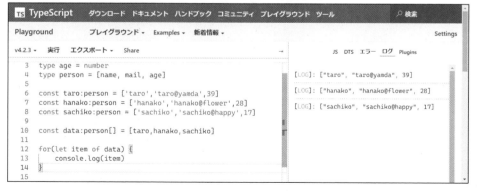

　ここでは、最初にname, mail, ageといった型エイリアスを用意し、これらを使ったタプル型にpersonという別名を付けています。そして実際のデータは、このperson型の変数にまとめ、そ

れをperson配列にまとめています。

　このようにすると、taroもhanakoもsachikoもすべて決まった形のタプルが代入されることがよくわかります。また毎回タプルの具体的な型の内容を書かなくて済むためコーディングも楽になりますね。

リテラル型について

　typeによる型エイリアスは、実は非常に応用範囲の広いテクニックです。たとえば、typeの型にはリテラルも使うことができます。リテラルというのは、**「直接ソースコードに書かれる値」**ですね。つまり、こんな型エイリアスも作れるのです。

```
type a = "ok"
```

　これは一体、どういう働きをするのか？ それは**「"ok"だけしか値がない型」**です。そういう特殊な型も作ることができます。

　実際、どんな具合に使うのか、簡単なサンプルをあげておきましょう。

◎リスト2-23

```
type hello = "hello"
type bye = "bye"
type name = string

const taro:name = "taro"
const msg1:hello = "hello" //☆
console.log(msg1 + ", " + taro)
const hanako:name = "hanako"
const msg2:bye = "bye" //☆
console.log(msg2 + ", " + hanako)
```

○図2-21：実行すると2つのメッセージが表示される。

これを実行すると、「**hello, taro**」「**bye, hanako**」といったメッセージが表示されます。ここではhello, bye, nameといった型を用意し、これらを使って値を用意しています。この中の☆マークの文を見てください。

```
const msg1:hello = "hello"
const msg2:bye = "bye"
```

これらの値を書き換えてみましょう。するとエラーになることがわかるでしょう。変数helloには"hello"しか、また変数byeには"bye"しか代入できず、それ以外の値は一切受け付けないことがわかります。

条件型（Conditional Types）とは？

リテラル型の働きはわかりましたが、「**こんなもの、一体何のために使うんだ？**」と思ったかも知れませんね。

確かに、ただtype hello = "hello"というようにして「**"hello"だけの型**」を作ってもほとんど使いみちはありません。けれど、これに「**条件型**」と呼ばれるものを組み合わせると、俄然、働きは違ってきます。

条件型とは、typeの型に複数のものを設定するための仕組みです。これは、以下のような形で使います。

```
type 型名 = 型1 | 型2 | ……
```

このようにすることで、複数の型を許容する新しい型エイリアスが作成できます。リテラル型と、この条件型を組み合わせることで、複数の値のいずれかを許可する、enumのような働きをする型が作れます。

たとえば、先ほどのサンプルを条件型利用の形に書き換えてみましょう。

●リスト2-24
```
type msg = "hello" | "bye"
type name = string

const taro:name = "taro"
const msg1:msg = "hello"
console.log(msg1 + ", " + taro)
const hanako:name = "hanako"
const msg2:msg = "bye"
console.log(msg2 + ", " + hanako)
```

msgタイプに"hello"｜"bye"と指定をすることで、"hello"と"bye"が代入できる型ができました。実質的にenum型と同じような使い方ができることがわかるでしょう。

◉ 基本型を使った条件型

条件型では、リテラル型だけでなく基本型も指定できます。たとえば、このような形です。

```
type id = number | string
```

これで、テキストと数字のいずれかが代入できるid型が作成できます。ただし、このように複数の基本型を指定した場合、その型の変数には複数基本型の値が保管されることになるため、値の処理を行う際は**「保管されているのがどういう型の値か」**を確認して処理を行う必要があるでしょう。

型のチェック

さまざまな型を利用するようになると、変数に入っている値はどういう型なのかチェックする必要が生じることでしょう。たとえば、type id = number｜stringというように型エイリアスを作成したなら、その変数の中身はnumberなのかstringなのか、確認した上で処理を行う必要があります。

こうした型チェックには**「typeof」**というものが使われます。これは以下のように利用します。

```
typeof( 値 )
```

これで、()に指定した値の型名が得られます。注意したいのは、これで得られるのは基本型の名前だ、という点です。基本型をベースに型エイリアスで名前をつけたとしても、typeofではそれは得られません。もとになる基本型の名前だけが得られます。

では、実際に型チェックを利用して値の型を確認する処理を考えてみましょう。

◉リスト2-25

```
type id = number | string

const idA:id = "taro"
const idB:id = 123

const tp = idA //☆

switch(typeof(tp)) {
    case "number":
    console.log(tp + "は、number型です。")
    break
    case "string":
    console.log(tp + "は、string型です。")
    break
    default:
    console.log("型不明。")
}
```

◉図2-22：idAの型を調べるとstring型なのがわかる。

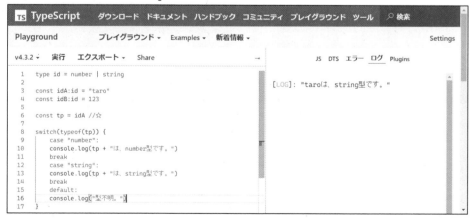

これは、idAとidBという2つの変数を用意し、その型を調べる例です。これを実行すると、**「taroは、string型です。」**とメッセージ出力がされます。表示を確認したら、☆マークの値

をtypeof(idB)と変更してみましょう。こうすると、今度は「**123は、number型です。**」と表示されます。それぞれstringとnumberという型名が取り出されていることがわかるでしょう。

typeofで得られる型名は、基本的にstring値です。ですから、switchなどで分岐を行う場合は、case "item1"というように型名のテキストを使ってチェックしてください。

ユーティリティ型について

TypeScriptには、その変数のさまざまな性質を付加する特殊な型が用意されています。これらは「**ユーティリティ型**」と呼ばれます。このユーティリティ型を利用することで、さまざまな設定を型に行うことができます。

例として、「**Readonly**」というユーティリティ型を使ってみましょう。

○リスト2-26

```
type data = [string, number]
type ReqData = Readonly<data>

const x:data = ["taro",39]
const y:ReqData = ["hanako",28]

x[1] = 28
y[1] = 17

console.log(x)
console.log(y)
```

○図2-23：y[1] を変更するところでエラーが発生する。

ここでは、[string, number]というタプル型と、これをReadonlyで設定したものを用意しました。タプル型であるdataの後、以下のようにしてReqData型を定義しています。

```
type ReqData = Readonly<data>
```

Readonlyの後に<>でdata型を指定しています。こうすることで、data型に**「値の取得のみ（変更不可）」**という設定を付加したReqData型が定義されます。

このユーティリティ型は、非常に多くのものが用意されていますが、その大半は**「オブジェクト」**で利用するためのものです。従って、今の段階では、Readonly型ぐらいしか利用できるものはないでしょう。それ以外のものは、オブジェクトが使えるようになったところで改めて触れることにしましょう。

Column ユーティリティ型と総称型

このユーティリティ型は、Readonly<○○>というように、型名の後に<>という記号を付けて型を指定しています。これは**「総称型」**と呼ばれる機能です。ユーティリティ型は、総称型を使って、既にある型に新たな性質を付加しています。

総称型については改めて説明をしますので、ユーティリティ型についてもその後で再び触れることにしましょう。今は**「そういう面白い機能がある」**という程度に理解しておけば十分です。

シンボルについて

多くの値を扱うプログラムでは、**「すべての値がユニークであることが保証される型」**を用意する場合があります。このような場合、用いられるのが**「シンボル」**と呼ばれる値です。

シンボルは、以下のようにして作成されます。

```
変数 = Symbol( 値 )
```

()には値を指定することもできますし、指定しないで作成することもできます。こうして作成されたシンボルは、typeofでは**「symbol」**という独自の型として表示されます。

このシンボルは、**「自分自身以外に等しい値のものが存在しない」**ということが保証される型です。たとえば数字やテキストでは、同じ値が代入されていれば等しいとみなされますが、シンボルは違います。シンボルは、すべての値が異なるものとして扱われます。

実際に簡単なサンプルを動かしてみましょう。

○リスト2-27

```
const a1:string = "ok"
const b1:string = "ok"
```

```
console.log(a1 == b1)
console.log(a1 === b1)

const a2:unique symbol = Symbol("ok")
const b2:unique symbol = Symbol("ok")
console.log(a2 == b2)
console.log(a2 === b2)
```

◉図2-24：実行すると、a1とb1は同じ値と判断されるが、a2とb2は別の値と判断される。

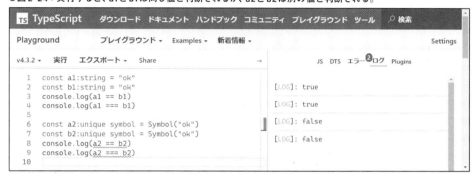

　ここでは、"ok"というテキストを代入した2つの定数と、Symbol("ok")を代入した2つの定数を用意しました。テキストの定数は、a1 == b1と比較すると結果はtrueになります。2つの値は等しいものとして扱われます。

　しかし、シンボルの場合、2つのシンボルを比較すると常にfalseになります。シンボルは、==や===で比較した結果がtrueになる値は自分自身しかありません。

◉何に使うの？

　このシンボル、働きはわかったとして、一体何に使うんだろう？　と思ったかも知れません。

　これも、実はオブジェクトを利用するようになると使い方がわかってきます。オブジェクトには、さまざまな値を保管できるのですが、同じ名前の値を追加すると値を上書きしてしまうという性質があります。

　このシンボルは、オブジェクトに保管する値の名前（プロパティといいます）にも使います。シンボルを利用することで、**「絶対にかぶらない名前」**をつけることができるようになるのです。

　これについても、またオブジェクトのところで改めて触れることにして、ここでは**「シンボルという絶対に同じ値がない特別な型がある」**ということだけ覚えておきましょう。

nullかも知れない値

タプルなどを使って値を作成する場合、考えておきたいのが「その値はすべて必要なのか？」という点です。場合によっては、値がないこともあるのではないか？ その場合、どうすればいいのか？ ということですね。

これは、実物を見たほうが早いでしょう。以下のようなサンプルを考えてみてください。

⊕ リスト2-28

```
type data = [name:string, age?:number]

const taro:data = ["taro", 39]
const hanako:data = ["hanako"]
console.log(taro)
console.log(hanako)
```

⊕ 図2-25：実行すると、["taro", 39]、["hanako"]と表示される。

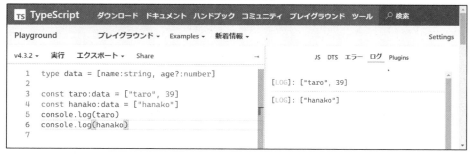

これは、taroとhanakoという2つのdata型の値を用意し表示する例です。単純に値を用意してconsole.logで書き出しているだけです。が、よく見ると、hanakoのほうは["hanako"]というように一つの値しかありません。それでも問題なく値を作成できています。

では、data型の宣言部分をよく見てみましょう。

```
type data = [name:string, age?:number]
```

ageのところに「**age?**」というように?がつけられています。これがポイントです。これは、ageの値が「**ない場合もある**」ことを示します。

試しに、この?を削除してage:numberとしてみましょう。すると、変数hanakoの文にエラーが表示されます。「**ageの値がない**」といってくるのです。

このように、値を用意する際、名前の後に?をつけることで、値が存在しない場合を許容でき

ます。これは「**オプション**」と呼ばれます。オプションにより、「**必ずすべての値を用意する**」というだけでなく、「**必要なものだけを用意する**」という型も作成できるようになります。

> **Column** オプションの値は「場所」に注意！
>
> オプションを利用する場合、注意が必要なのは「**タプルのどこに用意するか**」です。たとえば、先ほどのサンプルで、以下のようにdata型を変更したとしましょう。
>
> ```
> type data = [name?:string, age:number]
> ```
>
> すると、このdata型そのものがエラーになります。オプションを指定したnameの後に（オプションではない）ageが用意されているためです。
>
> オプションな値は、「**その値が省略される場合もある**」ことを示します。タプルの前にオプションがあり、その後に必須項目があると、「**用意された値がどの項目のものかわからない**」ということになってしまいます。このため、タプルではオプションを指定した値の後に必須項目の値は用意できないようになっています。

◉ 絶対nullではない値

?で「**nullかも知れない値**」というものが出てきましたが、逆に「**絶対にnullではない値**」というものもあります。それは「**！**」記号をつけるのです。

たとえば、「**name!:string**」というようにすれば、このnameは絶対にnullではないことになります。もしnullだった場合には、その瞬間にプログラムが強制終了します。

この!は、関数やオブジェクトといったものを使うようになると意味がわかってくるでしょう。今のところは「**?と!でnullを許容したり拒否したりする設定ができる**」ということだけ覚えておきましょう。

Chapter 3

関数をマスターする

処理の一部をメインプログラムから切り離し、
いつでもどこからでも呼び出せるように
したものが「関数」です。
関数にはさまざまな機能が用意されています。
ここで関数の基本的な使い方から
応用テクニックまで一通りのことを頭に入れましょう。

Section 3-1 関数の基本

ポイント

▶関数の基本的な作り方をマスターしましょう。

▶さまざまな引数と戻り値を使えるようになりましょう。

▶可変長引数、オプション引数の仕組みを理解しましょう。

関数とは？

前章で、基本的な値と構文を使ったプログラムは書けるようになりました。けれど、それだけではあまり複雑なものが作れないことも何となくわかったことでしょう。

プログラムでは、同じような処理を何度となく実行しなければいけなくなります。そのとき、実行する処理を必要なだけコピー＆ペーストしていったのではすぐに膨大な長さのソースコードになってしまいます。同じ処理を実行する場合は、その処理だけをメインプログラムから切り離し、いつでも呼び出し実行できるようになっていればずいぶんと助かるでしょう。

これを行うために用意されているのが「関数」です。関数にはいくつもの書き方がありますが、もっとも基本的な形は以下のようになります。

```
function 名前 ( 引数 ){
    ……実行する処理……
}
```

関数には「**名前**」と「**引数**」が用意されます。名前は、その関数を表すものですね。そして引数というのは、関数を呼び出す際に必要となる値を渡すためのものです。これは、必要なだけ変数をカンマで区切って記述します。こうすることで、呼び出しの際に必要な値を引数の変数に渡して処理することができます。

◎ 試してみよう 関数を作ってみる

では、実際に関数を作って動かしてみましょう。この章も、前章と同様にTypeScriptプレイグラウンドをそのまま利用して説明を行います。プレイグラウンドのソースコードを以下のように

書き換えてください。

○リスト3-1

```
function hello(name:string) {
    console.log("Hello, " + name + "!")
}


hello("Taro")
hello("Hanako")
```

○図3-1：実行すると、「Hello, Taro!」「Hello, Hanako!」と表示される。

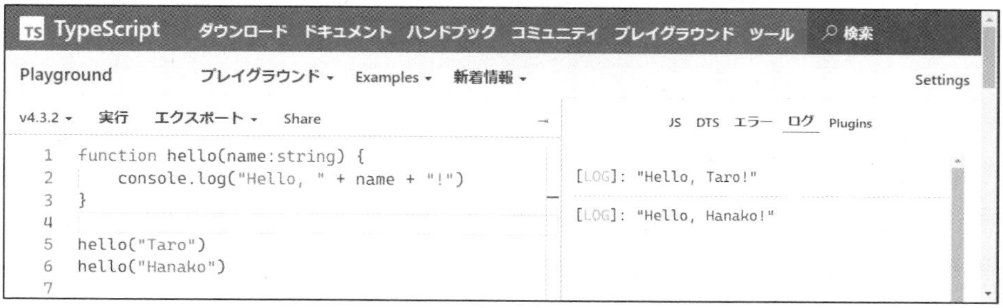

これを実行すると、**「Hello, Taro!」「Hello, Hanako!」**といったメッセージが表示されます。ここで用意したhello関数を呼び出して実行した結果です。このhello関数は、このように宣言されています。

```
function hello(name:string) {……}
```

helloという名前で、引数にはname:stringが用意されています。つまりstring型の値が一つ渡され、それはnameという変数に代入されるわけです。実行している文を見ると、console.log("Hello, " + name + "!")というように変数nameを使って結果を表示しているのがわかります。

そして、このhello関数を呼び出しているのが以下の部分です。

```
hello("Taro")
hello("Hanako")
```

関数名の後に()をつけ、ここに引数に渡す値を用意します。これでhello関数が呼び出せます。関数の呼び出しは、このように名前と用意する引数をきちんと揃える必要があります。名前が間違っていたり、用意すべき引数があっていない（多かったり少なかったり型が違ったり）と、うまく関数を呼び出すことができません。

関数内の変数スコープ

　関数を作成するとき、いろいろと考えなければいけないことがあります。その一つに**「変数のスコープ」**の問題があります。

　スコープというのは、**「利用範囲」**のことです。すなわち、その変数がどこからどこまでの範囲で利用できるかを示すのがスコープです。変数には、それぞれ利用できる範囲が決まっています。

　変数を作成するとき、**「var」**と**「let」**という2つのキーワードが用意されていました。この2つが用意されているのは、スコープの違いによります。

var	関数の外で宣言した場合は、そのソースコード全体で利用できる。関数内で宣言したものは、関数内だけで使える。
let	その変数を宣言した構文内（{}の範囲内）で使える。

　varは関数内で宣言した場合、その関数の中ならばどこでも使えます。これに対し、letはそれが宣言された構文の中でのみ使えます。この違いによるのです。

　実際にこの2つがどう違うか、試してみましょう。まずはvarを使って関数を作り実行してみます。

○リスト3-2

```
function total(max:number) {
    var num = 0
    for(var i = 1;i < max;i++) {
        num += i
    }
    console.log("total:" + (num + i))
}


total(100)
total(200)
total(300)
```

◎図3-2：1から100, 200, 300までの合計を計算する。

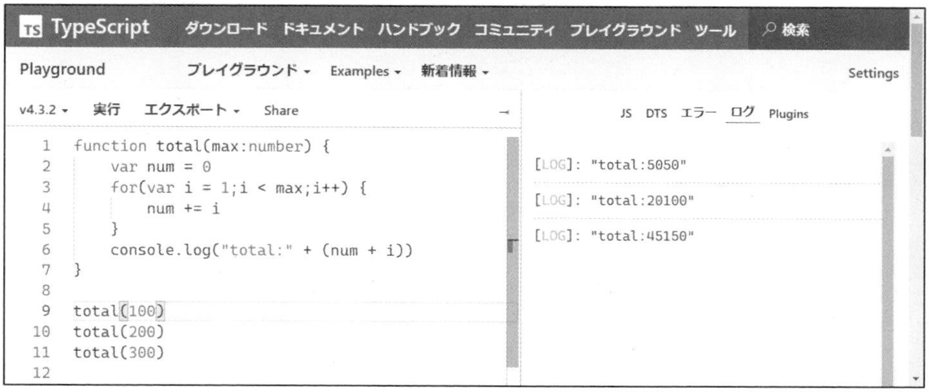

ここでは、引数に数字を渡すと1からその数字までの合計を計算して表示するtotalという関数を用意しました。そしてこれを使い、100, 200, 300までの合計を計算しています。

この関数では、ちょっと奇妙なやり方をしています。繰り返しで合計を計算しているのは理解できるでしょう。

```
for(var i = 1;i < max;i++) {
    num += i
}
```

この部分ですね。しかしよく見ると、i < maxと引数maxの手前までを合計しています。そしてforの繰り返しを抜けたところで、このように結果を表示しています。

```
console.log("total:" + (num + i))
```

合計のnumにiを足したものを表示していますね。forの繰り返しでは、iは順に1ずつ増えていき、最後にi < maxがfalseになったら（つまりiの値がmaxと同じになったら）繰り返しを抜けています。つまり、このconsole.logの時点では、iの値はmaxになっているのです。これを最後にnumに足せば合計が完成する、というわけです。妙なやり方ですが、これはわざとそうしています。

◉letは構文内のみ使える

では、リスト3-2のサンプルを少し書き換えてみましょう。total関数を以下のように変更してください。

◎リスト3-3

```
function total(max:number) {
    let num = 0 //☆
    for(let i = 1;i < max;i++) { //☆
        num += i
    }
    console.log("total:" + (num + i))
}
```

◎図3-3:「Cannot find name 'i'.」というエラーが発生する。

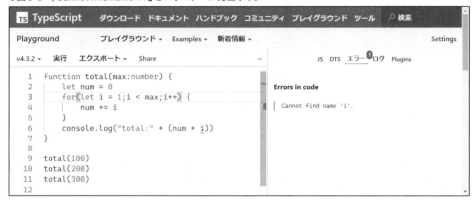

このように修正すると、**「Cannot find name 'i'.」**というエラーが発生します。最後の console.logのところにある変数iがわからない、というエラーです。

letにすると、その変数は構文の中だけでしか使えなくなります。forの()で宣言された変数iは、forを抜けるとその時点で消えてしまうのです。このため、エラーになっていたのですね。

関数内では、このようにvarかletかによって変数の使える範囲が変わります。これは慣れないと問題となりがちですから注意してください。

戻り値について

関数の中には、実行後に何らかの値を呼び出しもとに返すものがあります。こうした**「関数の処理実行後に返される値」**を**「戻り値」**といいます。

戻り値は、以下のような形で指定されます。

```
function 名前 ( 引数 ): 型 {……}
```

引数の後に**「:型」**という形で指定されるのが戻り値です。ここで、返される値の型を指定し

ます。もし、何の値も返さない場合は「**void**」という型を指定します。

返す値は、「**return**」というものを使って指定します。

```
return 値
```

このように実行すればいいのです。このreturnは、「**その場で構文を抜ける**」ためのものです。returnにより、実行中の関数を抜ける働きをします。その際に、用意した値を呼び出しもとに返すようになっているのですね。

従って、returnの後になにかの文があっても、それは実行されません。returnで構文を抜けてしまうので、その後にあるものは実行されないのです。

◎ 試してみよう 合計を返す関数を作る

では、先ほど作成した合計を計算する関数totalを少し修正して、合計を計算してその値を返すようにしてみましょう。あわせて、totalで得た値を使って合計を表示するprintTotalという関数も作成してみます。

●リスト3-4

```
function total(max:number):number {
    let num = 0
    for(let i = 1;i <= max;i++) {
        num += i
    }
    return num
}

function printTotal(n:number):void {
    let res = total(n)
    console.log(n + "までの合計:" + res)
}

printTotal(123)
printTotal(1234)
printTotal(12345)
```

◆図3-4：printTotal関数で合計を計算し結果を表示する。関数内からtotal関数を呼び出して合計を得ている。

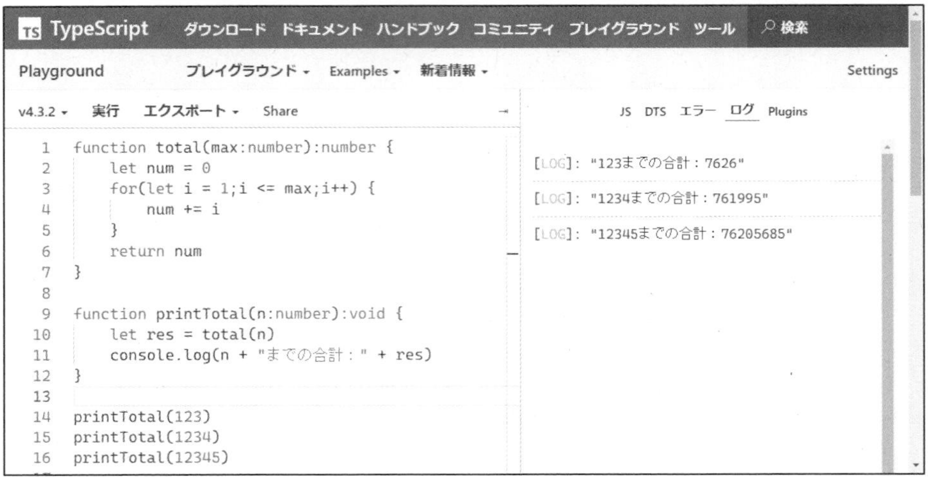

ここでは、totalとprintTotalの2つの関数があります。totalでは、number型の戻り値が設定されていますね。そしてこのtotal関数をprintTotalの中から呼び出しています。

```
let res = total(n)
```

このように、戻り値がある関数は、その結果を変数などに代入して利用できます。また式の中に関数を記述して使うこともできます。たとえば、今のサンプルにあるprintTotal関数は、以下のように書くこともできます。

◆リスト3-5
```
function printTotal(n:number):void {
    console.log(n + "までの合計:" + total(n))
}
```

total関数は、戻り値としてnumberを返します。ということは、この関数そのものをnumberの値として扱えるということになります。式の中に記述したり、他の関数の引数に指定することもできます。値を返す関数は、返す型の値と同じものと考えていいのです。

複数の値を戻す

　戻り値は、基本的に一つの値を返すだけです。しかし場合によっては複数の値を返したいこともあるでしょう。このような場合はどうすればいいのでしょうか。

　これは、タプル型を使えばいいのです。タプルを使って複数の値をまとめたものを戻り値に指定し、タプル値として値を返せば、複数の値を返すことができます。

```
function 名前 ( 引数 ): [ タプル ] {……}
```

　このようにするわけですね。[タプル]には、返す値の型をすべて記述しておきます。このようにタプルを戻り値として返す関数では、返される値をそれぞれタプルにまとめてある変数に設定することができます。

```
let [ 変数1, 変数2, ……] = 関数()
```

　このように、戻り値をそれぞれ変数に代入できれば、後はそれを使って処理するだけです。もちろん、普通の変数に戻り値を代入することもできます。その場合、変数にはタプル値が入っていますから、そこから個々の値を取り出すことになります。

◎ 試してみよう 金額と税額をまとめて返す関数

　では、これも試してみましょう。ここでは金額を引数に指定して呼び出すと、その本体価格と税額を計算して返す関数calcTaxを作成しようと思います。

○リスト3-6

```
function calcTax(price:number):[price:number, tax:number] {
    const p = price / 1.1
    const t = price - p
    return [p, t]
}

function printTax(price:number):void {
    const [pr, tx] = calcTax(price)
    console.log(price + "の本体価格:" + pr + "、税額:" + tx)
}

printTax(2750)
printTax(3080)
```

❶図3-5：実行すると2750円と3080円の本体価格、税額を計算して表示する。

実行すると、「**2750の本体価格：2500、税額：250**」「**3080の本体価格：2800、税額：280**」と表示されます。ここでは、printTax関数に金額を指定して呼び出しています。そしてその内部で、calcTax関数を呼び出しています。calcTax関数は、以下のような形になっています。

```
function calcTax(price:number):[price:number, tax:number]
```

戻り値に:[price:number, tax:number]と指定をしていますね。これにより、2つのnumber型の値からなるタプルが返されることがわかります。calcTax関数を呼び出している部分を見ると、こうなっています。

```
const [pr, tx] = calcTax(price)
```

calcTaxの戻り値が、prとtxという2つの変数に代入されるのがわかるでしょう。複数の値を一度に受け取るというのは非常に難しそうに思えますが、こんな具合にタプルを使えば比較的簡単に処理を行うことができます。

引数に条件型を使う

関数の引数は1つ1つに型を指定しますが、場合によっては複数の型を値として受け取りたい場合もあります。そのようなときは、条件型を使うことができます。条件型というのは、|記号を使って複数の型を一つにまとめたものでしたね。

```
function 名前 ( 型1 | 型2 …… )
```

このようにすれば、いくつかの型の値を受け取れる引数が作れます。

注意したいのは、受け取った後です。当たり前ですが、複数の型の値を受け取れるということは、型の種類に応じた処理を考えなければいけないということです。これは、typeofを利用すればいいでしょう。typeofで引数の型を調べ、それに応じた分岐処理を作成するのですね。

◎ 試してみよう テキストと数字を受け取れるID

では、これも簡単なサンプルを書いて動かしてみましょう。ここでは、テキストと数字の両方を受け取れるIDを引数として指定し、データを表示させてみます。

⊕リスト3-7

```
function printPerson(id:number | string, name:string,age:number):void {
    switch (typeof(id)) {
        case 'string':
        console.log('your id is "' + id + '".')
        break
        case 'number':
        console.log("No," + id)
        break
        default:
        console.log('wrong id...')
    }
    console.log('Name:' + name + ' (' + age + ')')
}

printPerson(10,"taro",39)
printPerson('flower', "hanako", 28)
```

⊕図3-6：printPersonの引数に数字とテキストを使えるようにする。

ここでは、printPersonという関数を用意しました。これにはid, name, ageといった引数を用意し、受け取った値をそのまま整理して出力しています。idは数値とテキストの両方を受け付けるようになっており、どちらの値かによって出力が変わります。

まず、関数の宣言を見てみましょう。こうなっていますね。

```
function printPerson(id:number | string, name:string,age:number):void
```

最初の引数に「**id:number | string**」と指定がされています。これで、numberとstringを受け取れるid引数が用意されます。では、関数内ではどのようにidを扱っているのでしょうか。

```
switch (typeof(id)) {
    case 'string':
    ……テキストの処理……
    case 'number':
    ……数字の処理……
    default:
    ……その他の処理……
}
```

switch (typeof(id))でidの型をチェックし、その値によって処理を分岐していますね。case 'string':にはidがテキストだった場合の処理を用意し、case 'number':には数値だった場合の処理を用意しています。このようにtypeofの結果に応じて処理を分岐することで、複数型に対応させることができます。

オプション引数について

引数の型について考えるとき、「**オプション引数**」についても触れておく必要があるでしょう。オプションというのは、nullを許容する型のことでしたね。変数名の後に?をつけることで、nullを許容するようにできました。

このオプションは、関数の引数にも使えます。これにより、「**省略できる引数**」を作ることができます。引数がnullでもいいということは、つまりその引数はなくてもいい、ということになります。

もちろん、関数内で引数を利用する際は、それがnullである可能性も考えてコーディングする必要があります。これは、三項演算子を利用するとよいでしょう。

```
let 変数 = 引数 ? 引数 : 代わりの値
```

　引数がnullでないなら、引数の値がそのまま変数に取り出されます。そして引数がnullならば、代わりの値が変数に取り出されます。こうして引数の値を変数に取り出し、処理すればいいのです。

◎ 試してみよう オプション引数の関数を作る

　では、実際に引数を省略できる関数を作成し、使ってみることにしましょう。ここでは先ほどのprintPerson関数を修正して使うことにします。

●リスト3-8

```
function printPerson(name?:string,age?:number):void {
    const nameval = name ? name : "no-name"
    const ageval = age ? String(age) : '-'
    console.log('Name:' + nameval + ' (' + ageval + ')')
}


printPerson("taro",39)
printPerson("hanako")
printPerson()
```

●図3-7：引数を省略すると代わりの値が使われるようになる。

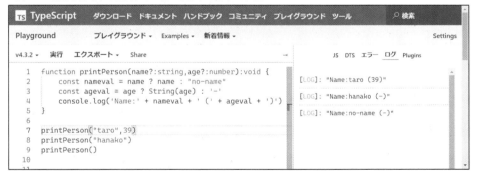

　これを実行すると、"Name:taro (39)"、"Name:hanako (-)"、"Name:no-name (-)"というように値が出力されます。printPerson関数を呼び出す際、名前と年齢を引数に指定したもの、名前だけのもの、引数がないものがこのように表示されるようになっているのですね。
　ここでは、printPersonを以下のように宣言しています。

```
function printPerson(name?:string,age?:number):void
```

nameとageに?をつけてオプション引数にしています。これらの引数は、以下のような形で別の変数に値を取り出しています。

```
const nameval = name ? name : "no-name"
const ageval = age ? String(age) : '-'
```

これで、nameとageの値がそれぞれnameval, agevalに取り出されました。後はこれらの変数を使って普通に処理していけばいいわけです。

◉ 初期値によるnull対応

オプションはnullを許容するためのものですが、考え方を変えて**「引数がないときに対応できるようにする」**ことで同じ効果を得ることもできます。それは、引数に初期値を与えるのです。

たとえば、先ほどのprintPerson関数を以下のように書き換えてみましょう。

● リスト3-9
```
function printPerson(name:string = "no-name",age:number = -1):void {
    console.log('Name:' + name + ' (' + age + ')')
}
```

これでも、先ほどと同じように引数を省略して関数を呼び出すことができます。ここでは、namとageの引数にイコール記号で初期値を指定しています。このようにすると、その引数が用意されなかった場合、イコールの値が引数に代入されて使われるようになるのです。

つまり、これは**「nullを許容する」**のではなく、**「nullのときも値を用意する」**ことで引数なしに対処するのですね。関数内で**「nullかどうか」**をチェックしながら処理を書いていくより、こちらのやり方のほうが関数内の処理はすっきりとします。

可変長引数について

関数では複数の引数を使うことができますが、場合によっては**「いくつ引数が必要かわからない」**というケースもあるでしょう。たとえば、**「引数に用意した数字をすべて合計する」**といった関数を作成するとします。この場合、引数は、合計する数字があるだけ用意できるようにしたいでしょう。

このような場合に用いられるのが**「可変長引数」**です。これは、以下のような形で記述をします。

（...名前:型 ）

引数の名前の前に「**...**」（ドット3つ）をつけて記述をします。ここで注意したいのは「**型**」です。これは、配列の型を指定します。たとえばnumberの可変長引数なら、:number[]と型を指定します。

配列型であることからもわかるように、可変長引数は、引数の値をひとまとめにした配列として渡されます。ですから、後は普通の配列と同じようにして処理をすればいいわけです。

◎ 試してみよう 引数の数字を合計する

では、実際に可変長引数を使ってみましょう。先ほどいった「**引数の値をすべて合計する**」という関数を作ってみます。

❂リスト3-10

```
const f = (...data:number[]):number => {
    let total = 0
    for (let i of data) {
        total += i
    }
    return total
}

console.log(f(1,2,3,4,5))
console.log(f(10,20,30,40,50,60,70,80,90))
console.log(f(123,456,78,90))
```

❂図3-8：引数に用意した値をすべて合計する。

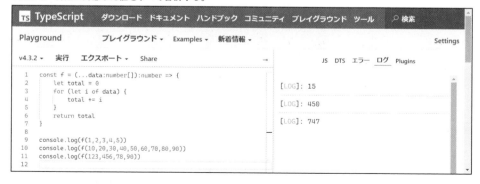

実行すると、「**15**」「**450**」「**747**」といった値が出力されます。console.logで出力してい

る部分を見ると、f関数を呼び出す際の引数が合計されて表示されていることがわかるでしょう。

ここでは、以下のような形でf関数が定義されています。

```
const f = (...data:number[]):number => {……}
```

dataという可変長引数が用意されていますね。これはnumber[]と型が設定されていますから、数値の引数であることがわかります。この引数dataの値は、以下のように利用して合計を計算しています。

```
for (let i of data) {
    total += i
}
```

可変長引数は配列ですから、for...ofを使って順に値を合計していくだけです。意外と扱いは簡単なのです。

Column 可変長引数と普通の引数の併用

ここでは可変長引数で数値を渡しましたが、合計する値以外の情報を引数で渡したい場合もあるでしょう。このような場合、可変長引数の他に普通の引数を追加することはできるのでしょうか。

これは、できます。ただし、順番に気をつける必要があります。複数の引数を用意する場合、可変長引数は最後に用意しなければいけません。可変長引数の後に引数があると、それが可変長引数の一部なのか次の引数なのかわからなくなってしまうからです。普通の引数を一通り用意し、最後に可変長引数を用意すれば問題なく利用できます。

Section 3-2 関数をさらに掘り下げる

ポイント

▶ アロー関数を確実に使えるようになりましょう。

▶ 引数や戻り値に関数を使ってみましょう。

▶ クロージャの働きをよく理解しましょう。

無名関数について

基本的な関数の使い方はわかってきましたが、関数は基本的な使い方の他にさまざまな利用の仕方が用意されています。

まず、関数の定義について考えてみましょう。これまで関数は、function ○○という形で定義してきました。functionの後に名前を指定し、その後に引数や戻り値を指定しましたね。

しかし、この**「関数の名前」**がない関数というのも作ることができます。つまり、こういうことです。

```
function ( 引数 ): 戻り値 {……}
```

これは**「無名関数（あるいは匿名関数）」**と呼ばれるものです。これを変数に代入すれば、その変数が関数として使えるようになります。あるいは、関数を直接記述するようなシーンでも使うことがあります。

では、実際に無名関数を使った簡単な例を見てみましょう。

○リスト3-11

```
const f = function(name:string):void {
    console.log("Hello, " + name + "!")
}


f("taro")
f("hanako")
```

●図3-9：実行すると「Hello, taro!」「Hello, hanako!」とメッセージを出力する。

これを実行すると、「**Hello, taro!**」「**Hello, hanako!**」といったメッセージが表示されます。ここでは、function(name:string):voidという関数をfという変数に代入していますね。そして関数の実行は、f("taro")というように変数fの後に()で引数をつけて呼び出しています。このようにすると、変数の中にある関数が実行されるのです。変数なのに処理が実行されるのは不思議な感じがしますね。

アロー関数について

関数は、これまでfunctionというキーワードを使って定義してきました。しかし、この他にも**「アロー関数」**と呼ばれるものが用意されています。これは、以下のような形で記述します。

（ 引数 ）: 戻り値 => 実行する処理

このアロー関数は、見てわかるように関数の名前がありません。無名関数の一種です。書き方はだいぶ違いますが、働きは通常の関数とまったく同じです。

では、アロー関数の簡単な例をあげておきましょう。先ほどの無名関数のサンプルをアロー関数で書き直してみましょう。

●リスト3-12

```
const f = (name:string):void => {
    console.log("Hello, " + name + "!")
}

f("taro")
f("hanako")
```

実行するとメッセージが表示されます。動作は先ほどのサンプルとまったく同じです。ここでは、以下のような形で関数が用意されています。

```
const f = (name:string):void => {……}
```

これは、もう少しわかりやすくすると以下のような形になっています。

✚変数への代入

```
const f = アロー関数
```

✚関数定義

```
(name:string):void => {……}
```

引数には、(name:string)と指定され、戻り値は:voidになっていますね。つまりこれは**「name というstring値を引数に持ち、何も値を返さない関数」**を定義するものだったというわけです。だいたい以下のように変換されると考えればいいでしょう。

```
(name:string):void => {……}
```

⬇

```
function(name:string):void {……}
```

functionを使った無名関数とアロー関数は基本的に同じものです。ただ、書き方が少し違っているだけなのです。

関数は「値」

これら無名関数の使い方から、わかったことがあります。それは、**「関数は、値である」**ということです。では、一体どういう値なのでしょうか。先ほどのサンプルで作成した無名関数のほうを調べてみましょう。

●リスト3-13

```
const f = function(name:string):void {
    console.log("Hello, " + name + "!")
}

console.log(typeof(f))
```

●図3-10：実行すると、"function"と型名が表示される。

これを実行すると、"function"と表示がされます。これは、関数の型名を表示するサンプルです。ここでは、typeof(f)というようにして変数fに代入した関数の型を表示しています。これで、関数は「**function**」という型の値であることがわかりました。

function型の値は、その後に引数を指定する()をつけることで、保管されている処理を実行することができます。()をつけないと、それはただの値として扱われます。ただの値ですから、関数を他の変数に代入したりすることもできます。配列やタプルで使うこともももちろんできるのです。

● functionとアロー関数の違い

アロー関数で定義されたものも、funtionで定義されたものも、基本的には同じ関数です。ただし、完全に同じか？ というとそうではありません。

たとえば、今のスクリプト（リスト3-12）を以下のように修正してみましょう。

●リスト3-14

```
hello("Taro")
hello("Hanako")

const hello = (name:string)=>{
    console.log("Hello, " + name + "!")
}
```

◎図3-11：エラーになり実行できない。

hello関数の呼び出しを関数の前に持ってきただけですが、こうするとプログラムはエラーになり実行することができません。これは考えてみれば当たり前で、関数は変数helloの中に代入されていますから、変数helloが宣言される前に利用しようとしてもエラーになるのです。

では、functionを使った場合はどうなるでしょうか。

◎リスト3-15

```
hello("Taro")
hello("Hanako")

function hello(name:string) {
    console.log("Hello, " + name + "!")
}
```

これは、問題なく動きます。functionを使って宣言された関数は、ソースコードが読み込まれた段階で関数として登録されているため、その前にhello関数を呼び出す文を書いてもまったく問題なく動きます。

これは「**functionか、アロー関数か?**」という違いより、「**functionで宣言されたものか、値として変数に代入された関数か**」の違いと考えてください。どっちも同じように思えるかも知れませんが、ポイントは「**関数を値として変数に代入し、その変数を使っているかどうか**」という点です。変数を利用する以上、その変数が宣言される前では（まだ変数がないので）利用できないのです。

内部関数について

関数は、どこにでも用意することができます。関数の中にも、です。関数の中に関数を用意すると、通常とは少し違う便利さがあります。

関数も変数に代入して使えることはわかりました。変数の宣言にはvarとletがあり、letを使った場合は宣言した構文内に利用範囲が設定されました。関数も、変数に代入すれば同じ利用範囲になります。つまり関数内で関数を用意すれば、その関数の中でしか使えない関数が作れるのです。

たとえば、fのような短くてその場限りの関数を用意する場合、知らないところで同じf関数が定義されていてトラブルを起こす危険もないわけではありません。短いソースコードならまだしも、オープンソースのライブラリなどを多数利用するようなプログラムの場合、こういう**「その場限りの短い名前の関数」**は内部でたくさん使われているでしょう。それらがソースコード全体で動いてしまうとトラブルにつながります。

関数や構文の中で関数を宣言しておけば、その構文を抜けたら関数は消えてなくなります。これなら他に影響を与えることもありません。

◎ 試してみよう 内部関数を使ってみる

では、関数内に関数を用意して利用するサンプルを作ってみましょう。ここでは、合計を計算する関数fを作成し、その内部で現在の値を出力するinF関数を用意し利用します。

○リスト3-16

```
const f = (n:number) => {
    const inF = (n:number):void=> {
        console.log("value:" + n)
    }
    let total = 0
    for(let i = 1;i<= n;i++){
        total += i
        inF(total)
    }
}

f(10)
```

● 図3-12：実行すると、1 〜 10の数字を順に足していく。足した時点の合計はすべて出力される。

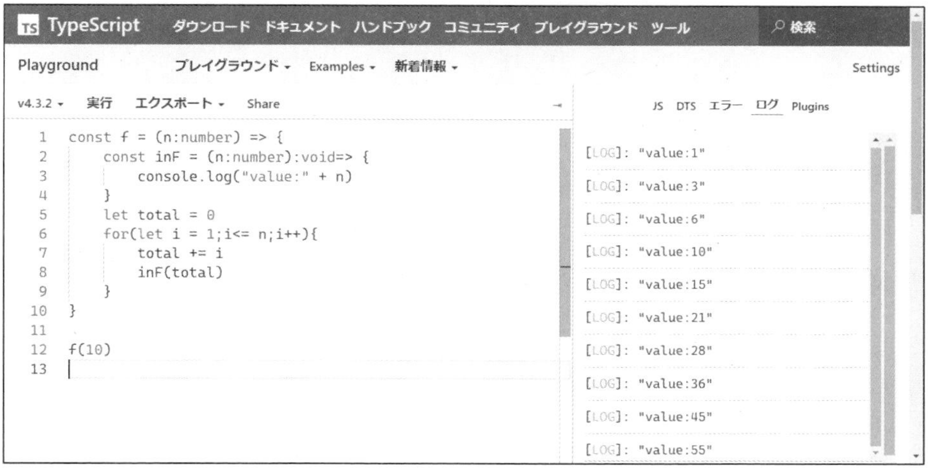

これを実行すると、1から10までの数字を順に足していきますが、"value:1", "value:3", ……というように数字を足して合計が増えている状況を逐一出力します。

ここでは、f関数の中でinF関数が宣言されています。そしてforで繰り返しを計算しながらinFを呼び出し、計算の経過を出力しています。このinFは、f関数を抜ければもう消えてしまい、使えなくなります。

引数に関数を使う

関数が値であるということは、引数にも使うことができることになります。関数を引数として渡すことができれば、値だけでなく**「処理」**を渡せるということになります。では、実際にどのようなことができるのか試してみましょう。

● リスト3-17

```
const func = (n:number, f:Function):void=> {
    let res = f(n)
    console.log("Result: " + res)
}

const double = (n:number)=> n * 2
const total = (n:number)=> {
    let total = 0
    for(let i = 1;i <=n;i++)
        total += i
    return total
```

```
}

const num = 100 //☆
func(num, double)
func(num, total)
```

◉図3-13：実行すると、numの値を2倍にしたものと、1からnumまで合計したものが表示される。

```
TS TypeScript    ダウンロード  ドキュメント  ハンドブック  コミュニティ  プレイグラウンド  ツール      🔍検索

Playground          プレイグラウンド ▾  Examples ▾  新着情報 ▾                         Settings

v4.3.2 ▾   実行   エクスポート ▾   Share                    →        JS  DTS  エラー  ログ  Plugins

 1  const func = (n:number, f:Function):void=> {        [LOG]: "Result: 200"
 2      let res = f(n)
 3      console.log("Result: " + res)                    [LOG]: "Result: 5050"
 4  }
 5
 6  const double = (n:number)=> n * 2
 7  const total = (n:number)=> {
 8      let total = 0
 9      for(let i = 1;i <=n;i++)
10          total += i
11      return total
12  }
13
14  const num = 100
15  func(num, double)
16  func(num, total)
17
```

これを実行すると、100を2倍した値と、1から100までを合計した値がそれぞれ表示されます。どちらもfunc関数を呼び出しているだけですが、引数にdoubleとtotalというように異なる関数を指定したため、結果が変わったのです。

ここでは、func関数を以下のような形で定義しています。

```
(n:number, f:Function):void=> {……}
```

引数にnとfが用意されていますが、fにはFunctionという型が指定されています。これで、この引数が関数であることが指定できます。「**function**」ではなく、**Function**にする必要があるので注意しましょう。

◉1行だけの計算をする関数

ここでは、2倍を計算するdoubleという関数を作成していますが、この関数、これまでのアロー関数とはちょっと書き方が違っています。

```
const double = (n:number)=> n * 2
```

実行する処理の部分に||がなく、そのままn * 2という式が書かれています。returnもありません。

結果を返すタイプの関数で、実行する計算が1文だけしかない場合、このように=>の後に式だけ書けば、その式の結果を返す関数になります。**「計算し結果を返す関数」**は、このように非常にシンプルに書けるのです。

◉ 関数の型は？

サンプルで作成したfunc関数の引数では、f:Functionと指定されていました。Functionにより関数の型を指定していたのですね。

けれど、**「関数ならば何でもOK」**というわけではありません。func関数内を見ると、引数で渡された関数はこのように使われています。

```
let res = f(n)
```

すなわち、作成したfunc関数は**「numberの値を引数に持ち、何らかの結果を返す関数」**でなければいけません。それ以外の引数や戻り値の関数はうまくfunc関数内で使うことができないでしょう。

こういう**「引数と戻り値まで指定した関数の型」**は、どのように記述すればいいのでしょうか。これは、実例を見ればわかるでしょう。先ほどのfunc関数を書き直してみます。

◉リスト3-18
```
const func = (n:number, f:(n:number)=>number|string):void=> {
    let res = f(n)
    console.log("Result: " + res)
}
```

これで、numberの引数を一つ持ち、戻り値がnumberかstringの関数を引数fに設定されるようになりました。ここでは引数fを以下のように用意していますね。

```
f:(n:number)=>number|string
```

これが、fに設定された**「型」**です。関数の型は、(引数)=>戻り値 という形で指定することができます。このほうが、Functionよりもはるかに細かく関数の具体的な内容を設定できます。

◉ 試してみよう 数値とテキストの関数を引数にする

では、修正したfuncを使い、数値を返す関数とテキストを返す関数を引数に使ってみることにしましょう。

○リスト3-19

```typescript
const func = (n:number, f:(n:number)=>number|string):void=> {
    let res = f(n)
    console.log("Result: " + res)
}


const double = (n:number):number => n * 2
const word = (n:number):string => {
    const w = ['〇','一','二','三','四','五','六','七','八','九']
    const s = String(n)
    let res:string[] = []
    for(let i = 0;i < s.length;i++) {
        let c = s.charAt(i)
        res.push(w[Number(c)])
    }
    return res.join('')
}


const num = 1230
func(num, double)
func(num, word)
```

○図3-14：実行すると、"Result: 2460", "Result: 一二三〇" といった結果が表示される。

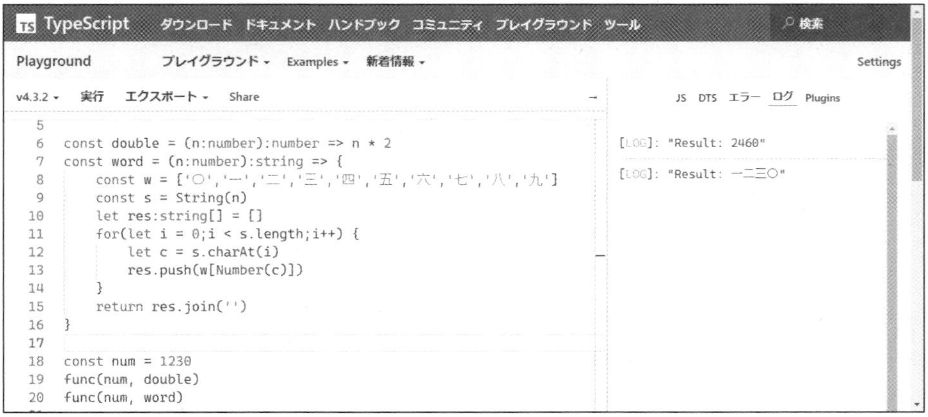

これを実行すると、引数に渡した値を2倍にした値と、漢数字にした値がそれぞれ出力されます。doubleは先ほどのサンプルにも用意したものですが、wordという関数は、numberを引数で受け取り、stringを返す関数です。これは引数の数字を1文字ずつ取り出して漢数字の漢字テキストに変換して返します。このword関数で行っていることは、それぞれで考えてみてください。ここでは、word関数がどのように定義されているかが重要です。

```
const word = (n:number):string => {……}
```

引数にnumberを受け取り、戻り値にstringを返しています。funcの引数に(n:number)=>number|stringと型を指定したことで、numberだけでなくstringを返す関数も引数に指定できるようになっていたのですね。

このように引数と戻りとまで正確に型として指定できると、非常に明確に関数が作れるようになります。Functionでは引数も型も曖昧で、実際に作った関数が引数に渡して本当に問題なく動作するのかわからないでしょう。引数に関数を指定する場合は、このように正確に型を指定するのが基本と考えましょう。

Column charAtは「〇〇文字目」を得るもの

サンプルでは、let c = s.charAt(i)というようにしてテキストのi文字目を取り出していました。charAtは、テキストに用意されている「メソッド」というもので、そのテキストから指定された場所の文字を取り出します。

メソッドは、オブジェクトについて説明するところで改めて触れる予定です。

戻り値に関数を使う

では、戻り値に関数を設定することもできるのでしょうか。これも、もちろんできます。関数内で関数を値として用意し、それをreturnすればいいだけです。ただし、これもやはり戻り値はFunctionではなく、引数で戻り値を正確に指定した形にすべきでしょう。

では、これも単純な例をあげておきましょう。

○リスト3-20

```
const f = (tax:number):(n:number)=>number => {
    return (n:number)=> n * (1 + tax)
}


const f1 = f(0.1)
```

```
const f2 = f(0.08)

const price = 123400
console.log(f1(price))
console.log(f2(price))
```

◎図3-15：実行すると「135740」「133272」と出力される。

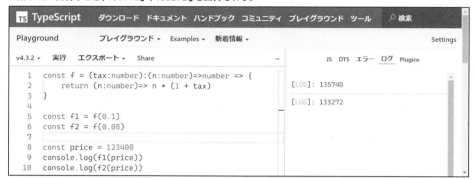

これを実行すると、**「135740」「133272」**というように結果が表示されます。これは、もとになる金額（123400）の税込価格（それぞれ10%と8%）を計算した結果です。

ここでは、fという関数を定義し、この中で関数をreturnしています。この部分ですね。

```
const f = (tax:number):(n:number)=>number => {
    return (n:number)=> n * (1 + tax)
}
```

わかりにくいですが、fの戻り値に:(n:number)=>numberという型が設定されています。numberの引数を持ち、numberを返す関数の型ですね。そして関数の中では、(n:number)=>
n * (1 + tax)という関数が返されるようになっています。引数で渡されるtaxを使い、n * (1 +
tax)の計算結果を返す関数を用意していたのです。

このf関数を利用している文を見てみましょう。

```
const f1 = f(0.1)
const f2 = f(0.08)
```

これで、f1とf2にそれぞれ関数が設定されます。これらの関数を呼び出せば、税込価格を計算して返されるようになります。

Column 高階関数について

このように、関数そのものを引数に指定したり、戻り値として使ったりする関数を「**高階関数**」と呼びます。高階関数は、関数を値として扱える言語でなければ利用できません。TypeScriptやベースとなっているJavaScriptは高階関数をサポートしています。

クロージャについて

先ほどの関数を返すサンプル（リスト3-19）では、実はちょっと不思議な現象が起こっていました。f関数では、(n:number)=> n * (1 + tax)という関数が返されていましたが、ここで使われているtaxという変数は、この関数が代入された変数の中でもずっと値を保ち続けるのです。

このサンプルでは、この現象の不思議さが今ひとつ実感できないかも知れません。もう少しはっきりと「**不思議な現象**」がわかるサンプルを考えてみましょう。

○リスト3-21

```
const f = (n:number):()=>number => {
    let count:number = 0
    return ():number => {
        count += n
        return count
    }
}


const f1 = f(1)
const f2 = f(2)
const f3 = f(3)

for(let i = 0;i < 10;i++) {
    console.log(f1() + '\t' + f2() + '\t' + f3())
}
```

◉図3-16：実行すると、数字を一定間隔で増やしていく。

これは、一定間隔で数字を増やしていく関数を利用する例です。ここに用意したf関数では、引数に数字を入れて呼び出すと、その数字を加算していく関数が返されます。ここでは、以下のように3つの関数を作りました。

```
const f1 = f(1)
const f2 = f(2)
const f3 = f(3)
```

これで、1, 2, 3ずつ数字を増やしていく関数が3つ用意できました。これをforで繰り返し呼び出していきます。すると3つの関数の値が順に出力されていきます。

```
[LOG]: "1        2        3"
[LOG]: "2        4        6"
[LOG]: "3        6        9"
[LOG]: "4        8        12"
[LOG]: "5        10       15"
......
```

ちゃんと呼び出すごとに数字が一定間隔で増えていくことがわかります。では、f関数ではどのような関数が返されているのでしょうか。

```
():number => {
    count += n
```

```
    return count
}
```

　引数なし、戻り値numberの関数が返されます。ここではcountにnを加算し、return count
しています。非常に単純ですね。

　けれど、ちょっと待ってください。変数countやnは、どこにありますか？　この関数にはそんな
変数は存在しません。これらは返される関数ではなく、その外側のf関数にあるのです。f関数
にあったcountにnを加算して値を返していたのですね。

　つまり、この関数は、関数だけでなく、関数が定義されたときのf関数の環境まで保ったま
ま動いているのです。このように**「定義された環境を保ち、その中で動く関数」**のことを**「ク
ロージャ」**といいます。日本語では**「関数閉包」**といったりします。TypeScript/JavaScript
は、クロージャに対応しているのです。

Section
3-3

関数の高度な機能

ポイント

▶関数の例外処理の基本をマスターしましょう。

▶総称型の働きを理解しましょう。

▶ジェネレータをどのように作成し使うのか考えましょう。

エラーと例外

関数でさまざまな処理を行うようになると、考えなければならないのが**「エラーの対応」**です。もちろん、関数を使っていない処理でもエラーが発生することはありますが、関数を駆使するようになると、どこでどういう形で関数が呼び出されるかが曖昧になり、エラーが紛れ込む余地が増えてきます。こうなってくると考えなければならないのが**「エラーの処理」**です。

たとえば、以下のようなプログラムを考えてみましょう。

○リスト3-22

```
const f = (arr?:any[]):void => {
    let res = 'Array: '
    for (let i of arr) {
        res += String(i) + '\t'
    }
    console.log(res)
}

f(['ok','NG'])
f([10,20,30])
f()
```

◎図3-17：実行するとエラーがいくつも発生する。

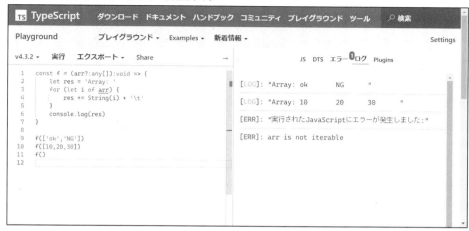

　このプログラムは、引数の配列から順に値を取り出し、それらを一つのテキストにまとめ表示するものです。これは書いた段階でエラーが表示されます。そして、そのまま無理やり実行すると、予想通り以下のようなエラーメッセージが出力されます。

```
[ERR]: "実行されたJavaScriptにエラーが発生しました:"
[ERR]: arr is not iterable
```

　この[ERR]という太い赤字で始まるメッセージは、回避できない重大なエラーの発生を意味します。こんなエラーが出たら、プログラムはまともに動かせないと考えたほうがいいでしょう。

Column 「例外」ってなに？

　ここで発生したようなエラーは「**例外**」と呼ばれます。例外は、その名の通り「**本来実行する処理とは異なる例外的な処理が実行された**」ということですね。

　エラーというのは、たとえば文法エラーなどのようなものの場合に用いられます。文法エラーなどは、基本的にプログラムを実行する前に問題点がわかります。プログラムを実行した際に発生する予想外の挙動が「**例外**」です。

---

try構文を使う

　このように例外が発生した場合の対処として用意されているものがtryという構文です。これは以下のように記述します。

```
try {
    ……例外が発生する処理……
} catch(e) {
    ……例外発生時の処理……
} finally {
    ……構文終了時の処理……
}
```

よく見ると、キーワードと{}記号がそれぞれセットになっていることがわかるでしょう。以下のように分解するとより理解しやすいですね。

try {……}	例外が発生するかも知れない処理
catch(e) {……}	例外が発生したときの処理
finally {……}	例外の有無に関係なく常に構文を抜ける際に実行する処理

これらの内、try {……}の部分は必ず必要です。というより、この部分で発生するエラーの対処をするための構文が、このtry構文なのですから。

その後のcatch(e) {……}とfinally {……}は、どちらか一方があれば問題なく動きます。もちろん両方用意することもできます。どちらも用意されていない場合は文法エラーになります。

catchの引数には、発生した例外に関する情報がまとめられています。ここから例外の内容などを調べることができます。

◎ 試してみよう 例外をtryで処理しよう

では、先ほどのリスト3-21を書き換え、例外処理をして動くように修正してみましょう。以下のように書き換えてください。

●リスト3-23

```
const f = (arr?:any[]):void => {
    let res = 'Array: '
    for (let i of arr) {
        res += String(i) + '\t'
    }
    console.log(res)
}

try {
    f(['ok','NG'])
```

```
    f([10,20,30])
    f()
} catch(e) {
    console.log(e.message)
}
```

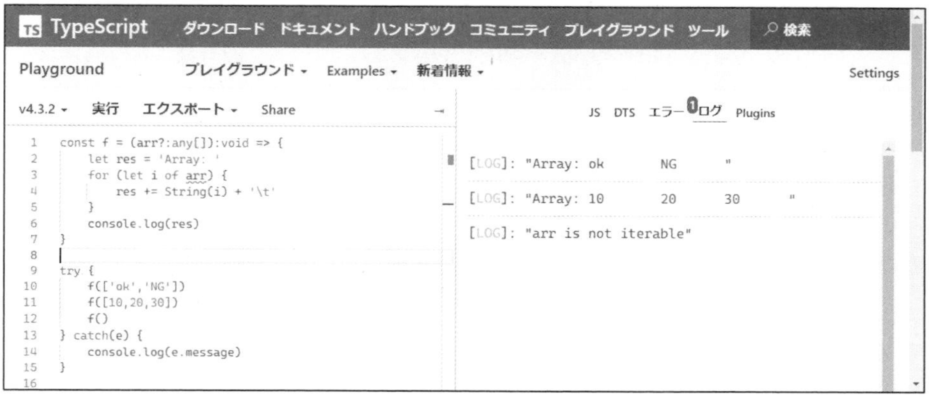

◆図3-18：実行すると、最後に"arr is not iterable"とメッセージが出る。これが発生した例外の内容だ。

これを記述し実行すると、今度は「**ERR**」という赤いボールドのエラーが発生しなくなります（ただし文法上のエラーは発生したままです）。最後のf()で引数を付けずにわざと発生させたエラー部分では、"arr is not iterable"と表示がされます。

ここではf関数を呼び出す際に以下のように実行をしていますね。

```
try {
    f(['ok','NG'])
    f([10,20,30])
    f()
}
```

tryの‖内に処理を記述しています。これで何か問題が発生したら、その後のcatchにジャンプし、ここで対応をすればいいのです。

ここでは、最後のf()というところで例外が発生しました。引数がないため、f関数の引数arrがundefinedになり、処理が行えなくなったのです。このエラーが発生した瞬間、処理はcatchにジャンプし、そこにあるconsole.log(e.message)を実行して関数を抜けます。e.messageというのは、発生したエラーのメッセージの値です。

例外を発生させる関数

例外と例外処理がどういうものかわかったところで、**「関数における例外」** について考えてみましょう。

自分で関数を定義した場合、その中で何らかの問題が発生したらどう対処すればよいのでしょうか。実行時に発生する問題は、**「例外」** の形で対応するのがよいでしょう。問題が起きたら、例外を発生させることで問題の発生を伝えるのです。

例外は **「Error」** という値として用意されています。これは、こんな具合に作成できます。

```
Error( メッセージ )
```

このようにしてErrorの値を作って対応すればいいのですね。関数を呼び出した側は、このErrorをチェックすることで問題が起きたかどうかを確認するわけです。

◎ 試してみよう Errorを返す関数

では、実際にErrorを使った関数を考えてみましょう。まず、**「Errorを返す関数」** を作成してみます。関数の処理を実行する中で問題があったらErrorを返すようにするのです。

●リスト3-24

```typescript
const f = (n:number):[number, Error?] => {
    if (n < 0) {
        return [n, Error("負の値です。")]
    }
    let total =0
    for (let i = 1;i<=n;i++)
        total += i
    return [total]
}

let [res1, err1] = f(100)
if (err1 == undefined)
    console.log(res1)
else console.log(err1)

let [res2, err2] = f(-100)
if (err2 == undefined)
    console.log(res2)
else console.log(err2)
```

◎図3-19：実行すると「負の値です」というメッセージが表示される。

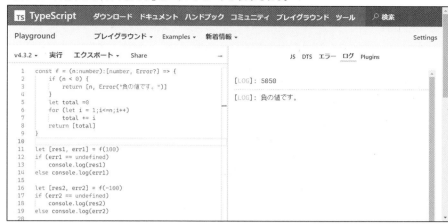

　ここでは、引数に数字を渡すと、1からその数字までを合計して返す関数fを用意しました。これは、戻り値に:[number, Error?]と型を指定しています。numberは合計の値で、Errorが例外です。例外はError?として、nullの場合もあるようにしました。問題が起きなければ、このErrorはnullとなり、問題が起きたらErrorを返すようにするわけですね。

　f関数は以下のような形で呼び出されることになります。

```
let [res1, err1] = f(100)
```

　これで、err1がundefinedならば（問題がなければreturn [total]というようにErrorを返さないので、err1は値が用意されておらずundefinedになります）、問題ないと判断しres1の値を利用して処理を行います。err1がundefinedでないなら、問題が発生したとしてその対処（ここではconsole.log(err1)を実行）をしています。

　このように、**「値とともにErrorも返す」**というやり方は、複数の値を返せるTypeScriptならではのやり方といえるでしょう。

Errorをthrowする

　しかし、Errorというのは本来、tryで受け止めて処理するのが正しい利用の仕方といえます。これはどうするのでしょうか。

　これには、throwというものを使います。

```
throw 《Error》
```

このように、throwでErrorを投げることで例外を発生させることができます。このthrowされたErrorは、それがtry内にあった場合はcatchで補足されます。

◉例外を発生させる関数

では、先ほどのサンプルを修正して、tryを使った例外処理できるようにしてみましょう。まず、例外を投げる関数を用意し、tryを使わずに利用してみます。

◉リスト3-25

```
const f = (n:number):number => {
    if (n < 0) {
        throw Error("負の数です。")
    }
    let total =0
    for (let i = 1;i<=n;i++)
        total += i
    return total
}


let re1 = f(100)
console.log(re1)
let re2 = f(-100)
console.log(re2)
```

◉図3-20：実行すると例外が発生する。

ここではf関数の中で、引数のnが0未満だった場合にErrorをthrowするようにしてあります。これを利用すると、let re2 = f(-100)を実行した地点で例外が発生しているのがわかります。

例外が発生すると、その場で処理は中断されます。その後に処理があってもそれらは実行されずに終わってしまいます。tryを使って例外を補足することで、途中で中断せずに例外に対処できるようになります。

◎ 試してみよう tryで例外を補足する

では、例外をtryで補足し処理するサンプルを作成してみましょう。先ほどのサンプルをtryで書き換えてみます。

○リスト3-26

```
const f = (n:number):number => {
    if (n < 0) {
        throw Error("負の数です。")
    }
    let total =0
    for (let i = 1;i<=n;i++)
        total += i
    return total
}

try {
    let re1 = f(100)
    console.log(re1)
    let re2 = f(-100)
    console.log(re2)
} catch(e) {
    console.log(e.message)
}
```

○図3-21：発生した例外は try で補足されるため [ERR] は表示されない。

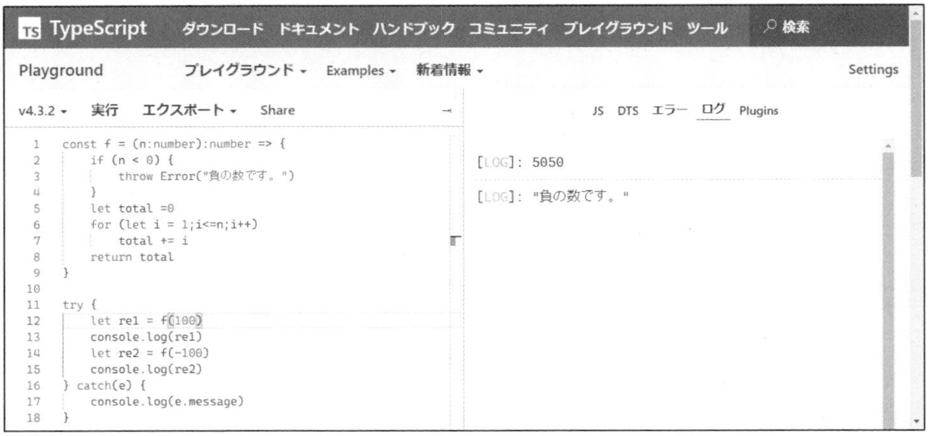

やっていることは同じですが、今回はtry内でf関数を呼び出しています。発生した例外はcatchで補足されるようになるため、ログには[ERR]の赤い表示は現れません。console.logでエラーのメッセージが表示されるだけです。

このように、「**関数内でthrow Errorし、呼び出し側はtry内から実行して例外をcatchで補足する**」というのが、関数における問題発生時の正しい対処と言えるでしょう。

総称型（ジェネリクス）について

関数では、引数や戻り値に型を指定します。どのような型の値でも使えるようにしたければany型を使います。しかしanyでは、まったく値を制約できません。

たとえば、「**数値を引数で渡したら数値の結果を返し、テキストを渡したらテキストを返す**」というような関数を作ろうとしたらどうすればいいでしょうか。これにはanyは不向きです。定義の段階では値を特定せず、それを実際に利用する段階で特定の型を指定するような仕組みが必要です。

このような場合に用いられるのが「**総称型（ジェネリクス）**」という機能です。これは値の型を特定せずに使用するための仕組みです。たとえば、関数を定義する際、総称型を利用するには以下のように記述をします。

```
function 関数 <T> ( 引数 )： 戻り値
```

<T>というのが、ここで使われる総称型の指定です。総称型は、<>の中に抽象的な型を表す名前を指定します。これは、別にTでなくてもいいのですが、TypeScriptではTから始まるアルファベットを使う慣習があるようです。複数の総称型を指定したい場合は、<T,U,V……>

といった具合にカンマで区切って記述をします。

こうして指定された総称型は、引数や戻り値などで型として指定することができます。たとえば、こんな具合ですね。

```
function 関数<T> ( 変数: T ) : T
```

Tにはどんな型も指定できますが、重要なのは**「Tが指定されたものはすべて同じ型になる」**という点です。たとえば上のような関数は、引数にテキストを渡せば戻り値もテキストになりますし、数値を渡せば戻り値も数値になります。どんな型でも使えますが、必ず渡された型に制約される形で処理が行われるわけです。

◉ 試してみよう 総称型を使ってみる

では、実際に総称型の値を使った関数を作成してみましょう。ごく簡単な例として、数値でもテキストでも値を受け取り処理できる関数を考え、利用してみましょう。

○ リスト3-27

```
function getRnd<T>(values: T[]): T {
    const r = Math.floor(Math.random() * values.length)
    return values[r]
}


const data1 = [0,2,4,6,8,10]
const data2 = ['グー','チョキ','パー']
const data3 = [true,false]

for(let i = 0;i < 10;i++) {
    const re1 = getRnd(data1)
    const re2 = getRnd(data2)
    const re3 = getRnd(data3)
    const res = re1 + '(' + typeof(re1) + ')\t'
        +  re2 + '(' + typeof(re2) + ')\t'
        +  re3 + '(' + typeof(re3) + ')'
    console.log(res)
}
```

◎図3-22：数値、テキスト、その他の値からランダムに値を選ぶ。

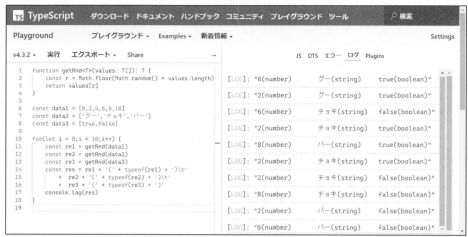

　ここではgetRndという関数を定義しています。これは、引数に配列を渡すと、その中から一つをランダムに選んで返す働きをします。関数の宣言をしている部分を見てみましょう。

```
function getRnd<T>(values: T[]): T {……}
```

　引数にT型配列が渡され、戻り値にはT型が指定されていますね。これで、たとえばテキスト配列が渡されればテキストが返される関数が作成されます。

　ここでは数値、テキスト、真偽値などの値からなる配列を用意しておき、forでこれらを引数に指定して関数を繰り返し呼び出しています。出力された表示を見ると、それぞれの値と型が確認できるでしょう。

Column　Math.floorとMath.random

　このサンプルでは、ランダムに取り出す位置の値を得るのに、いくつか新しい機能を使っています。

Math.floor(数値)	引数の値を小数点以下切り捨てる
Math.random()	0 〜 1のランダムな実数を返す

　この2つを組み合わせることで、指定した範囲のランダムな整数値を作成することができます。どうやって作っているのか仕組みを考えてみましょう。

ジェネレータと遅延評価

　関数は、さまざまなところから呼び出して利用します。この**「何度も繰り返し呼び出される」**という特徴を考えたとき、**「呼び出すごとに新しい値が得られる」**ようなものが作れないか？と考えた人も多いでしょう。

　たとえば、**「呼び出すごとに数字をカウントしていく関数」**というものを考えてみましょう。先にクロージャのところ（リスト3-20）で同じようなものを作りましたね。クロージャは環境の変数などを保持することができますが、普通の関数は中に値を保持できません。ですから、**「呼び出すごとに数字をカウントしていく関数」**は、普通の関数としては作れないことになります。

　しかし、こういう**「呼び出すごとに新しい値を取り出す関数」**というのが作れると、何かと便利ですね。こうしたものは、**「ジェネレータ」**と呼ばれます。ジェネレータを作るには、通常の関数とは少し違ったやり方をする必要があります。

```
function* 名前 ( 引数 ) {
    ……処理……
    yield 値
}
```

　ジェネレータの関数は、**「function*」**というように、functionの後にアスタリスク（*）をつけて作成します。戻り値の指定は特にしません。ジェネレータは値を返しますが、それはいわゆる**「戻り値」**とは違うのです。

　ジェネレータでは、**「yield」**というものを使って値を返します。ただし、returnと違うのは、yieldで値を返しても処理は終了しない、という点です。その後に処理があれば、引き続きその処理を実行し続けます。

　ジェネレータは、処理を実行し、yieldがあるとそこで**「待ち状態」**になります。ジェネレータの値が取り出されるまでずっと待ち続けるのです。そして値が取り出されると、再び処理を実行していき、またyieldがあるとそこで待ち状態になります。そうやって、値が取り出されるまでyieldで待ち続けるのです。

◉ ジェネレータの使い方

　ジェネレータ関数は、通常の関数のようには使いません。関数を呼び出すと、戻り値としてジェネレータが返されます。後はそこからnext()というものを呼び出すことで値が得られます。

```
ジェネレータ = 関数()
```

```
変数 = ジェネレータ.next()
変数 = ジェネレータ.next()
……
```

このような形ですね。関数でジェネレータが得られたら、そのジェネレータで値を作成していくのです。

nextを呼び出すと、yieldした値が戻り値として得られます。再び関数を呼び出すと、次のyield値が得られます。そうして関数を呼び出すごとにyieldした値が得られるようになります。nextを呼び出しても、もうyieldの値がなければundefinedになります。

ジェネレータは処理が終了せず実行し続けられているので、その中で用意された変数などもずっと値を保っています。従って、呼び出すごとに値が変化するようなものも、関数内にある変数を良医して作ることができるのです。

◉ 試してみよう ジェネレータを作ってみよう

では、実際にジェネレータの関数を作成して使ってみましょう。今回は、フィボナッチ級数という数字を生成する関数を作成してみます。

◉リスト3-28

```
function* fibo(n:number) {
    let n1 = 0
    let n2 = 1
    for(let i = 0;i <= n;i++) {
        yield n1
        let n3 = n1 + n2
        n1 = n2
        n2 = n3
    }
}


const n = 10
let fb = fibo(n)
for (let i = 0;i <= n + 3;i++) {
    let ob = fb.next()
    console.log(ob.value)
}
```

◉図3-23：フィボナッチ級数を順に出力していく。

　フィボナッチ級数というのは、ある数字と次の数字を足して新しい数字を作成していくもので、0, 1, 1, 2, 3, 5, 8, ……というように数列が続きます。

　ここでは、以下のようにしてジェネレータを作成しています。

```
let fb = fibo(n);
```

　後は、fb.next()を呼び出すことで値を次々と取り出していけます。このfiboは、引数のn個だけ値を生成します。出力された値を見てみると、n個の値を取り出すと、それより後はundefinedになっていることがわかるでしょう。fibo関数の中では、for(let i = 0;i <= n;i++)という繰り返しの中でyieldを使っています。つまり、iがn以上になったらforを抜けて処理は終了するようになっているのです。終了したあとで値を取り出そうとしても、既に処理は終わって実行されていないため、値はundefinedになります。

非同期処理とPromise

　ジェネレータは、nextが呼び出されるまでyieldで待ち続けますが、逆に**「実行結果が得られるまで時間がかかるので、呼び出した側が待たないといけない」**という場合もあります。たとえば、ネットワークにアクセスしてデータを取得するような場合、アクセス状況によっては得られるまでにかなり待たされることもあるでしょう。そんな場合、結果が得られるまで処理がずっと停止してしまうのは困ります。

　時間がかかる処理では、**「非同期処理」**と呼ばれるやり方が取られます。処理を開始すると、待ち続けることなく次の処理に進んでいくのです。時間がかかる処理はバックグラウンドで

実行し続けられます。そしてすべての処理が完了したら、あらかじめ設定しておいた事後処理を呼び出して必要な作業を行います。

このような場合に用いられるのが**「Promise」**という機能です。Promiseは、事後処理を行うための専用の値です。時間がかかる処理は、Promiseを返す関数として作成をします。

```
function 関数名 ( 引数 ): Promise {
    return new Promise( (関数) => {
        ……時間のかかる処理……
        関数()
    })
}
```

ちょっと構造がわかりにくいかも知れません。もう少し整理すると、このような形になっているのです。

```
function 関数名 ( 引数 ): Promise {
    return 《Promise》
}
```

✚Promise の引数

```
(関数) => {
    ……時間のかかる処理……
    関数()
})
```

時間がかかる処理では、Promiseという値を作成して返すだけの関数として定義します。具体的な処理はこのPromiseの引数に用意する関数の中で行うのです。そしてすべての処理が完了したら、引数で渡される関数を呼び出すようにしておきます。こうすることで、処理が終わった後の事後処理を用意できるようにします。

このようにして定義された関数は、以下のような形で呼び出します。

```
関数 ( 引数 ).then( 関数 )
```

これで、関数を呼び出すとそのまま次の処理に進むようになります。そしてバックグラウンドで実行されている時間のかかる処理が完了すると、thenの引数に指定した関数が呼び出されて後処理を行います。

試してみよう Promiseを使った非同期関数を作る

では、Promiseを利用した非同期の関数を作ってみましょう。今回は時間がかかる処理のダミーとして、タイマーを使って一定時間待ってから処理を実行するようなものを作成してみます。

●リスト3-29

```typescript
const f = (n:number, d:number): Promise<number> =>{
    console.log("start:" + n)
    return new Promise((f) => {
        let total = 0
        for(let i = 1;i <= n;i++)
            total += i
        setTimeout(() => {
            f(total)
        }, d)
    })
}

const cb = (n:number)=> {
    console.log("result:" + n)
}

f(10,300).then(cb)
f(100,200).then(cb)
f(1000,100).then(cb)

console.log("do something...")
```

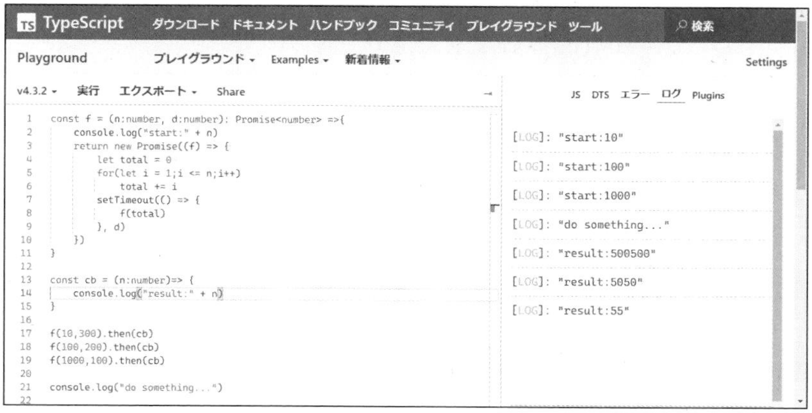

●図3-24：実行すると、一定の時間が経過してから数字の合計を計算して返します。

ここでは、数字の合計を計算するf関数を定義しています。これには引数が2つあり、一つ目が合計する数字を、2つ目が待ち時間を指定します。たとえば、f(10,300)とすれば、10までの合計を300ミリ秒経過してから実行する、というようになります。

このf関数の宣言部分を見ると、このようになっているのがわかります。

```
const f = (n:number, d:number): Promise<number> =>{……}
```

2つの引数が用意されており、戻り値にはPromise<number>が指定されています。<number>というのは、総称型でしたね。これでnumberの値が結果として渡されるPromiseが戻り値として返されるようになります。returnの文は以下のような形になっていますね。

```
return new Promise((f) => {……})
```

引数には、(f)=> |……|という関数が設定されています。ここで、実際に実行する処理を用意するのですね。引数のfは、事後処理として実行される関数が値として渡されます。この関数には、numberの値を引数として持つものが設定されます。なぜなら、Promise<number>というように、このPromiseではnumberの値が返されるように指定しているからです。従って事後処理では必ずnumberが渡されなければいけません。

ここでは、以下のような関数を用意しています。

```
const cb = (n:number)=> {
    console.log("result:" + n)
}
```

受け取ったnumber値をそのままconsole.logで表示しているだけですが、受け取った値を事後処理するという基本はわかるでしょう。

そして、f関数とcd関数を以下のように使って非同期処理を実行しています。

```
f(10,300).then(cb)
f(100,200).then(cb)
f(1000,100).then(cb)
```

f().then()というように、fの後にそのままthenを記述し、その引数にcd関数を指定しています。これでPromise内で実行された処理が完了するとcbが呼び出されるようになります。このように、thenの引数に用意した処理は、非同期処理が完了したあとで実行されることになります。このことから、こうした処理を「**コールバック**」と呼びます。

　非同期処理は、自分でPromiseを使って作ることはあまり多くはないでしょう。ただし、多くのライブラリやフレームワークでは、Promiseを使った非同期処理は多用されています。ですから、自分で作ることはできなくとも、**「Promiseによる非同期処理をどう使うのか」** はしっかりと理解しておきたいところです。

コンソールプログラムを作ろう

Section **3-4**

ポイント

▶ コンソールプログラムで、パラメータ引数の扱い方を覚えましょう。
▶ ソースコードのビルドと実行の手順をよく復習しましょう。
▶ 引数を使ってさまざまなプログラムを実行してみましょう。

コンソールプログラムの仕組み

これでTypeScriptの基本的な文法はだいたいわかりました。まだオブジェクトという大物が残っていますが、とりあえず構文と関数が一通りわかれば、ちょっとしたプログラムぐらいは作れるようになっているはずです。

いつまでもTypeScriptプレイグラウンドで実験しているばかりではつまらないでしょう。実際に自分の環境で動かせるプログラムを作ってみましょう。

第1章で、Node.jsプロジェクトを作ってプログラムをビルドし実行する手順について説明をしました。Node.jsプロジェクトでは、Node.jsというJavaScriptエンジンに用意されているさまざまなライブラリが利用できます。TypeScriptでそれらを使ったソースコードを書き、トランスコンパイルすれば、Node.jsのプログラムが作成できるわけです。Node.jsは、JavaScriptのスクリプトをターミナルから直接実行できますから、ちょっとした処理などをその場で実行するユーティリティのようなプログラムが作れるわけですね。

◉ Node.js の引数について

こうしたターミナルでコマンドとして実行できるプログラムを作る場合、一つだけ知っておきたいのが「**パラメータ（引数）の扱い**」です。コマンドプログラムは、必要な情報を引数としてつけて実行します。従って、プログラムの中で、引数を取り出して処理する方法を知っておかないといけません。

Node.jsのプログラムの場合、実行時に渡される引数の情報は「**process.argv**」というところにまとめられています。この値はテキストの配列になっており、コマンドを実行した際の引数がすべてまとめて保管されています。

注意したいのは、「**実行するnodeコマンドやスクリプトファイルの情報も入っている**」という点でしょう。process.argvの内容は以下のようになっているのです。

```
process.argv[0] = nodeコマンドのパス
process.argv[1] = スクリプトファイルのパス
process.argv[2]以降 = コマンド実行時に渡される引数
```

Node.jsのプログラム実行は、「**node ファイル名**」という形になっており、引数はその後に記述されます。この「**node ファイル名**」の部分が、process.argvの第1、第2引数に渡されているのですね。ですから、プログラム用につけた引数は3番目以降になるわけです。

作ってみよう 数字を素因数分解する

ごく簡単なサンプルとして、「**引数で渡した数字を素因数分解する**」というプログラムを作ってみましょう。

第1章で作成した「**typescript_app**」プロジェクトをVisual Studio Codeで開いてください。そして、「**src**」フォルダにあるindex.tsを開き、その中身を以下のように書き換えましょう。

◎リスト3-30

```
console.log("Node path = " + process.argv[0])
console.log("script file path = " + process.argv[1])

const data: number[] = []
for (var i = 2; i < process.argv.length; i++) {
    data.push(Number(process.argv[i]))
}
console.log(data)

for (let item of data) {
    const res = primeFactor(item)
    console.log(item + '= ' + res)
}

function primeFactor(a: number): number[] {
    const v: number[] = []
    let x = a
    let n = 2
    while (x > n) {
```

```
        if (x % n == 0) {
            x = x / n
            v.push(n)
        } else {
            n += n == 2 ? 1 : 2
        }
    }
    v.push(x)
    return v
}
```

　ここでは、primeFactorという関数を作成しています。これが、引数の値を素因数分解して数値の配列にして返す関数です。それより前の部分は、process.argvから実行時に送られてきた引数を取り出して一つの配列にまとめ、繰り返しを使ってその配列の値ごとにprimeFactorを実行して結果を表示する、というものです。

　では、記述できたら**「ターミナル」**ビューを開き、**「npm run build」**コマンドを実行してindex.tsファイルをトランスコンパイルしましょう。

◎図3-25：npm run build でプロジェクトをビルドする。

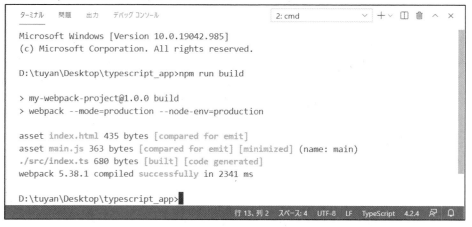

　これで**「dist」**フォルダ内に**「main.js」**という名前でスクリプトファイルが生成されました。これをnodeコマンドで実行すれば、作成したプログラムを実行できます。では、ターミナルから以下のように実行しましょう。

```
node dist\main.js 100 1234 9876
```

macOSの場合は、「**node ./dist/main.js 100……**」とすればいいでしょう。これで、引数につけた値（100など）を素因数分解した結果を表示します。やりかたがわかったら、いろいろと引数に数字を追加して実行してみましょう。一度に複数の数字を記述しても、それらすべてを素因数分解してくれますよ。

◉図3-26：スクリプトをnodeコマンドで実行する。引数の数字をすべて素因数分解する。

```
ターミナル    問題    出力    デバッグ コンソール                    2: cmd                ∨  + ∨  ▢  🗑  ∧  ✕

D:\tuyan\Desktop\typescript_app>node dist\main.js 100 1234 9876
Node path = D:\Program Files\nodejs\node.exe
script file path = D:\tuyan\Desktop\typescript_app\dist\main.js
[ 100, 1234, 9876 ]
100= 2,2,5,5
1234= 2,617
9876= 2,2,3,823

D:\tuyan\Desktop\typescript_app>

                        行 13, 列 2    スペース: 4   UTF-8   LF   TypeScript   4.2.4
```

◉ 素因数分解のアルゴリズムについて

ここで行っているprimeFactor関数の素因数分解についても触れておきましょう。これは、意外と単純です。数値を2から順に割り算していき、割り切れたらそれを素因数の配列に追加し、また割った値について2から順に割り算していく。これをひたすら繰り返しているだけです。

そして最後に「**自分自身の値しか割り切れない**」状態になったら（素数なので）これ以上は分解できないということで処理は終わりです。プログラムはこういう「**ひたすら同じことを繰り返し続ける**」というやり方が得意なのです。

作ってみよう 内税と本体価格を合計する

もう少し実用に使えそうなものも考えてみましょう。引数に金額を付けて呼び出すと、その合計を計算するサンプルを作ってみます。ただ合計を計算するだけではつまらないので、それぞれの金額の内税と本体価格を計算し、それぞれを合計していくことにします。

では、これもtypescript_appを使って試してみましょう。index.tsの内容を以下に書き換えてください。

◉リスト3-31

```
console.log("Node path = " + process.argv[0])
console.log("script file path = " + process.argv[1])
```

```
const data: number[] = []
for (var i = 2; i < process.argv.length; i++) {
    data.push(Number(process.argv[i]))
}
console.log('parameters: ' + data)

const f = aggregate()

for (let item of data) {
    const res = f(item)
    console.log(res)
}

function aggregate(): (n:number)=>[number,number,number, number, number] {
    let total = 0
    let totalp = 0
    let totalt = 0
    return (n:number):[number, number, number, number, number] => {
        total += n
        let tax = Math.floor(n - n / 1.1)
        totalp += n - tax
        totalt += tax
        return [n,tax,total,totalp, totalt]
    }
}
```

◎図3-27：引数に金額を必要なだけつけて実行すると、それぞれの本体価格と内税金額を計算し、合計していく。

```
ターミナル    問題    出力    デバッグ コンソール                          2: cmd              ∨  + ∨  ▢  🗑  ∧  ×

D:\tuyan\Desktop\typescript_app>node dist\main.js 1200 1870 3058 2765 1975
Node path = D:\Program Files\nodejs\node.exe
script file path = D:\tuyan\Desktop\typescript_app\dist\main.js
parameters: 1200,1870,3058,2765,1975
[ 1200, 109, 1200, 1091, 109 ]
[ 1870, 170, 3070, 2791, 279 ]
[ 3058, 278, 6128, 5571, 557 ]
[ 2765, 251, 8893, 8085, 808 ]
[ 1975, 179, 10868, 9881, 987 ]

D:\tuyan\Desktop\typescript_app>

                                        行 12, 列 25   スペース: 4   UTF-8   LF   TypeScript   4.2.4   ℝ   ◊
```

トランスコンパイルしたら、nodeコマンドで実行してみましょう。今回は、**「node dist\main. js 100 200 300 ……」** というようにファイル名の後に金額を必要なだけつけて実行します。すると、各引数に5つの数値が出力されていきます。この値は以下のようになっています。

[金額， 内税額， 金額の合計， 本体価格の合計， 内税額の合計]

税率は、ここでは0.1（10%）で統一してあります。単純に金額を合計するだけでなく、内税額と本体価格の合計も表示していくので、どれだけ税金を払っているかがよくわかるでしょう。

◉ クロージャで合計を計算していく

今回は、aggregateという関数を作成しています。これは以下のような形で宣言されています。

```
function aggregate(): (n:number)=>[number,number,number, number, number]
```

非常に長いのは、戻り値の指定部分です。ここでは戻り値として、numberを引数とし、5つのnumberからなる配列（タプル）の関数を指定しています。つまりaggregateが計算をするのではなく、計算をする関数を返すようにしていたのですね。

なぜ、そんなことをしたのか？ それは、クロージャを利用して呼び出した金額を加算していけるようにしているのです。普通の関数では、値を保持しておくことができません。グローバル変数を用意して保管してもいいのですが、ここではせっかく関数のさまざまな機能を覚えたので、その中でも非常に重要で役に立つクロージャを利用してみました。

このaggregate関数では、金額の合計、本体価格の合計、内税額の合計をそれぞれ保管するtotal, totalp, totaltという変数を用意しています。そして、returnする関数の中でこれらの変数に値を加算していき、得られた値を配列にまとめて返しているのです。

これで、コマンドとして実行するプログラムの作り方がわかってきました。それぞれでオリジナルのコマンドプログラムに挑戦してみてください。

Chapter 4

オブジェクトを
マスターする

TypeScriptでもっとも重要な
役割を果たしているのが「オブジェクト」です。
ここではオブジェクトの基本について説明をします。
クラスによるオブジェクト作成、
インターフェースや抽象クラス、
静的メンバーなどオブジェクトに関する
さまざまな機能をここでまとめて学びましょう。

Section
4-1

オブジェクトの基本

ポイント

▶ **オブジェクトの作り方と使い方をしっかりマスターしましょう。**

▶ **オブジェクトの「参照」の考え方をきちんと理解しましょう。**

▶ **分割代入の仕組みと使い方を覚えましょう。**

配列・タプルからオブジェクトへ

値の中には、多数の値を扱える配列やタプルといったものがありました。これらは、いくつもの値を保管し呼び出すことができました。ただし、保管されている値を取り出す場合は、基本的に「**インデックス**」という番号を使って指定する必要がありました。

番号を使った呼び出しは、そこにどういう値が入っているのかわかりにくいところがあります。またタプルなどではさまざまな値を保管できますから、場合によっては「**関数**」を入れておくこともできるでしょう。そうなると、タプルに入っている関数をそのまま呼び出して実行するようなことも可能のはずです。

値と処理を一つにまとめ、それらがよりわかりやすく簡単に呼び出せるようにする。そうすれば、関連するすべてのデータや処理をひとまとめにして扱えるようになります。このような考え方によって作られたのが「**オブジェクト**」です。

オブジェクトは、「**値と処理をひとまとめに保管し、名前で取り出せるようにしたもの**」です。配列やタプルと似ていますが、さらに多くの機能が追加されており、より内部の値や処理が使いやすくなっています。

◉ プロパティとメソッド

オブジェクトの中にはさまざまな値が保管できますが、関数と関数以外で少し扱いが違ってきます。これらは「**プロパティ**」「**メソッド**」と呼ばれます。

プロパティ	オブジェクトの中に保管されている値
メソッド	オブジェクトの中に保管されている関数

プロパティは、そのオブジェクトで必要となるデータ類を保管するものです。メソッドは、関数が保管されているプロパティのことで、そのオブジェクトで必要となる処理を保管します。これはもちろん呼び出して実行することができます。

◉ オブジェクトの作成

オブジェクトの書き方は、さまざまなやり方があります。もっとも広く利用されているのは、オブジェクトリテラルと呼ばれるものでしょう。これはその名の通り、オブジェクトをリテラルとして記述する書き方です。

```
{ プロパティ : 値, プロパティ : 値, ……}
```

||の中に、プロパティの名前と値をコロンでつなげて記述します。複数のプロパティがある場合はそれらをカンマで区切ります。またメソッドの場合は、プロパティの名前の後に値として無名関数を指定します。

◉ 試してみよう オブジェクトを作ってみよう

では、実際に簡単なオブジェクトを作り、利用してみましょう。ごく単純なものとして、名前と年齢、そして内容を表示するメソッドからなるオブジェクトを考えてみます。

今回も、引き続きTypeScriptプレイグラウンドを利用してプログラムを実行していくことにしましょう。ソースコードを記述する編集領域に以下のように記述をしてください。

⊕ リスト4-1

```typescript
const person = {
    name:"taro",
    age: 39,
    print: function():void {
        console.log(this.name + '('
            + this.age + ')')
    }
}
```

ここでは、name, age, printといったプロパティ/メソッドを持つオブジェクトpersonを作成しました。これらのプロパティは、基本的にletで宣言された変数と同じようなものと考えていいでしょう。このオブジェクト内であればどこでも使うことができ、またオブジェクトがある限り値を保ち続けます。

◉ メソッドとthisについて

メソッドに指定した関数は、引数も戻り値も持たない非常にシンプルなものです。ここでは、nameとageの値を出力するために以下のような文を書いています。

```
console.log(this.name + '(' + this.age + ')')
```

プロパティは、this.name, this.ageというように**「this」**というものの後にドットを付けて記述されています。このthisは、このオブジェクト自身を示す特別な値です。同じオブジェクトの中にあるプロパティやメソッドを利用する場合は、このようにthis.○○という書き方を使います。

◉ personオブジェクトを利用しよう

では、作成したpersonオブジェクトを利用してみましょう。personオブジェクトの後に、以下の処理を追記してください。

◉リスト4-2

```
person.print()
person.name = 'hanako'
person.age = 28
person.print()
```

◆図4-1：実行するとpersonを操作して内容を表示する。

これを実行すると、"taro(39)", "hanako(28)"とメッセージが表示されます。personには、printというメソッドが用意されています。これは、person.print()というようにして呼び出すことができます。またpersonのプロパティを変更するときは、person.name = 'hanako'というようにしてプロパティを指定します。こうしてnameとageの値を変更して再びprintを呼び出し、オブジェクトの内容を表示させています。

ごく単純なものですが、オブジェクトのプロパティとメソッドがどのようなものでどう使うのか、わかったのではないでしょうか。

Objectによるオブジェクト生成

オブジェクトリテラルの他にもオブジェクトを作成する方法はあります。オブジェクトは、その基本的な部分のオブジェクトであるObjectというものを使って作成することができます。

```
変数 = Object()
```

このように実行することで、Objectオブジェクトをコピーしたものが変数に代入されます。後は、この変数のプロパティに値や関数を代入していけば、オブジェクトが完成するわけです。

たとえば、先ほどのサンプルで作ったpersonオブジェクトをこの方式で書き直すと以下のようになるでしょう。

○リスト4-3

```
const person = Object()
person.name = "taro"
person.age = 39
person.print = function():void {
    console.log(this.name + '('
        + this.age + ')')
}
```

これでも、先ほどのpersonオブジェクトと同じものが作れます。オブジェクトリテラルを使って作成するほうがオブジェクトの内容をひとまとめにできるため把握しやすいでしょう。このやり方は**「必要に応じて追加していく」**というものなので、最初から完成されたオブジェクトを作らなくてもいいようなケースでは便利です。

オブジェクトリテラルで必要最低限のものを持ったオブジェクトを用意し、後は必要に応じてプロパティを追加する、というように両者をうまく使い分けていくとよいでしょう。

ファクトリ関数について

オブジェクトは、リテラルを使ってもオブジェクトを使っても作ることはできますが、これらは基本的に**「一つのオブジェクトをその場で定義して作る」**といったものです。しかし、たとえばサンプルで作った個人の名前と年齢をオブジェクトにしてまとめるようなものは、同じ形のオ

ブジェクトを多数作って利用することが多いでしょう。このような場合は、同じ形のオブジェクトをいくつでも生成できるような仕組みが必要です。

こうした場合、プログラミング言語では**「ファクトリ」**と呼ばれる関数を用意して対応することが多いでしょう。ファクトリとは、その名の通り**「値を作成するためのもの」**です。呼び出せば必ず決まった形のオブジェクトを作成し得られるような関数で、以下のような形で作ります。

```
function 名前 ( 引数 ): 戻り値 {
    return {……オブジェクト……}
}
```

このようにして、引数などから作成されたオブジェクトを返す関数を作成するのです。こうすれば、その関数を呼び出すだけで、同じ内容のオブジェクトをいくらでも作ることができます。

◎ 試してみよう Personファクトリ関数を作る

では、個人情報を管理するオブジェクトを作るPersonファクトリ関数を作成し、利用してみましょう。

● リスト4-4

```
function Person(n:string, a:number):
        {name:string, age:number, print:()=>void} {
    return {
        name:n,
        age:a,
        print: function() {
            console.log(this.name +
                '(' + this.age + ')')
        }
    }
}

const taro = Person('taro', 39)
const hana = Person('hanako', 28)
taro.print()
hana.print()
```

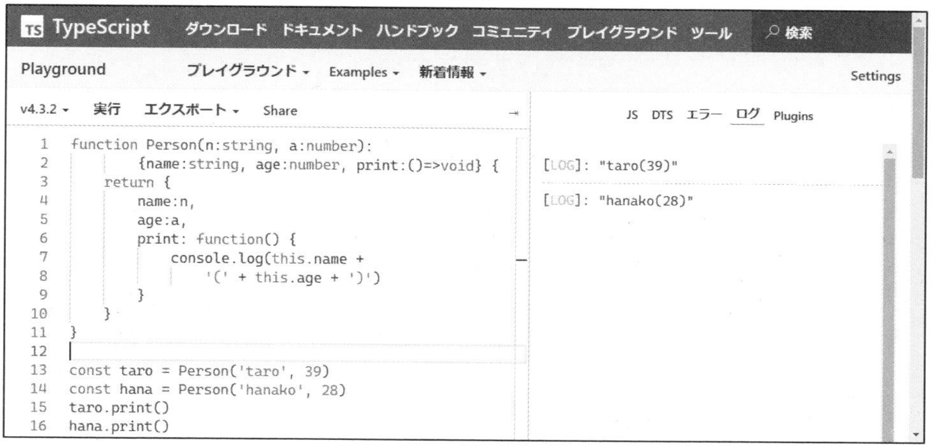

◎図4-2：Person関数を使って同じ内容のオブジェクトを作る。

これを実行すると、2つのオブジェクトを作成し、そのprintメソッドを呼び出して内容を出力します。Person関数では、name, age, printといったプロパティとメソッドが用意されます。関数の戻り値には、:|name:string, age:number, print:()=>void|と型が用意されており、オブジェクトの内容が正確に指定されています。ただし、このようなオブジェクトの正確な型指定を毎回用意するのはかなり面倒ですから、ファクトリ関数では戻り値の指定を省略してもよいでしょう。

Column JavaScriptのコンストラクタ関数

「オブジェクトを作成する関数」としては、JavaScriptでは「コンストラクタ関数」と呼ばれるものが使われていました。これは、ファクトリ関数とは微妙に異なります。たとえば先ほどのPerson関数をJavaScriptのコンストラクタ関数で作成すると以下のようになります。

```
function Person(n, a) {
  this.name = n;
  this.age = a;
  this.print = function() {
    console.log(this.name +
        '(' + this.age + ')');
  }
}
```

関数の中で、this.○○というようにしてプロパティを設定します。こうして定義されたコンストラクタ関数は、new Person(○○)というようにnewを使ってオブジェクトを作成します。ですが、このコンストラクタ関数による方法は、TypeScriptでは使えません。thisの扱いが

変わっていることもあり、このままではTypeScriptでは動かないのです。このため、ここでは
ファクトリ関数によるオブジェクト生成法を紹介しました。

オブジェクトを引数に使う

オブジェクトは、基本型と同じように変数に代入し利用します。ということは、たとえば関数
でも、オブジェクトを引数として使うこともできることになりますね。

ただし、この場合、注意しなければならないことがあります。それは、引数は値が複製される
のではなく、オブジェクトそのものが渡されている、という点です。どういうことか、実例を見て
みましょう。

○リスト4-5

```
type person = {name:string, age:number}

function setData(ob:person, n:string,a:number):person {
    ob.name = n
    ob.age = a
    return ob
}

const ob1:person = {name:'taro', age:39}
const ob2:person = setData(ob1,'hanako',28)

console.log(ob1)
console.log(ob2)
```

○図4-3：ob1とob2を出力すると、どちらも同じ値になっているのがわかる。

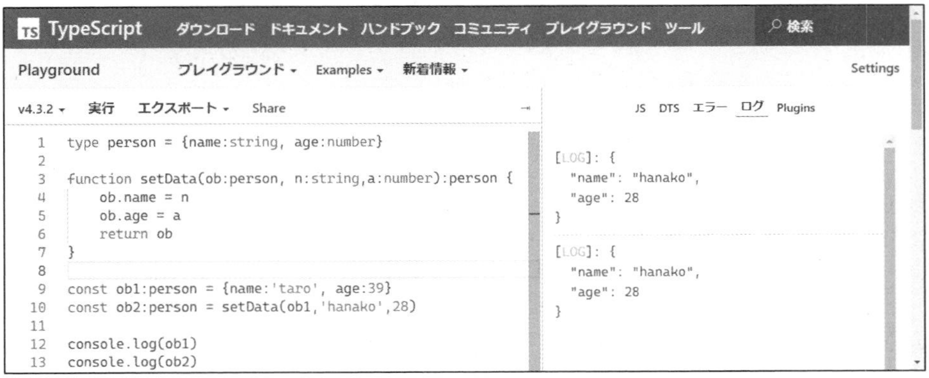

ここではperson型のオブジェクトをまず定義し、setData関数で引数のpersonオブジェクトのプロパティを変更してから返しています。ここではob1とsetDataの戻り値のob2を変数に取り出しておき、それらをconsole.logで表示しています。

これを実行してみると、ob1もob2もどちらも同じ内容になっていることがわかるでしょう。ob1を引数にしてsetDataを呼び出し、その戻り値をob2に代入していますが、実はこのob1とob2は同じオブジェクトなのです。

◉参照について

オブジェクトは、変数に代入されるとき、そのオブジェクトそのものではなく、オブジェクトの**「参照」**が設定されます。参照とは、オブジェクトを示すための値です。関数を呼び出したとき、その引数には変数ob1の**「オブジェクトの参照」**が渡されます。つまり、**「ob1に設定されているオブジェクトを示す値」**が渡されるのです。そしてその中でob.name = nなどの操作をすると、引数に渡される**「オブジェクトを示す値」**をもとに、その示す先のオブジェクトのプロパティを操作します。

つまり、オブジェクトは引数で渡されるとき、オブジェクトが複製されて渡されるのではなく、同じオブジェクトを示す値が渡され、同じオブジェクトを操作することになるのです。

ここでは引数について説明をしましたが、**「参照が渡される」**というのは変数全般の話です。従って、変数から別の変数にオブジェクトを代入するような場合も同じです。オブジェクトが代入された変数を別の変数に代入すると、2つの変数は同じオブジェクトを参照します。

◉typeによるオブジェクトの型エイリアス

ここでは、typeを使ってオブジェクトの型エイリアスを用意しています。以下の文ですね。

```
type person = {name:string, age:number}
```

これは一体、どういう働きをするのでしょうか。それは、**「オブジェクトの型を指定するとき」**です。たとえば、setData関数では戻り値の指定に:personと指定をしています。また変数にオブジェクトを作成するときも同様です。

```
const ob1:person = {name:'taro', age:39}
```

こうすることで、いちいち型の指定を|name:string, age:number|と書かずに済むようになります。オブジェクトは非常に複雑な構造をしていますから、正確に型を指定しようとすると記述が大変です。typeを使って型エイリアスを作成しておけば、複雑なオブジェクトも正確に型を指定することができます。

オブジェクトの分割代入

　オブジェクトは内部にさまざまな値を持っているため、オブジェクト内にある特定の値だけを変数に取り出して利用するのがけっこう面倒です。たとえば、以下のようなサンプルを考えてみましょう。

● リスト4-6

```
type person = {name:{first:string, second:string}, age:number}

const ob1:person = {name:{first:'taro', second:'yamada'}, age:39}
const first = ob1.name.first
const second = ob1.name.second
const age = ob1.age

console.log(first + "-" + second + '::' + age)
```

　ここではperson型のオブジェクトを作成し、そこにある値を変数に取り出して表示をしています。値を取り出している部分を見ると、オブジェクト内の1つ1つのプロパティを変数に取り出していくため、同じような文をいくつも書かなければいけません。プロパティが10も20もあって、それらをすべて変数に取り出さないとなるとかなり大変ですね。

　このようなときに用いられるのが**「分割代入」**と呼ばれる方法です。実はこの技術は、既に使ったことがあります。**「3-1 複数の値を戻す」**のところで、タプルの戻り値を複数の変数に代入する方法を説明しました。

　オブジェクトの分割代入は、これと基本的には同じ考え方です。戻り値を代入する変数に、オブジェクト内のプロパティと同名のものを同じ形式で用意しておくのです。実際にやってみましょう。

● リスト4-7

```
type person = {name:{first:string, second:string}, age:number}

const ob1:person = {name:{first:'taro', second:'yamada'}, age:39}
const {name:{first, second}, age} = ob1 //☆
console.log(first + "-" + second + '::' + age)
```

◉図4-4：実行すると、"taro-yamada::39" と表示される。

```
1  type person = {name:{first:string, second:string}, age:num
2
3  const ob1:person = {name:{first:'taro', second:'yamada'},
4  const first = ob1.name.first
5  const second = ob1.name.second
6  const age = ob1.age
7
8  console.log(first + "-" + second + '::' + age)
```

[LOG]: "taro-yamada::39"

ここでは、person型をまず定義しておき、これを型指定してob1にオブジェクトを代入しています。そしてそのオブジェクト内のプロパティを以下のようにして各変数に取り出しています。☆の文を見てください。

```
const {name:{first, second}, age} = ob1
```

ここでは、first, socond, ageといった3つの変数（nameは変数ではありません）をオブジェクトの構造に従って用意し、それぞれにob1の値を代入しています。

こんな具合に、分割代入を使えば、オブジェクト内にあるプロパティの値を一度に取り出すことができるようになります。注意すべき点は、**「オブジェクトと同じ構造でプロパティを用意する」**という点です。値の構造はもちろんですが、用意する変数名も取り出すプロパティ名と同じにしておく必要があります。

ただし、**「オブジェクト内のすべてのプロパティを変数として用意する必要はない」**という点で知っておきましょう。たとえば、personでfirstの値だけが必要ならば、こんな具合に取り出せばいいでしょう。

```
const {name:{first}} = ob1
```

これで、ob1.name.firstの値がfirst変数に代入されます。それ以外の不要なプロパティは省略しても問題ありません。ただし、たとえばこれを以下のように書くことはできません。

```
const {first, second} = ob1
```

firstとsecondの値だけしか使わないからといって、値の構造が異なっていると値は変数に取り出せません。

プロパティのオプションと Readonly

　　関数についての説明を行ったとき、関数の引数に特殊な設定を行う演算子があることを説明しました。一つは、オプションです。変数や引数では、名前の後に?をつけることでオプションを指定できました。オプションを指定すると、その変数はnullを許容するようになります。つまり、値が設定されていなくてもいい、と判断されるわけですね。

　　このオプションは、オブジェクトのプロパティでも使うことができます。オプションを指定したプロパティを用意することで、nullを許容するプロパティを設定できます。実例をあげておきましょう。

○リスト4-8

```
type person = {readonly name:string, mail?:string, age?:number, print:()=>void}

const ob1:person = {
    name:'taro',
    age:39,
    print:function():void {
        console.log(this.name + ':' + this.age)
    }
}
const ob2:person = {
    name:'hanako',
    mail:'hanako@flower',
    print:function():void {
        console.log(this.name + ':' + this.mail)
    }
}

// ob1.name = "Taro" //☆

ob1.print()
ob2.print()
```

◆図4-5：2つのプロパティが異なるpersonオブジェクトを作成して表示する。

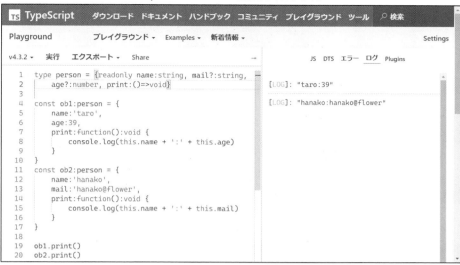

ここではpersonという型エイリアスを作成し、これを指定して2つのオブジェクトを作成しています。ob1とob2ですが、よく見ると用意されているプロパティが違います。ob1ではname, age, printなのに対し、ob2ではname, mail, printになっています。これは、person型でmailとageがオプションに指定されているためです。このため、person型のオブジェクトを作成する際も、オプションの引数は必要に応じてつけたりつけなかったりできるのですね。

こんな具合に、オプションを指定することで、同じ型のオブジェクトでも内容が異なるものを作ることができます。これは非常に便利ですね。

（※ただし、この後で説明する**「クラス」**を使うようになると、オプション引数はそれぞれ**「nullかどうか」**をチェックしながら利用するようにしなければいけなくなります）

また、ここではperson型の指定でnameにreadonlyを指定しています。これは値の読み取りのみ（書き込み禁止）にするためのものでしたね。リストの☆マークの文をコメントアウトしてみると、ここでエラーになることがわかるでしょう。person型ではnameの変更が禁止されているため、このようにプロパティを変更しようとするとエラー扱いとなるのです。

オブジェクトでは、値の変更ができないプロパティを作ることがよくあります。このようなとき、Readonlyは非常に役立つでしょう。

Section
4-2

クラスの利用

ポイント

▶クラス定義の基本をしっかりマスターしましょう。

▶継承とメソッドのオーバーライドについて理解しましょう。

▶アクセス修飾子、setter/getterの働きと使い方を覚えましょう。

クラスについて

JavaScriptでは、オブジェクトの扱いは他の言語とはかなり違っていました。多くの言語では**「クラスベースオブジェクト指向」**と呼ばれる方式が採用されていましたが、JavaScriptでは**「プロトタイプベース」**と呼ばれる独特のオブジェクトが採用されていました。

しかし、多くの言語がクラスベースという**「クラス」**というオブジェクトのテンプレートのようなものを利用する方式を採用していたため、プログラミング経験者のほとんどが**「オブジェクト指向＝クラス」**と漠然と思うようになってしまいました。そこで**「JavaScriptはクラスは使えないよ」**といっても混乱してしまうのですね。

そのような経緯を経て、JavaScriptでもES6という仕様からようやくクラスが使えるようになりました。といっても、JavaScriptのオブジェクト指向の仕組みはプロトタイプベースと呼ばれるまったく違うものですから、完全なものではありません。クラスによるまったく新しいオブジェクトの仕組みが導入されたわけではなく、**「クラスを使ってJavaScriptのオブジェクトを作れるようにしたもの」**だったわけですね。

TypeScriptでも、この**「クラス」**は使われています。というより、TypeScriptではさらにクラスが強化され、**「オブジェクトはクラスを利用して作るのが基本」**といってもよいほどに重要なものとなっています。ここまでオブジェクトリテラルを使ってオブジェクトを作ってきましたが、そろそろTypeScriptの本命機能である**「クラス」**について説明していくことにしましょう。

◉ クラスの定義

では、クラスはどのようにして作成するのでしょうか。基本的な書き方を整理すると以下のようになるでしょう。

```
class 名前 {
    プロパティ: 値
    プロパティ: 値
    ……略……
    メソッド ( 引数 ): 戻り値 {……処理……}
    ……略……
}
```

クラスは、classというキーワードを使って定義します。名前の後の{}内に、そのクラスに用意するプロパティを**「名前:値」**というようにコロンでつなげて記述をします。

メソッドの場合は、名前の後に引数と戻り値を記述します。関数のfunctionがないものと考えればいいでしょう。

◉ クラスの利用

定義されたクラスは、newというキーワードを使ってオブジェクトを作成します。これは以下のように行います。

```
変数 = new クラス ()
```

これで、指定したクラスのオブジェクトが作成されます。クラスから作成されるオブジェクトは、一般に**「インスタンス」**と呼ばれます。クラスを使う場合、newするだけでいくらでもインスタンスを作成することができます。同じ内容のオブジェクトを多数作成する場合は、クラスが圧倒的に使いやすいでしょう。

◉ 試してみよう クラスを使ってみよう

では、実際にクラスを作って利用してみましょう。ここではPersonというクラスを用意し、そのオブジェクトを作成してみます。

●リスト4-9

```
class Person {
    name:string ='no-name'
    mail?:string
    age?:number
    print():void {
        const ml:string = this.mail ? this.mail : 'no-mail'
        const ag:number =  this.age ? this.age : -1
```

```
          console.log(this.name + '(' + ml + ',' + ag + ')')
    }
}


const taro = new Person()
taro.name = 'taro'
taro.mail = 'taro@yamada'
taro.age = 39

taro.print()
```

◉図4-6：Personクラスを用意し、そのオブジェクトを作って表示する。

```
1  class Person {
2      name:string ='no-name'
3      mail?:string
4      age?:number
5      print():void {
6          const ml:string = this.mail ? this.mail : 'no
7          const ag:number =  this.age ? this.age : -1
8          console.log(this.name + '(' + ml + ',' + ag +
9      }
10  }
11
12  const taro = new Person()
13  taro.name = 'taro'
14  taro.mail = 'taro@yamada'
15  taro.age = 39
16
17  taro.print()
```

```
[LOG]: "taro(taro@yamada,39)"
```

　　ここでは、Personクラスを定義しています。これにはname, mail, ageといったプロパティと
printメソッドが用意してあります。mailとageは?をつけてオプションプロパティとなっていま
す。

◉ print の働き

　　このPersonクラスでは、printメソッドでクラスの内容を出力するようにしています。この部分
をよく見てみましょう。まず、このような文がありますね。

```
const ml:string = this.mail ? this.mail : 'no-mail''
const ag:number =  this.age ? this.age : -1
```

　　これらは何をしているのか？　それは「**mailとageのオプション対応**」です。これらはオプ

ションを指定しているため、nullの場合があります。そこで値が存在しない場合は仮の値を使うように変数mlとagに取り出していたのですね。

また、これらのプロパティは、this.mailやthis.ageというように「**this**」という値の後にドットを付けて呼び出しています。このthisは、インスタンス自身を示す特別な値です。クラスは、インスタンスを作成して利用します。nameやmailのプロパティを扱う場合、「**どのインスタンスのプロパティか**」をきちんと指定してやる必要があります。thisを使うことにより、「**このインスタンス自身のプロパティですよ**」ということを示しているのです。

コンストラクタについて

これでクラスを使ったオブジェクトの利用は行えるようになりました。けれど、意外とクラスを使うのは面倒ですね。newでインスタンスを作り、個々のプロパティに値を設定していかないといけないのですから。

もっと簡単に、「**newするときに必要な値を引数で指定する**」ということができれば、インスタンスの作成もずいぶんと簡単になります。これは「**コンストラクタ**」と呼ばれるメソッドを用意することで対応できます。

コンストラクタは、newでインスタンスを作成する際に呼び出される特別なメソッドです。これは以下のように定義します。

```
constructor( 引数 ) {
    ……処理……
}
```

引数は自由に設定できます。また戻り値の指定は不要です。コンストラクタでは、引数で渡された値をもとにプロパティの設定などの初期化処理を行います。ここでオブジェクトの準備を行えば、newするとそれらがすべて実行され、セットアップされた状態でインスタンスが得られる、というわけです。

◎ 試してみよう Personにコンストラクタをつける

では、これも実際に使ってみましょう。先ほどのサンプルで作成したPersonクラスにコンストラクタを追加してみることにしましょう。

○ リスト4-10
```
class Person {
    name:string ='no-name'
```

171

```
    mail:string
    age:number

    constructor(name:string, mail:string = 'no-mail', age:number = -1) {
        this.name = name
        this.mail = mail
        this.age = age
    }

    print():void {
        console.log(this.name + '(' + this.mail + ',' + this.age + ')')
    }
}

const taro = new Person('taro','taro@yamada',39)
const hanako = new Person('hanako','hanako@flowe')
const sachiko = new Person('sachiko')
taro.print()
hanako.print()
sachiko.print()
```

◎図4-7：3つのPersonインスタンスを作成し、内容を出力する。

　実行すると、3つのPersonインスタンスを作成してその内容をそれぞれ出力します。コンストラクタは今回、以下のように用意しています。

```
constructor(name:string, mail:string = 'no-mail', age:number = -1) {……}
```

　name, mail, ageと3つの引数を用意し、それぞれの値を同名のプロパティに設定していま

す。なお、ここではmailとageにイコールで初期値が用意されていますね。このように初期値を指定すると、引数が用意されていない場合はこの値が用いられるようになるんでした。先のサンプルでは、mailとageはオプションプロパティになっていましたが、このように初期値を用意することで、少なくともnewでインスタンスを作成する際は必ず値が用意されるようになります。このため、オプションプロパティにしておく必要はなくなります。

インスタンスのクラスを調べる

クラスを使ってインスタンスを作成する場合の利点として**「どのクラスのインスタンスか調べることができる」**ということがあげられます。

オブジェクトリテラルを使ってオブジェクトを作成した場合を考えてみましょう。typeを使って型エイリアスをつくり、オブジェクトを用意したとしましょう。それでも、typeofで得られる値はすべて"object"となります。型エイリアスごとに分類してくれるわけではないのです。従って、作成されたオブジェクトを型（エイリアス）に応じて分類し処理するようなことができません。

しかしクラスをもとにインスタンスを作成した場合には、そのインスタンスがどういうクラスのインスタンスかを調べる方法がちゃんと用意されています。

✚特定のクラスのインスタンス化を確認する

インスタンス instanceof クラス

あるインスタンスが、指定のクラスのインスタンスかどうかを調べるには**「instanceof」**という演算子を使います。**「A instanceof B」**とすることで、AインスタンスがBクラスのものかどうかを調べることができます。結果がtrueならばBクラスのインスタンスであり、falseならばそうではない、ということになります。

✚インスタンスのクラス名を得る

インスタンス.constructor.name

インスタンスには、そのインスタンスが作成されるもとになるクラス名が記憶されています。それが、constructor.nameプロパティです。constructorは標準的なコンストラクタのオブジェクトで、そのnameにクラス名が設定されています。

✚クラスの名前を得る

クラス.name

では、クラスの名前はどうやって得ることができるのか？ これは「**name**」プロパティで得られます。こう説明すると、「**でも、クラスにnameプロパティがあるときはどうするんだ？**」と疑問に思う人がいることでしょう。

勘違いしがちですが、クラスに用意されているプロパティは、クラスには「**存在しません**」。プロパティは、クラスから作成されたインスタンスにのみ存在するのです。従って、クラスにnameプロパティを用意しても、クラス名のnameに影響することはありません。

◎ 試してみよう インスタンスのクラスを調べよう

では、実際にインスタンスのクラスを調べてみましょう。先ほどのPersonクラスをそのまま使い、2つのインスタンスを作成してその内容を比較してみます。

◎リスト4-11

```
class Person {……変更ないため省略……}

const taro = new Person('taro','taro@yamada',39)
const hanako = new Person('hanako','hanako@flowe')

console.log(taro instanceof Person
        === hanako instanceof Person === true)

console.log(taro.constructor.name)
console.log(hanako.constructor.name)
console.log(Person.name)
```

◎図4-8：実行すると、2つのインスタンスがPersonかどうか調べ、それから各インスタンスとPersonクラスのクラス名を出力する。

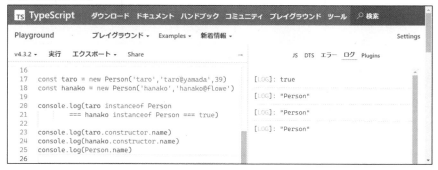

これを実行すると、「**true**」「**Person**」「**Person**」「**Person**」と出力がされます。一つ目のtrueは、taro instanceof Person === hanako instanceof Person === trueの結果です。

つまり、2つのインスタンスがPersonであるかどうかを調べていたのですね。

その後の3つのPersonは、2つのインスタンスとPersonクラスのクラス名を出力したものです。すべてPersonという名前が得られることがわかります。これで、インスタンスがどのクラスのものかを調べて処理できるようになりました！

クラスの継承

クラスには、オブジェクトリテラルによるオブジェクトにはない強力な機能がいろいろと用意されています。その最たるものが**「継承」**でしょう。

継承は、既にあるクラスの機能をすべて受け継いで新しいクラスを定義することです。これは、以下のように利用します。

```
class 新しいクラス extends 継承するクラス {……}
```

「extends ○○」とつけることで、そのクラスを継承して新しいクラスを作ることができます。継承するクラスにあるプロパティやメソッドは、すべて新しいクラスで利用することができます。つまり、継承で作ったクラスには、新たに追加する機能だけを用意すればいいわけです。

◎ 試してみよう Personを継承してStudentクラスを作る

では、継承を使ってみましょう。Personクラスを継承して、Studentというクラスを作成して利用してみることにしましょう。

⊕リスト4-12

```
class Person {……変更ないため省略……}

enum School {
    junior='junior',
    juniorHigh='juniorHigh',
    high='high',
    other='other'
}

class Student extends Person {
    school?:School
    grade?:number
```

```
    constructor(name:string,school:School, grade:number) {
        super(name)
        this.school= school
        this.grade = grade
        switch(school) {
            case School.junior:
            this.age = 6 + this.grade; break
            case School.juniorHigh:
            this.age = 12 + this.grade; break
            case School.high:
            this.age = 15 + this.grade; break
            default:
            this.age = -1
        }
    }
}

const taro = new Person('taro','taro@yamada',39)
const hanako = new Student('hanako',School.high,2)

taro.print()
hanako.print()
```

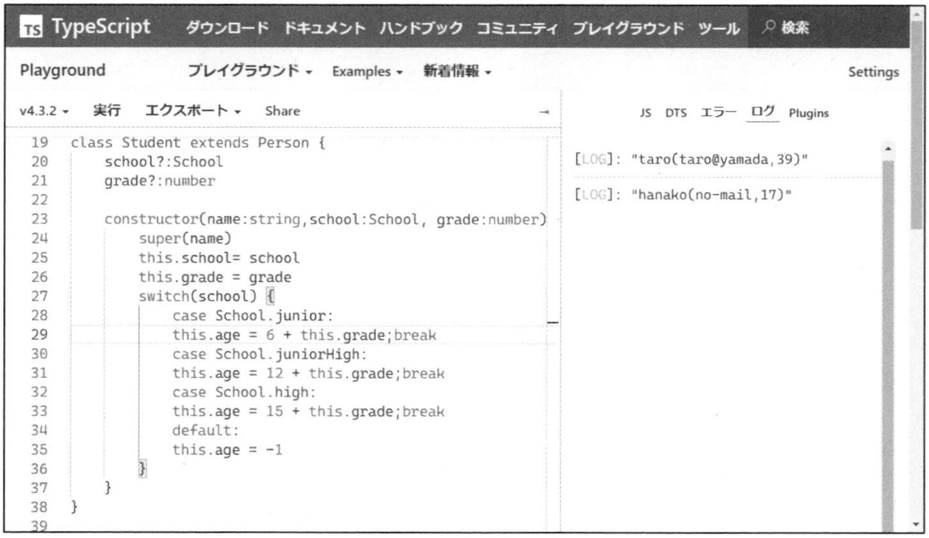

◎図4-9：PersonとStudentのインスタンスを作成しprintで内容を表示する。

ここでは、Personクラスと、これを継承したStudentクラスを用意しています。それぞれのインスタンスを作成し、printでその内容を出力しています。

では、Studentクラスを見てみましょう。これは、以下のような形で定義されていますね。

```
class Student extends Person {
    school?:School
    grade?:number
    ……略……
```

extends Personで、Personクラスを継承しています。プロパティにはschoolとgradeを用意してあります。schoolプロパティは、別途定義しておいたSchool列挙型の値で設定するようにしてあります。

◉ superによるコンストラクタの呼び出し

コンストラクタがどのようになっているのか見てみましょう。Studentでは以下のようにコンストラクタを用意しています。

```
constructor(name:string,school:School, grade:number) {……}
```

name, school, gradeといった項目を引数として用意してあります。nameはStudentクラスにはありませんが、継承しているPersonにあるので使うことができます。同様にmailとageもPersonで利用できます。

コンストラクタでは、最初に以下の文を実行しています。

```
super(name)
```

これは何かというと、スーパークラスのコンストラクタを呼び出しているのです。**「スーパークラス」**というのは、extendsで継承しているクラスのことです。逆に継承して新たに作ったクラスは**「サブクラス」**といいます。

コンストラクタは、newでインスタンスを作るときに呼び出すものです。Studentクラスにコンストラクタを用意すると、newする際にそのコンストラクタが呼び出されます。しかし、Studentが継承しているPersonクラスにもコンストラクタはありました。ここでも、Personを初期化するための処理を行っていました。これが呼び出されないと、Studentとして追加した部分は初期化されますが、継承しているPersonの部分は初期化されなくなってしまいます。

そこで、最初にsuperというものを使ってスーパークラスのコンストラクタを呼び出しているのです。これにより、Personクラスのコンストラクタが呼び出され、Personの部分も初期化が行われます。

◉superは引数に注意

superでスーパークラスのコンストラクタを呼び出すとき、注意したいのは**「引数」**です。スーパークラスに用意されているコンストラクタの引数に合わせてsuperを呼び出す必要があります。

Personのコンストラクタは、このようになっていましたね。

```
constructor(name:string, mail:string = 'no-mail', age:number = -1)
```

nameのみは必須で、後のmailとageは初期値が用意されていたため省略可能でした。そこで、super(name)というように必須のnameだけを指定して呼び出していたのですね。

テキストで得られるenum

ここでは、もう一つ重要なポイントがあります。それは、Schoolのenum型です。ここでは、こんな具合に定義されていますね。

```
enum School {
    junior='junior',
    juniorHigh='juniorHigh',
    high='high',
    other='other'
}
```

ちょっと不思議な形をしていますね。1つ1つの値にイコールでテキストがつけられています。enumはいくつかの値を用意しておくものですから、普通に考えればこのようになるはずです。

```
enum School {junior, juniorHigh, high other}
```

これでenumとしてはちゃんと役目を果たします。ですが、このenumの値をconsole.logなどで出力すると、0, 1, 2, 3という数字になってしまうのです。

enumは、console.logなどのようにテキストに変換して扱うような場合には、ゼロから始まる整数値に変換されます。しかし、今回は学校の種別を選ぶためのもので、数字で表示されたのではそれぞれの値の意味がわかりません。

このような場合に用いられるのが、今回の書き方です。enumの各値にイコールでテキストを指定してやるのです。こうすると、テキストに変換される際、指定されたテキストが値として使われるようになります。enum活用のテクニックとして覚えておきましょう。

メソッドのオーバーライド

　基本的な機能は用意できましたが、まだ問題があります。それは、printによる出力です。Studentではmailやageよりもschoolやgradeが重要です。Schoolクラス独自のprintを用意する必要があります。

　クラスでは、スーパークラスにあるメソッドと同じものをサブクラスに用意すると、サブクラス側のメソッドが常に呼び出されるようになり、スーパークラス側のメソッドが使われなくなります。これを**「オーバーライド」**といいます。オーバーライドすることで、スーパークラスにあったメソッドの内容を変更することができるわけです。

　では、Studentでもこれを使ってみましょう。Studentクラスに、以下のprintメソッドを追加してください。

◎リスト4-13

```
print():void {
    let gd:string = this.grade ? String(this.grade) : '-'
    switch(this.grade) {
        case 1: gd += 'st'; break
        case 2: gd += 'nd'; break
        case 3: gd += 'rd'; break
        default: gd += 'th'
    }
    console.log(this.name + '(' + this.school + ' school: ' + gd + ' grade)')
}
```

◎図4-10：実行すると、Student は Person とは異なる出力を行うようになる。

　実行すると、PersonとStudentの内容をprintで出力します。この内容は以下のようになります。

```
"taro(taro@yamada,39)"
"hanako(high school: 2nd grade)"
```

Personではname, mail, ageの内容が出力されましたが、Studentではname, school, gradeが出力されるようになりました。PersonもStudentも同じprintメソッドを呼び出していますが、出力内容はこのように代わるのです。

アクセス修飾子について

クラスを利用するようになると、クラス内に用意したプロパティのすべてが自由に読み書きできてしまうことに不満を感じるようになるでしょう。中には、**「これはクラス内でのみ使うものだから外部から一切使えないようにしたい」**といったプロパティだってあるはずです。

こうした場合に用いられるのが**「アクセス修飾子」**と呼ばれるものです。これは、クラス内の要素がどの範囲でアクセス可能になるかを示すものです。これには以下の3種類があります。

public	外部から自由にアクセスできます。何もアクセス修飾子がつけられていないと、これに設定されます。
protected	クラスおよびそのクラスを継承したサブクラスからは利用できますが、継承関係のないその他のクラスからはアクセスできなくなります。
private	クラス内でのみ使えます。そのクラス外のすべてのものからアクセスを拒否します。

これらの修飾子はプロパティ名の前に記述をします。たとえば、nameというプロパティを非公開にしたければ、**「private name:string」**というように記述をすればいいのです。こうすることで、クラス外から一切アクセスできないnameプロパティを作れます。

◎ 試してみよう アクセス修飾子を試す

では、アクセス修飾子がどのように使えるのか試してみましょう。先に作成したPersonとStudentのクラスをそれぞれ以下のように書き換えてください。

● リスト4-14

```
class Person {
    protected name:string ='no-name'
    private mail:string
    public age:number

    constructor(name:string, mail:string = 'no-mail', age:number = -1) {
```

```
        this.name = name
        this.mail = mail
        this.age = age
    }

    print():void {
        console.log(this.name + '(' + this.mail + ',' + this.age + ')')
    }
}

class Student extends Person {
    school?:School
    grade?:number

    constructor(name:string,school:School, grade:number) {
        super(name)
        this.school= school
        this.grade = grade
        switch(school) {
            case School.junior:
            this.age = 6 + this.grade; break
            case School.juniorHigh:
            this.age = 12 + this.grade; break
            case School.high:
            this.age = 15 + this.grade; break
            default:
            this.age = -1
        }
    }

    print():void {
        let gd:string = this.grade ? String(this.grade) : '-'
        switch(this.grade) {
            case 1: gd += 'st'; break
            case 2: gd += 'nd'; break
            case 3: gd += 'rd'; break
            default: gd += 'th'
        }
        console.log(this.name + '(' + this.school + ' school: ' + gd + ' grade)')
    }
}
```

実行結果はこれまでとまったく同じですが、用意されているプロパティの扱いが変わってきています。スーパークラスであるPersonでは、プロパティは以下のように変更されました。

```
protected name:string ='no-name'
private mail:string
public age:number
```

nameはprotected、mailはprivate、そしてageはpublicに設定されています。これにより、nameはサブクラスからのみ、mailはこのPersonクラス内でのみ、それぞれ利用可能になります。そしてageはどこからでも利用できるようになります。

実際に、インスタンスを作成してからそれぞれのプロパティを変更してみましょう。

○リスト4-15

```
const hanako = new Student('hanako',School.high,2)
hanako.name = "花子"
hanako.mail = "hanako@flower"
hanako.age = 28
```

たとえば、このようにすると、hanako.nameとhanako.mailに値を設定しようとしたところでエラーになります。

また、Student内のメソッド（コンストラクタやprintなど）からthis.name, this.mail, this.ageを操作しようとすると、this.nameとthis.ageはアクセスできるがthis.mailについてはエラーになってしまい変更できないことがわかるでしょう。整理すると、Personの各プロパティは以下のようにアクセス権が設定されているのがわかります。

protected name	サブクラスのStudentからはアクセスできるが、hanako.nameを変更しようとするとエラーになる。
private mail:string	サブクラスのStudentからも外部からもアクセスするとエラーになる。
public age:number	どこからでもアクセスができる。

このように、サブクラスと外部からのアクセスは、アクセス修飾子により変わることが確認できます。とりあえず、pubicとprivateだけは覚えておきましょう。publicは**「全部公開」**、privateは**「全部非公開」**です。

setterとgetter

プロパティを外部から直接アクセスできないようにするにはprivateを指定するだけです。しかし、**「直接アクセスされては困るが、完全にアクセスできないのも困るということもあります。理想をいえば「こちらで指定した形で値のやり取りができるようにしたい」**ということですね。

たとえば、値を設定するときも、あらかじめ値をチェックして問題がある場合は変更できないようにしたい。値を取り出すときも非公開にしておくときは取り出せないようにしたい。そんな具合に、状況に応じて値のやり取りを制御したいことはあるものです。

このような場合のために、TypeScriptには**「setter/getter」**と呼ばれる機能があります。これはプロパティの値を取得・変更する際に用意したメソッドで処理されるようにするものです。これは以下のように作成します。

```
get メソッド():戻り値 {……}
set メソッド( 引数 ) {……}
```

重要なのは、この2つのメソッドは同じ名前のものにする、という点です（ただし、どちらか片方だけしか用意しないこともあります）。そしてこれらを用意することで、同名のプロパティがあるかのように振る舞うようになります。たとえば、こういうことです。

✚実装するメソッド

```
get abc():string {……}
set abc(value:string) {……}
```

✚実際の利用

```
this.abc = 値
変数 = this.abc
```

get/setでabcという名前でメソッドを実装すると、abcというプロパティがあるかのように処理を書くことができます。実際に値を代入したときはsetのメソッドが、また値を取得したときはgetのメソッドがそれぞれ呼ばれて必要な処理を行うのです。

◎ 試してみよう gradeをsetter/getterにする

では、実際にsetter/getterを使ったプロパティを作成してみましょう。ここでは、Studentク

ラスを以下のように書き換えてみます。

○リスト4-16

```
class Student extends Person {
    school?:School
    private grade_num:number = -1
    get gradeN():number {
        return this.grade_num
    }
    set gradeN(n:number) {
        this.grade_num = n
        this.grade = String(n)
    }
    private gr_str:string = ''
    get grade():string {
        return this.gr_str
    }
    private set grade(pr:string) {
        let gd = pr
        switch(this.gradeN) {
            case 1: gd += 'st'; break
            case 2: gd += 'nd'; break
            case 3: gd += 'rd'; break
            default: gd += 'th'
        }
        this.gr_str = gd
    }

    constructor(name:string,school:School, grade:number) {
        super(name)
        this.school= school
        this.gradeN = grade
    }

    print():void {
        let gd:string = this.grade ? String(this.grade) : '-'
        console.log(this.name + '(' + this.school + ' school: ' + gd + ' grade)')
    }
}
```

○図4-11：printメソッドをオーバーライドすることで、Studentの出力内容が変更された。

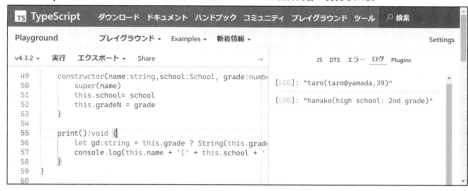

ここでは、gradeプロパティをsetter/getterに変更しています。今回は、gradeではテキスト表現の学年を扱うものにし、学年の数値はgradeNというプロパティを使うようにしてあります。このgradeNは、以下のように実装されています。

```
private grade_num:number = -1
get gradeN():number {
    return this.grade_num
}
set gradeN(n:number) {
    this.grade_num = n
    this.grade = String(n)
}
```

ここでは、学年の数値を保管するgrade_numというprivateプロパティを用意しています。これはprivateですから、Studentクラス外からは一切見えません。そしてget gradeNではgrade_numを返すようにし、set gradeNではgrade_numに値を設定した後、テキストに変換した値をgradeプロパティに代入しています。

このgradeプロパティもsetter/getterで作成されており、渡された学年の値をもとにset gradeでテキスト表記を生成してprivateプロパティ（gr_str）に保管するようにしています。これで、gradeNに数値を設定すると、gradeで学年のテキストが得られるようになります。

どちらも、privateプロパティを使って値を保管し、それを操作するメソッドをsetter/getterで用意するようにしています。この**「privateプロパティ＋setter/getter」**というやり方がsetter/getterによるプロパティ作成の基本と考えていいでしょう。

クラスをさらに掘り下げる

Section
4-3

ポイント

▶ インターフェースと抽象クラスの働きと違いを理解しましょう。

▶ 静的メンバーの使い方をよく考えましょう。

▶ 総称型を使ったクラスの作り方を覚えましょう。

インターフェースについて

クラスは、「普通のプロパティとメソッドを用意して**new**でインスタンスを作って使う」というオーソドックスな利用の仕方しかできないわけではありません。それ以外にも、クラスを活用するための非常に多くの仕組みが備わっています。そうした**「クラスをさらに拡張して使うための仕組み」**について考えていきましょう。

まずは**「インターフェース」**というものからです。インターフェースは、オブジェクト構造を記述するための仕組みです。インターフェースでは、オブジェクトに用意するプロパティやメソッドを用意することができます。といっても、クラスのようにインターフェースをそのまま使ってオブジェクトを作ることはできません。これは、あくまで**「構造の定義」**をするためのものです。

このインターフェースは、以下のような形で定義します。

```
interface 名前 {
    プロパティ:型
    メソッド(引数):型
    ……必要なだけ用意……
}
```

インターフェースは、「**interface**」というキーワードを使って作成します。{}内には、プロパティやメソッドを必要なだけ用意します。ただし、これは定義をするだけのものなので、プロパティに値を代入したり、メソッドの実装部分（{}部分）を記述する必要はありません。

◉ インターフェースの実装

そして、用意されたインターフェースは、クラスに指定することで利用されます。これは以下のように記述をします。

```
class 名前 implements インターフェース {……}
```

クラス名の後に「**implements**」というキーワードを付け、その後にインターフェース名を記述します。複数のインターフェースを実装したい場合はカンマで区切って記述をします。

このようにimplementsすると、そのクラスでは、組み込まれたインターフェースに用意されているプロパティやメソッドをすべて用意しなければいけません。これらが足りないと、文法エラーとなりソースコードをトランスコンパイルすることができなくなります。

つまりインターフェースは、クラスにプロパティやメソッドの実装を保証するためのものなのです。インターフェースをimplementsしてあれば、そのクラスにはインターフェースに用意されているプロパティ・メソッドが必ず用意されています。プログラマは、それらが存在することを前提にプログラミングしていけるのです。

試してみよう インターフェースを使ってみる

では、実際にインターフェースを利用してみることにしましょう。先ほどまで、PersonとStudentという2つのクラスを定義して使っていましたが、これらを継承していない別々のクラスにし、それぞれHumanというインターフェースを実装する形に書き直してみます。スクリプトを以下に書き換えてください。

◎リスト4-17

```
enum School {……変更ないため省略……}

interface Human {
    name:string
    print():void
}

class Person implements Human {
    name:string ='no-name'
    mail:string
    age:number
```

```typescript
    constructor(name:string, mail:string = 'no-mail', age:number = -1) {
        this.name = name
        this.mail = mail
        this.age = age
    }

    print():void {
        console.log(this.name + '(' + this.mail + ',' + this.age + ')')
    }
}

class Student implements Human {
    name:string = 'no-name'
    school?:School
    grade?:number

    constructor(name:string,school?:School, grade?:number) {
        this.name = name
        this.school= school
        this.grade = grade
    }

    print():void {
        let gd:string = this.grade ? String(this.grade) : '-'
        console.log(this.name + '(' + this.school + ' school: ' + gd + ' grade)')
    }
}
```

こんな感じになりました。ここではHumanインターフェースに、nameプロパティとprintメソッドを用意してあります。このHumanをimplementsしたクラスには、必ずこれらを用意することが義務付けられます。

ここではPersonとStudentにこのHumanをimplementsしてあります。それぞれnameとprintが用意されていることがわかるでしょう。

Column 継承していないクラスではsuperは不要

このPersonとStudentクラスでは、コンストラクタの中でsuperが呼び出されていません。これらのクラスは、継承を使っていないため、superでスーパークラスのコンストラクタを呼び出す必要がないためです。superをつけると逆にエラーとなります。

◉ インターフェースでオブジェクトをまとめる

インターフェースを使うと、一体どういう利点があるのか。それは、複数の（継承関係にない）別々のクラスを、インターフェースによってまとめて扱えるようになる、という点です。

インターフェースをimplementsしたクラスは、そのインターフェースの型のオブジェクトとして扱えるようになります。たとえば、サンプルでHumanインターフェースを実装してPersonとStudentクラスを作成しました。ということは、これらのクラスのインスタンスは、Human型としてまとめて扱うことができるようになるのです。

実際にやってみましょう。先ほどのHuman, Person, Studentを記述した下に、以下のように処理を記述して実行してみましょう。

◉ リスト4-18

```
const taro:Person = new Person('taro','taro@yamada',39)
const hanako:Student = new Student('hanako',School.high,2)
const sachiko:Person = new Person('sachiko')
const jiro:Student = new Student('jiro')


const data:Human[] = [taro,hanako,sachiko,jiro]


for(let item of data) {
    item.print()
}
```

◉ 図4-12：実行すると、PersonとStudentのインスタンスを配列にまとめ、繰り返してすべて出力する。

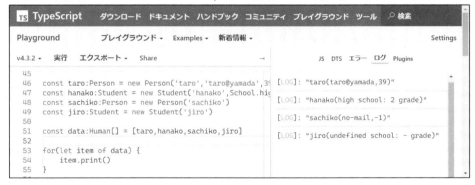

ここでは、2つのPersonと2つのStudentのインスタンスを作成しました。これらを一つの配列にまとめています。

```
const data:Human[] = [taro,hanako,sachiko,jiro]
```

定数dataは、Human型の配列として指定されています。これでPersonとStudentのインスタンスをひとまとめにすることができます。後は、forを使ってこれらから順にprintを呼び出していくだけです。

同じインターフェースを実装しているということは、それらのクラスにはインターフェースに用意されているプロパティとメソッドが必ず実装されているということです。ですから、このように異なるクラスのものをひとまとめにしても、インターフェースに用意されている機能を利用する限りはすべて問題なく動作します（ただし、インターフェースにない機能を呼び出そうとすると、その時点でエラーになります）。

◉ インターフェースは継承関係にない

また、インターフェースを利用する場合、忘れてはならないのが「**実装クラスは継承関係にない**」という点です。PersonとStudentは、何の継承関係にもありませんが、同じHumanとして扱うことができます。

インターフェースの継承

インターフェースも、クラスと同様に継承することができます。インターフェースを定義する際に、「**extends インターフェース**」と指定することで、既にあるインターフェースを継承し新たなインターフェースを作成できます。

このようにして作られたインターフェースは、implementsする際、継承もとのインターフェースに用意されているプロパティやメソッドまで含めてすべてを実装する必要があります。では、実際の利用例をあげましょう。先ほどのサンプルで、Humanインターフェースを継承したPeopleインターフェースというものを作り、これを実装したEmployeeクラスを作ってみます。先のリスト4-18の最後に以下を追記してください。

◉リスト4-19

```
interface People extends Human {
    birth:Date
}

class Employee implements People {
    name:string = 'no-name'
    company:string = ''
    birth:Date = new Date()

    constructor(nm:string, cm:string, bth:Date) {
```

```
        this.name = nm
        this.company = cm
        this.birth = bth

    }

    print():void {
        console.log(this.name + ' [' + this.company + ']')
    }
}

const ichiro = new Employee('ichiro',
    'Baseball Inc.', new Date('1982/10/10'))
ichiro.print()
```

●図4-13：Poeple インターフェースと、これを実装するEmployee クラスを作り利用する。

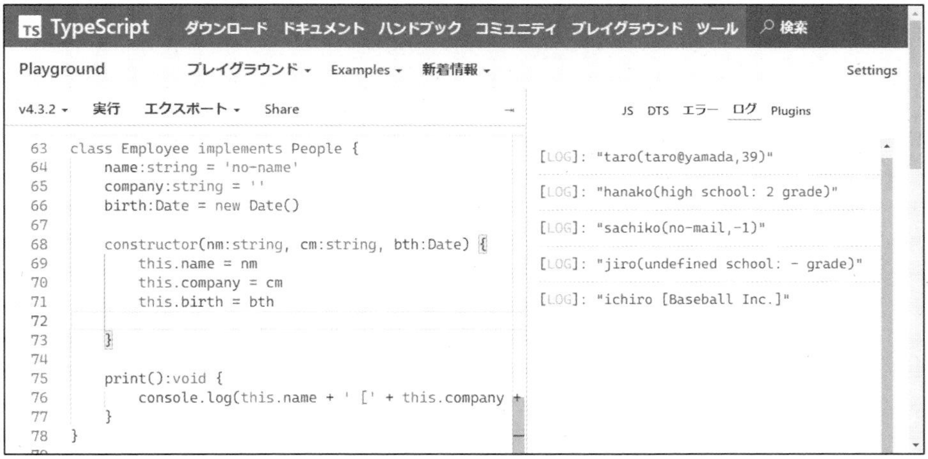

　ここでは、Humanインターフェースを継承したPeopleインターフェースを作成しています。以下の部分ですね。

```
interface People extends Human {
    birth:Date
}
```

　ここでは新たにbirthというプロパティを用意しました。そしてこのHumanを継承してEmployeeクラスを作成しています。このEmployeeでは、name, company, birthといったプロパティとprintメソッドを用意してあります。PeopleとHumanにあるプロパティとメソッドがすべ

て用意されていることがわかるでしょう。

　このEmployeeのインスタンスは、People型としても、またHuman型としても扱うことができます。

抽象クラスについて

　このインターフェースと似たような働きをするものに**「抽象クラス」**というものもあります。抽象クラスは、その名の通り具体的な処理を持たない抽象的な存在としてのクラスです。その中には、実装処理がない抽象メソッドを用意します。

　抽象クラスは以下のような形で作成します。

```
abstract class クラス名 {
    abstract メソッド():型
    ……必要なだけ用意……
}
```

　クラス定義の冒頭に**「abstract」**というキーワードを付けることで、そのクラスは抽象クラスとなります。またメソッドもabstractをつけることで抽象メソッドとなります。抽象メソッドは、の実装部分は用意しません。

　こんなクラスを何に使うのか？　これはインターフェースと同じように、クラスにメソッドを用意するのに使われます。抽象クラスに用意される抽象メソッドは実装がありませんから、継承しても使うことはできません。使うためには、継承したサブクラス側にメソッドを実装しないといけないのです。つまり、抽象クラスを継承したクラスでは、抽象クラスに用意されている抽象メソッドが必ず実装されるわけです。

◎ 試してみよう Humanを抽象クラスにする

　では、サンプルで作成したHumanインターフェースを抽象クラスに変更してみましょう。HumanとPerson, Studentクラスをそれぞれ以下のように書き換えてみてください。

● リスト4-20

```
abstract class Human {
    abstract print():void
}


class Person extends Human {
    ……略……
```

```
}

class Student extends Human {
    ……略……
}
```

Humanを抽象クラスにし、これをextendsするようにしてあります。これでHumanはインターフェースから抽象クラスに変わります。それぞれのクラス内の処理は基本的には同じですが、ただ一つ、コンストラクタだけ修正が必要です。コンストラクタ内の最初に以下の文を追記してください。

```
super()
```

抽象クラスを継承するようになったため、コンストラクタは最初にsuperを実行する必要があります。それ以外は、インターフェースの場合と代わりはありません。

◉ 抽象クラスとインターフェースの違い

このように、インターフェースと抽象クラスは使い方が非常に似ています。implementsするかextendsするかの違いといっていいでしょう。しかし、まったく同じわけではありません。どのような違いがあるのか、どういう使い分けをすればいいのか、簡単にまとめておきましょう。

✚ 他にクラスを継承する必要があるか？

両者の使い分けのポイントは、「他になにかのクラスを継承するかどうか」でしょう。もし、他のクラスを継承するのであれば、抽象クラスは使えません。extendsで継承できるのは一つのクラスのみであるため、抽象クラスと他のクラスを同時に継承はできないのです。

✚ プロパティを義務付ける必要があるか？

抽象クラスは、基本的に「メソッド」を定義するものです。従って「抽象プロパティ」というものはありません。実装クラスに必ずプロパティを用意させたければインターフェースを使う必要があります。

（ただし、抽象クラスには普通のプロパティは用意できます）

✚ protected メソッドか、public メソッドか？

インターフェースは、基本的にpublicなメソッドを定義するものです。protectedメソッドは使

えません。もし、protectedメソッドの実装を義務付けたいのであれば、抽象クラスを使う必要があります。

静的メンバーについて

ここまでのサンプルで、さまざまなプロパティやメソッドを作成しましたが、それらはすべて共通する特徴を備えていました。それは、**「すべてインスタンスを作成して利用する」**というものです。クラスは基本的にインスタンスを作って利用するものですから当然ともいえます。

けれど、場合によっては**「インスタンスが必要ない」**というクラスもあります。たとえば、何かの計算などを一つのクラスにまとめたものを考えてみてください。引数に値を渡すと結果を返すメソッドばかりのクラス。これ、インスタンスが必要でしょうか？ クラスから直接呼び出せたほうがはるかに簡単でしょう？

こうした場合、クラスのプロパティやメソッドを**「静的メンバー」**として用意することで、クラスから直接使えるようにできます。**「メンバー」**というのは、クラスに用意されるプロパティやメソッドのことです。静的とは、インスタンスなどを作成して利用するのではなく、クラスからそのまま呼び出せることを意味します。

この静的メンバーは、**「static」**というキーワードを使って作成します。

```
static プロパティ:型
static メソッド(引数):型
```

このように、プロパティ名やメソッド名の前にstaticをつけることで、静的メンバーとして認識されるようになります。静的メンバーとなったプロパティやメソッドは、クラスから直接利用できるようになります。逆に、インスタンスを作成した場合、インスタンスの中からはこれらは利用することができません。

◎ 試してみよう 静的メンバーによるStaticHumanクラスを作る

では、ここまでサンプルで使ってきたHumanによるクラスを静的メンバー利用に書き換えてみましょう。ソースコードを以下のように変更してください。

⊕リスト4-21

```
class StaticHuman {
    static fullname:string
    static age:number
```

```
    static set(nm:string, ag:number):void {
        this.fullname = nm
        this.age = ag
    }

    static print():void {
        console.log(this.fullname + '(' + this.age + ')')
    }
}

StaticHuman.set('taro',39)
StaticHuman.print()
StaticHuman.set('hanako',28)
StaticHuman.print()
```

◉図4-14：StaticHumanクラスを使ってデータを表示する。

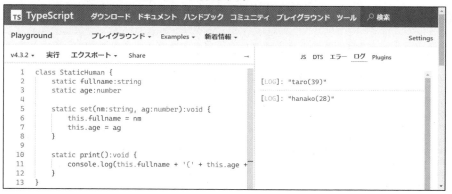

　ここでは、StaticHumanというクラスを用意しました。これには、fullnameとageという静的プロパティとset, printという静的メソッドが用意されています。setでfullnameとageを設定し、printでその内容を出力するわけです。

　実際に使ってみると、問題なく設定内容が表示されるでしょう。クラスに直接値を保管し、それを利用した処理が問題なく動いているのがわかります。setやprintメソッドを見ると、静的プロパティも通常のプロパティと同様にthis.○○という形で呼び出せることがわかります。静的メソッドでは、thisはインスタンスではなくクラス自身を示すようになるので、通常のプロパティと同じ感覚で扱うことができるのです。

　ただし、当然ですがインスタンスでの利用とは違う部分もあります。静的プロパティはクラスに値が保管されますから、プロパティごとに一つしか値は保管されません。また値を変更すると、このクラスを利用しているすべての場所に影響が出ることになります。

> **Column** なぜ、nameではなくfullnameなの？
>
> ここでは名前を保管するプロパティをfullnameとしました。これまではnameという名前でプロパティを用意していたので違和感を覚えた人も多いでしょう。
>
> なぜ、nameではなくfullnameなのか？ それは、クラスにはnameという静的プロパティを用意できないからです。nameは、クラスの名前を示すプロパティとして予約されています。このため、クラス内にnameという静的プロパティは作成できないのです。

パラメータプロパティ

クラスの中には「**値を保管するだけで、後から変更したりする必要がないもの**」というのもあります。複数のデータをまとめて管理するのが目的で、保管してあるデータを後で変更することなどない、という場合です。

こうした「**読み取りのみのプロパティ**」を扱う場合、非常に効率的なやり方があります。それは「**パラメータプロパティ**」と呼ばれる機能を使うのです。

パラメータプロパティは、コンストラクタの引数をそのままプロパティとして扱えるようにする機能です。コンストラクタにreadonlyを指定したプロパティを用意すると、それは「**変更不可のプロパティ**」として使えるようになります。

これは、実際に試してみれば一目瞭然でしょう。ソースコードを以下のように書き換えてみてください。

○リスト4-22

```
class Human {
    constructor(readonly name:string, readonly age:number) {
    }

    print():void {
        console.log(this.name + '(' + this.age + ')')
    }
}

const taro = new Human('taro', 39)
taro.print()
const hana = new Human('hanako', 28)
hana.print()
```

●図4-15：Humanインスタンスを作成し内容を出力する。

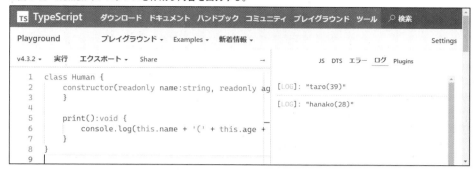

　これを実行するとHumanインスタンスを作成してその内容をprintで出力します。これまで作成してきたごく普通のクラスと同じように働くのがわかるでしょう。しかし、Humanクラスを見ればわかるように、このクラスにはnameやageというプロパティはありません。あるのはコンストラクタだけです。

```
constructor(readonly name:string, readonly age:number) {}
```

　コンストラクタでは、何も処理はしていません。ただnameとageというプロパティを受け取れるようにしただけです。それなのに、これでnameとageプロパティが用意されるのです。printメソッドではこのように内容を出力していますね。

```
console.log(this.name + '(' + this.age + ')')
```

　nameとageの値を出力しています。これらのプロパティがちゃんと用意されているのがわかるでしょう。これがパラメータプロパティなのです。

　パラメータプロパティは、基本的にreadonlyの引数のみです。値を変更する場合は、プロパティを自分で用意し、コンストラクタからプロパティに値を設定して使う必要があります。

総称型の利用

　クラスに用意されるプロパティやメソッドは、使用する値の型を明確に指定しておくのが一般的です。しかし、場合によっては、どんな型の値でも使えるようなプロパティやメソッドを作成することもあるでしょう。このような場合に用いられるのが「**総称型（ジェネリクス）**」です。

　総称型については、既に関数のところで簡単に説明をしました（3-3「**総称型（ジェネリクス）について**」参照）。any型のようにどのような値でも受け付けるが、受け付ける型に応じ

て、その内部や戻り値で使われる型が規定される、というものでした。たとえばテキストを引数に指定すれば戻り値もテキストになる、というような形ですね。

この総称型は、関数よりもクラスを使う際に用いられることのほうがはるかに多いのです。クラスでは、内部に値を保管し、メソッドによってそれを処理したり結果を返したりします。これらが総称型によって型を設定するようになれば、非常に柔軟に使えるクラスを作ることができるのです。

総称型のクラスは、以下のような形で定義されます。

```
class 名前 <T> {……}
```

クラス名の後に<>で型名を指定します。総称型として使われる値が複数ある場合は、カンマで区切って名前を指定します。この名前は、だいたいTから始まってU, V, W,……と使われるのが一般的です。

◎ 試してみよう 総称型クラスを作る

この総称型を利用したクラスは、頭で理解するのはけっこう大変です。実際にサンプルのクラスを書いて、どのように機能するのかを見てみるほうが早いでしょう。ソースコードを以下のように書き換えて試してみてください。

⊕リスト4-23

```
class Data<T> {
    data?:T[]

    constructor(...item:T[]) {
        this.data = item
    }

    print():void {
        if (this.data) {
            for(let item of this.data) {
                console.log(item)
            }
        } else {
            console.log('no data...')
        }
    }
}
```

```
const data1 = new Data<string>('one','two','three')
const data2 = new Data<number>(123,456,78,90)
data1.print()
data2.print()
```

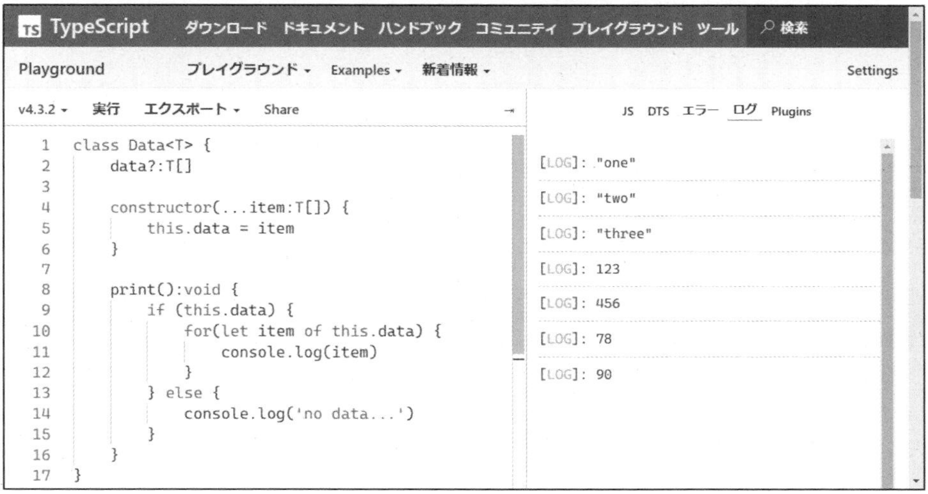

◆図4-16：実行すると、テキストを保管するDataと数値を保管するDataを作成しその内容を表示する。

　実行すると、テキストばかりを保管するDataと数字ばかりを保管するDataを作成し、その内容を出力します。ここでのクラス定義を見るとこのようになっていますね。

```
class Data<T> {
    data?:T[]
    ……略……
```

　Dataには<T>と総称型がつけられています。そしてプロパティ**「data」**にはオプショナルとT型配列の型指定がされています。このdataでさまざまな型を使えるようにするため、クラスに総称型を指定していたのですね。
　このdataは、コンストラクタで値を設定しています。

```
constructor(...item:T[]) {
    this.data = item
}
```

　コンストラクタには...itemというように可変長引数が用意され、その型にT[]が指定されてい

ます。そして引数の値をそのままdataプロパティに設定します。これでdataに値が設定されますが、これはどういう型の値化は実際にプログラムが実行されるまでわかりません。

では、このDataクラスが使われている場面を見てみましょう。

```
const data1 = new Data<string>('one','two','three')
const data2 = new Data<number>(123,456,78,90)
```

それぞれ総称型にstringとnumberを指定してnewしています。この段階で、dataプロパティの型はstringやnumberに確定されます。そして以後は、dataをstring配列やnumber配列として扱うようになります。

つまり総称型は、**「実行時に型が確定する特殊な型指定」**なのです。型がないわけではなく、実際に使うときになって型が決まるものなのです。

ユーティリティ型、再び！

2章で、**「ユーティリティ型」**というものについて説明したのを覚えているでしょうか (2-4 **「ユーティリティ型について」**参照)。たとえば、こういうものですね。

```
type data = [string, number]
type ReqData = Readonly<data>
```

このようにすることで、ReqData型は値の変更不可にできました。このReadonlyがユーティリティ型です。

このユーティリティ型は、クラスでも利用されます。たとえば、**「Required」**というユーティリティ型を使った例を見てみましょう。

○リスト4-24

```
type Human = {
    name:string
    mail?:string
    age?:number
}

class Person {
    human:Required<Human>

    constructor(nm:string, ml:string, ag:number) {
```

```
        this.human = {name:nm, mail:ml, age:ag}
    }

    print():void {
        console.log(this.human.name
            + ' (' + this.human.age + '::'
            + this.human.mail + ')')
    }
}

const taro = new Person('taro','taro@yamada', 39)
taro.print()
```

　ここではHumanというオブジェクト型を用意し、これにデータを保管するPersonクラスを作成しています。このHuman型の値をプロパティとして扱うところで、human:Required<Human>というようにユーティリティ型を使っています。

　このRequiredは、その型の中からオプションをすべて取り除く働きをします。つまり、mailやageにある?が取り除かれた状態になるわけです。これにより、Personのhumanプロパティではname,mail, ageのすべての値が必須になります。コンストラクタでは引数の値をもとにHuman型の値を作ってhumanプロパティに設定していますが、これもすべての値がなければエラーとなります。

　ユーティリティ型を使うことで、既にある型に特定の性質を付与することができるようになるのです。

　このユーティリティ型は、見ればわかるように「**総称型**」です。<>に型を指定することで、その型に特定の性質を付与した新しい型が用意される、と考えればいいでしょう。

　ユーティリティ型はかなり多数のものが用意されていますが、もっとも多用されるのは以下のものでしょう。

Readonly<T>	変更不可にするもの
Required<T>	必須項目（オプション不可）にするもの
Partial<T>	すべてオプションにするもの

　これらを利用することで、用意した型の性質を変更してプロパティなどに利用できるようになります。これらはユーティリティ型の基本としてぜひ覚えておきましょう。

Section
4-4 メモアプリを作ろう

ポイント

▶ Web ページを扱うエレメントについて学びましょう。

▶ ローカルストレージの使い方を覚えましょう。

▶ JSONでオブジェクトとテキストを相互変換できるようになりましょう。

作ってみよう Webページを使ったアプリを作る

　ここまでの知識が一通り身についていれば、基本的なプログラムはもう作れるようになっているはずです。とはいえ、TypeScriptの文法はだいたい理解しても、具体的なソースコードを作成するためには、いろいろと学ばなければいけないことがあります。たとえば、GUIはどうするのか。データの保存はどうするか。そうした具体的な機能についてはまだほとんど説明をしていません。

　TypeScriptを利用するなら、GUIはHTMLを使うのがもっとも簡単です。HTMLで基本的なGUIを作成し、必要な処理部分だけをTypeScriptで実装すればいいのです。

　もちろん、まだHTMLをTypeScriptから利用するための説明などはしていません。けれど、ここまでのクラスやオブジェクトに関する説明が一通り理解できていれば、これらはそう難しいものではないでしょう。すぐにHTMLを自由に扱えるようになるわけではありませんが、作成するサンプルのコードがどのようなものかぐらいはわかるはずです。

◉ メモアプリについて

　というわけで、HTMLベースの簡単なアプリを作成してみることにしましょう。簡単なメモを保存しておくメモアプリを作ってみます。なお、WebページでのTypeScript利用については改めて説明しますので、これは**「TypeScriptで簡単なアプリを作るサンプル」**として考えてください。

　今回作るのは、簡単なメッセージを書いて保存しておける、という非常にシンプルなものです。Webページの上部には入力フィールドとボタンだけのフォームがあり、ここにメッセージを書いてボタンクリックするとそれがメモに追加されます。フォームの下にはメッセージと投稿日

時が一覧表示されます。一番下にある「**Initialize**」ボタンは、データの初期化をするもので、これをクリックするとすべてのメモが消去されます。

◎図4-17：メモアプリの画面。フィールドにメッセージを書いてボタンを押すと、メモの一番上に追加される。

◎ メモアプリの構成

ここでは、前章まで使っていたサンプルのNode.jsプロジェクト（「**typescript_app**」プロジェクト）を利用することにします。Visual Studio Codeで「**typescript_app**」フォルダを開いておきましょう。

今回作成するプログラムは、以下の2つのファイルだけで構成されます。

╋HTMLファイル

GUIとなるWebページ部分です。プロジェクトフォルダ内のindex.htmlをそのまま使います。

╋TypeScriptファイル

プログラム部分です。「**src**」フォルダ内のindex.tsをそのまま使います。

これら2つのファイルの内容を書き換え、プロジェクトをビルドすればプログラムが作成されます。では順に説明をしていきましょう。

HTMLファイルを作成する

まずはGUIとなるWebページからです。プロジェクトフォルダ内にあるindex.htmlを開いて、以下のように内容を書き換えてください。

◎リスト4-25

```html
<!DOCTYPE html>
<html lang="ja">
<head>
  <meta charset="UTF-8" />
  <title>Sample</title>
  <link href="https://cdn.jsdelivr.net/npm/bootstrap@5.0.0/dist/css/
    bootstrap.min.css" rel="stylesheet" crossorigin="anonymous">
  <script src="main.js"></script>
</head>
<body>
  <h1 class="bg-primary text-white p-2">Memo page</h1>
  <div class="container">
    <p class="h5">type message:</p>
    <div class="alert alert-primary">
      <input type="text" class="form-control" id="message" />
      <button class="btn btn-primary mt-2" id="btn">
        Save</button>
    </div>
    <table class="table" id="table"></table>
    <div class="text-center">
      <button class="btn btn-danger mt-4" id="initial">
      Initialize
      </button></div>
  </div>
</body>
</html>
```

ここでは入力フィールドと2つのボタン、そしてデータを表示するテーブルといったものが用意されています。ただし、具体的な処理などはありません。ここで表示や操作に使っているHTML要素を抜き出すと以下のようになります。

```html
<input type="text" class="form-control" id="message" />
<button class="btn btn-primary mt-2" id="btn">
```

```
<table class="table" id="table">
<button class="btn btn-danger mt-4" id="btn">
```

いずれも、idが設定されていますね。TypeScript側から、このidの値を使って要素を取り出し、さまざまな設定や処理を行っていきます。ですからHTMLには具体的な処理などは一切ありません。ただ表示されるGUIのみを用意しているだけなのです。

TypeScriptのソースコードを作成する

続いてTypeScriptのソースコードです。「**src**」フォルダ内のindex.tsを開いて以下のように記述をしましょう。

● リスト4-26

```
let table:HTMLTableElement
let message:HTMLInputElement

function showTable(html:string) {
    table.innerHTML = html
}

function doAction() {
    const msg = message.value
    memo.add({message:msg,date:new Date()})
    memo.save()
    memo.load()
    showTable(memo.getHtml())
}

function doInitial() {
    memo.data = []
    memo.save()
    memo.load()
    message.value = ''
    showTable(memo.getHtml())
}

type Memo = {
    message:string,
    date:Date
```

```
}

class MemoData {
    data:Memo[] = []

    add(mm:Memo):void {
        this.data.unshift(mm)
    }

    save():void {
        localStorage.setItem('memo_data', JSON.stringify(this.data))
    }
    load():void {
        const readed = JSON.parse(localStorage.getItem('memo_data'))
        this.data = readed ? readed : []
    }

    getHtml():string {
        let html = '<thead><th>memo</th><th>date</th></thead><tbody>'
        for(let item of this.data) {
            html += '<tr><td>' + item.message + '</td><td>'
                + item.date.toLocaleString() + '</td></tr>'
        }
        return html + '</tbody>'
    }
}

const memo = new MemoData()

window.addEventListener('load',()=>{
    table = document.querySelector('#table')
    message = document.querySelector('#message')
    document.querySelector('#btn').addEventListener('click', doAction)
    document.querySelector('#initial').addEventListener('click',doInitial)
    memo.load()
    showTable(memo.getHtml())
})
```

　　すべて記述できたら、ターミナルから「**npm run serve**」を実行して開発用サーバーで動作を確認しましょう。

すべて正常に動くことを確認したら、「**npm run build**」で「**dist**」フォルダにWebアプリが生成されます。これをWebサーバーにアップロードすればWebアプリを利用できます。

◉ プログラムの構成

今回のプログラムには、いくつかの関数とクラスが用意されています。ここで簡単にその内容と役割を整理しておきましょう。

showTable 関数	用意されたデータから生成された内容をテーブルに表示します。
doAction 関数	フォームのボタンをクリックしたときの処理です。フィールドのテキストをデータに追加し保存します。
doInitial 関数	初期化のボタンをクリックしたときの処理です。データを初期化し表示を更新します。
Memo 型	メモの型エイリアスです。メッセージと日時の値からなるタプルです。
MemoData クラス	プログラムのメイン部分となるものです。メモのデータをプロパティとして持ち、メモをローカルストレージから読み書きしたり、HTMLに変換したりする機能を持ちます。

プログラムのポイント

今回のプログラムには、Webページで処理を行う上で重要ないくつかのポイントがあります。それらについて簡単に整理しておきましょう。

◉ HTMLエレメントについて

HTMLの要素を扱うためには、利用したい要素の「**エレメント**」と呼ばれるオブジェクト用意する必要があります。

エレメントというのは、DOM（Document Object Model）と呼ばれるオブジェクトの一つです。DOMは、HTMLを構成する要素を扱うために作られたもので、HTMLの要素ごとに対応するDOMのオブジェクトが生成されます。これが「**エレメント**」です。

このエレメントは、以下のように取り出すことができます。

```
変数 = document.querySelector( 要素の指定 )
```

documentというのはWebページのドキュメントを示すオブジェクトで、ここにあるメソッドを使ってエレメントを取得します。querySelectorは、引数に指定した値をもとにエレメントを取り出します。これはスタイルシートで用いられている「**CSSセレクタ**」と呼ばれるものを使って要

素を指定します。たとえば、id="abc"と指定された要素ならば、"#abc"と引数に指定することで、その要素のエレメントを取り出すことができます。

◉ イベント処理の設定

HTMLのGUI要素には、さまざまな操作に対応するイベントが用意されています。GUIの操作に応じて何らかの処理を行うには、操作に対応するイベントに処理を割り当ててやります。

これには、エレメントのaddEventListenerというメソッドを使います。これは以下のように呼び出します。

```
エレメント.addEventListener( イベント , 関数 )
```

一つ目の引数には、処理を割り当てるイベントの名前を指定します。たとえばボタンをクリックしたときの処理ならば"click"というイベントの名前を指定します。

そして2つ目の引数は、そのイベントが発生したときに呼び出す処理を指定します。これは、関数の形で指定しておくのが一般的です。これで、エレメントを操作したときに処理を自動実行させることができるようになります。

◉ ローカルストレージの利用

今回のアプリでは、データを「**ローカルストレージ**」というものに保存しています。ローカルストレージはWebブラウザに用意されている機能で、ホストごとに値を保存しておくことができます。

このローカルストレージを利用するには、localStorageというオブジェクトを使います。

✚ 値を取得する

```
変数 = localStorage.getItem( キー )
```

✚ 値を保管する

```
localStorage.setItem( キー, 値 )
```

必要なのはこの2つのメソッドだけです。ローカルストレージでは、キーと呼ばれる名前をつけて値を保存します。取り出すときはキーを指定することで必要な値を得ることができます。

保存する値は、基本的にテキストのみです。ですから、複雑な値をローカルストレージで扱うためには、データを以下にうまくテキストに変換するかを考える必要があります。

◉ JSONデータについて

　ここでは、データはMemo型（タプル）の配列としてまとめてあります。ローカルストレージにデータを保存する際は、このMemo型配列をテキストに変換する必要があります。

　こうした複雑な構造を持つオブジェクトをテキストにするには、JSONを利用するのが一番でしょう。JSONとは、JavaScript Object Notationの略で、JavaScriptのオブジェクトを表す記述方式のことです。これまでオブジェクトリテラルとして、{○○:××}といった形の値を使ってきましたが、JSONはあの記述方式をテキストとして表したものをイメージするとよいでしょう。

　オブジェクトをJSONデータに変換したり、またJSONデータのテキストをオブジェクトに戻したりするには、JSONというオブジェクトに用意されているメソッドを使います。

✚ オブジェクトをテキストに変換する

```
変数 = JSON.stringify( オブジェクト )
```

✚ テキストをオブジェクトに変換する

```
変数 = JSON.parse( テキスト )
```

　これでオブジェクトとテキストを相互に変換できるようになります。データを保管するときは、JSON.stringifyでMemo型配列をテキストに変換してlocalStorage.setItemで値を保管すればいいのです。逆に保管されているテキストからデータを取り出したければ、localStorage.getItemで取り出したテキストをJSON.parseでオブジェクトに変換すればいいでしょう。

ソースコードを解説する

　では、作成したソースコードの内容をざっと解説していきましょう。最初に、テーブルと入力フィールドのエレメントを保管しておく変数を用意しています。

```
let table:HTMLTableElement
let message:HTMLInputElement
```

　これらは、おそらく見覚えのない型が使われていますね。HTMLTableElementは、<table>タグのエレメントを示すものです。そしてHTMLInputElementは、<input>タグのエレメントを示します。

　DOMでは、エレメントはHTMLElementというクラスとして用意されています。が、HTMLの要素ごとに、このHTMLElementのサブクラスも用意されているのです。ここで使った

HTMLTableElementとHTMLInputElementもその一種です。

◉ テーブルにコンテンツを表示する

その後には、プログラムで使う関数がいくつか並びます。最初にあるのは、こういう関数です。

```
function showTable(html:string) {
    table.innerHTML = html
}
```

これは、<table>内に指定のコンテンツを設定し表示させるものです。innerHTMLは、HTML要素の中に組み込まれているHTML要素を示すものです。たとえば、<table>であれば、その中に<thead>や<tbody>を使ったヘッダーやボディ（表示内容）が用意されています。こうしたテーブルの内容をテキストとして用意し、それをinnerHTMLに設定すると、その内容が<table>内に表示されるようになります。

◉ ボタンクリックの処理

次にあるdoAction関数は、入力フィールドの下にある**「Save」**ボタンをクリックしたときに実行する処理です。

```
function doAction() {
    const msg = message.value
    memo.add({message:msg,date:new Date()})
    memo.save()
    memo.load()
    showTable(memo.getHtml())
}
```

messageは、id="message"の入力フィールドのHTML要素です。そこからvalueで取り出した値が、フィールドに書き込まれた値になります。

後は、MemoDataクラスにあるadd, save, loadといったメソッドを呼び出してデータを追加し、ローカルストレージに保存し、それを再びロードしています。最後のshowTableは、MemoDataのgetHtmlで保存してあるデータをHTMLのテーブルのコンテンツタグとして取り出し、それをshowTableで表示させています。

◉ 初期化処理について

その次にあるdoInitial関数は、データの初期化に関するものです。これは以下のような内容になっています。

```
function doInitial() {
    memo.data = []
    memo.save()
    memo.load()
    message.value = ''
    showTable(memo.getHtml())
}
```

MemoDataクラスにあるdataプロパティにからの配列を設定し、それからsave, loadを実行しています。これで、空の配列がローカルストレージに保管され、その内容が得られます。

重要なのは、**「dataプロパティを初期化するときは、nullやundefinedは使わない」**という点です。必ず空の配列を指定します。

◉ ページロード時のイベント処理

その後に、イベントの設定があります。これは、Webページが読み込み完了したときに実行する処理を以下のように用意します。

```
window.addEventListener('load',()=>{……
```

Webページ読み込み完了時の処理はaddEventListenerメソッドを使いますが、これはdocumentのエレメントではありません。windowというウインドウのオブジェクトにあるものを使います。これにより、Webページが読み込まれ、DOMオブジェクトの生成が完了したときの処理を設定できます。

ここでは、プログラムを利用するために必要な初期化処理をこなっています。まず、用意しておいたtableとmessageの変数にエレメントを設定します。

```
table = document.querySelector('#table')
message = document.querySelector('#message')
```

続いて、2つのボタンに、それぞれdoActionとdoInitial関数を設定します。これにより、ボタンをクリックするとそれぞれの関数が呼び出されるようになります。

```
document.querySelector('#btn').addEventListener('click', doAction)
document.querySelector('#initial').addEventListener('click',doInitial)
```

　最後にMemodataのloadでローカルストレージからデータを読み込み、showTable関数で
MemoDataのHTMLテキストをテーブルに設定してデータを表示します。これで初期化処理
は完了です。

MemoDataクラスについて

　プログラムのもっとも重要な部分は、MemoDataクラスでしょう。このクラスでは、
data:Memo[]というようにしてデータを保管するプロパティを用意してあります。そして、データ
を扱うためのメソッドを一通り用意します。順に説明しましょう。

✚ メモの追加

```
add(mm:Memo):void {
    this.data.unshift(mm)
}
```

　メモの追加は、data配列の一番前にMemoオブジェクトを追加して行います。unshiftという
のは、配列オブジェクトにあるメソッドで、配列の一番初めに引数の値を追加するものです。

✚ メモデータの保存と読み込み

```
save():void {
    localStorage.setItem('memo_data', JSON.stringify(this.data))
}
load():void {
    const reded = JSON.parse(localStorage.getItem('memo_data'))
    this.data = reded ? reded : []
}
```

　メモデータをローカルストレージに保存したり読み込んだりするのがsaveとloadメソッドで
す。これらは、localStorageオブジェクトのsetItem/getItemを使ってデータの読み書きを行う
ものです。

＋HTMLソースコードの生成

```
getHtml():string {
    let html = '<thead><th>memo</th><th>date</th></thead><tbody>'
    for(let item of this.data) {
        html += '<tr><td>' + item.message + '</td><td>'
            + item.date.toLocaleString() + '</td></tr>'
    }
    return html + '</tbody>'
}
```

一番わかりにくいのがこのメソッドでしょう。これはdataプロパティから<table>に表示するHTMLのソースコードを生成するものです。基本的には、forを使ってdataプロパティから順にMemoオブジェクトを取り出し、その値を使って<table>に表示するHTMLソースコードのテキストを作成していく、というものです。

Webは改めて学ぼう！

これで、必要最低限の機能は用意できました。またクラスと関数、そしてHTMLの要素をうまくつなげて動かす仕組みも少しはわかったことでしょう。

WebにおけるTypeScriptの利用については、後ほど改めて説明しますから、この場ですべて理解する必要はありません。ここでは、**「Webページといっても、オブジェクトとそのメソッドを使って操作するという基本は同じだ」** ということがわかれば十分です。

この章では、オブジェクトについて説明をしました。オブジェクトさえきちんとわかれば、TypeScriptは書けるようになります。WebにはWebのためのオブジェクトがあり、サーバーにはサーバー用のオブジェクトがあります。どんなものでも、**「その世界に用意されているオブジェクト」** がわかればプログラムは書けるのです。Webのオブジェクトとサーバーのオブジェクトで、オブジェクトの仕組みや使い方が違うわけではありません。どんな世界のどんなオブジェクトだろうと、使い方は同じです。

まずは、オブジェクトの仕組み、使い方、どんな機能がありどう利用するのか、そうした基本的なことをしっかりと理解してください。

より高度な機能

TypeScriptでプログラムを作成する場合、
基本的な文法以外にも
覚えておくべき事柄がいろいろとあります。
ここでは型についてのさらに深い考察と、
名前空間・ミックスイン・非同期処理・ネットワークアクセス
といったものについて説明しましょう。

Section
5-1　型について・再び

ポイント

▶ マップ型によるデータの扱いについてしっかり理解しましょう。

▶ ユニオン型の処理方法について考えましょう。

▶ RecordとPick型によるデータ管理の基本を覚えましょう。

マップ型について

　TypeScriptの基本的な機能については一通り説明をしました。ここではまだ触れていない機能について説明していきます。まずは、「型」についてもう少し深く考えていきましょう。

　「型」は、TypeScriptの要となる機能です。TypeScriptは**「JavaScriptに、いかに厳格な型の仕組みを導入するか」**から生まれたといっても過言ではないでしょう。それほどに「型」はTypeScriptで重要な役割を果たしています。

　型の基本については一通り説明しましたが、TypeScriptにはまだまだ型に関する機能が用意されているのです。まずは**「マップ型」**についてです。

　マップ型とは、キーと値がセットになって情報を保管する型です。キーを指定して値をやり取りします。そういった意味では、オブジェクト型そのものがマップ形といえるかも知れません。また配列も、整数値をキーとするマップ型の値と考えることもできますね。

```
const data = {name:'taro', age:39}
```

　たとえばこのような値もマップ型の値といえないことはありません。ただし、こうしたものは通常、**「オブジェクト」**と呼ぶでしょう。では、マップ型とは？　それは、キーと値を型指定したもの、といえます。上記のdataは、nameにはstringが、ageにはnumberが代入されていましたね。そうではなく、同じ型のキーに同じ型の値が設定されるように定義されたものをマップ型と考えればいいでしょう。つまり配列のインデックスの代わりに他の型が設定されたようなものですね。

　このマップ型は、typeを使って定義できます。ただし、定義の仕方が少し変わっています。

```
type 名前 = { [key in 型] : 型 }
```

‖でキーと値を指定しますが、キーは[key in ○○]という形で指定をします。この○○の部分には型名などが指定されます。これにより、キーにどのような値を指定するかが決められます。

◎ 試してみよう stringのキーのマップ型を作る

では、実際にマップ型を使ってみましょう。ここではstringのキーにstringの値を保管するマップ型を定義し、利用してみます。

⦿リスト5-1

```
type stringArray = {
  [key in string]: string
}

const data1:stringArray = {
    'start':'最初の値',
    'middle':'中央の値',
    'end':'最後の値'
}
data1['finish'] = '**おしまい**'
data1[100] = 'ok'
console.log(data1)
```

⦿図5-1：stringArray 型の値を作成し表示する。

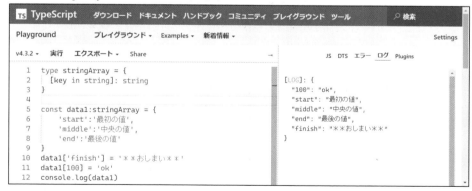

ここでは、stringArrayというマップ型を定義してあります。これはキーも値もstringを指定したマップ型です。この値をdata1に用意して内容を出力しています。注目すべきは、data1[100] = 'ok'の部分です。キーに100という数値を指定して値を保管していますが、

console.logによる出力結果を見ると、'100'というようにテキストに変換されていることがわかるでしょう。stringArray型ではキーには必ずstring値が指定されるのです。

◎ 試してみよう enumでキーを指定する

もう少し違った例も見てみましょう。今度は、enumの値をキーに指定してマップ型を作成してみます。

○リスト5-2

```
enum human {name='name', mail='mail'}

type HumanMap = {
  [key in human]: string
}

const taro:HumanMap = {
    name:'taro',
    mail:'taro@yamada'
}
console.log(taro)
const hana:HumanMap = {
    name:'hanako',
    mail:'hanako@flower'
}
console.log(hana)
```

○図5-2：human型の値を作成する。必ず、nameとmailという項目が用意される。

ここでは、HumanMap型というものを定義しています。そしてそこには、[key in human]: stringというキーと値の指定がされています。humanは、その手前にあるenum型です。こうす

ることにより、キーには必ずhumanの値が指定されるようになります。

　今回は、taroとhanaという2つのHumanMap型のインスタンスを作成しています。実行すればこれらのインスタンスの内容が表示されるでしょう。では、このHumanMapの値を少し変更してみたらどうなるでしょうか。

✚mail なし

```
const taro:HumanMap = {
    name:'taro'
}
```

✚別プロパティあり

```
const taro:HumanMap = {
    name:'taro',
    mail:'taro@yamada',
    nickname:'taroimo
}
```

✚string 以外の値

```
const taro:HumanMap = {
    name:123,
    mail:'taro@yamada'
}
```

　これらはすべてエラーになります。HumanMap型では、必ずhuman型のnameとmailが用意されていなければいけないのです。HumanMapのキー指定で[key in human]としたことで、humanの項目すべてが用意されなければいけなくなりました。

　キーにenumや複数の値を指定すると、それらすべてをキーとして持たせなければいけなくなります。つまり、用意されるプロパティが強制されるのです。あらかじめ用意される項目が確定しているような場合には、クラスを定義するよりtypeでマップ型を作成したほうが簡単でしょう。

ユニオン型について

　TypeScriptでは、変数には型を指定するのが基本です。しかし、常に決まった型しか使わない変数ばかりではありません。たとえば、JavaScriptの多くのプログラムでは、**「値があれば**

オブジェクト、なければfalseを返す」というような関数やメソッドが存在します。こうしたものをTypeScriptで作ろうとすると、同時に2つの型が扱えるような変数を用意しなければいけません。

このようなとき、TypeScriptでは「|」という記号を使って複数の型を指定することができます。|記号は、先に条件型のtypeを作るときにも登場しましたね。複数の項目を候補として指定するような場合に用いられる記号です。

複数の型を使いたい場合には、たとえば、このような形で型を指定します。

```
let data:number | string
```

これで変数dataにはnumberかstringのいずれかの値が設定できるようになります。このように複数の型が使える値は、number型でもstring型でもありません。これは**「ユニオン型」**と呼ばれます。

ユニオン型は、numberやstringといった基本型でも使えますが、クラスでも使うことができます。ユニオン型を使うことで、複数のまったく関連のないクラスを一つにまとめて扱えるようにもなります。

◎ 試してみよう StudentとEmployeeクラスをユニオン型でまとめる

では、実際にユニオン型を使ったサンプルを動かしてみましょう。ここでは、StudentとEmployeeという2つのクラスを作成し、それらを一つにまとめたPeopleというユニオン型を作ってみます。そして、まったく内容の異なる2つのクラスのインスタンスをひとまとめに扱えるようにします。

○リスト5-3

```
class Student {
    name:string
    school:string
    grade:number

    constructor(nm:string, sc:string, gr:number) {
        this.name = nm
        this.school = sc
        this.grade = gr
    }

    print():void {
        console.log('<< ' + this.name + ',' +
```

```
            this.school + ':' + this.grade + ' >>')
    }
}
class Employee {
    name:string
    title:string
    department:string

    constructor(nm:string, tt:string, dp:string) {
        this.name = nm
        this.title = tt
        this.department = dp
    }

    print():void {
        console.log(this.name + '[' + this.title +
            ',' + this.department + ']')
    }
}


type People = Student | Employee

const taro:People = new Student('taro','high school',3)
const hana:People = new Employee('hanako','president','sales')
const sachi:People = new Student('sachiko','jinir-high school',1)
const jiro:People = new Employee('jiro','director','labo')

const data:People[] = [taro,hana,sachi,jiro]
for(let item of data) {
    item.print()
}
```

●図5-3：StudentとEmployeeのインスタンスを作成し、すべてPeople型としてまとめて処理する。

　最初にStudentとEmployeeクラスを用意しています。Studentにはname, school, gradeといったプロパティがあり、Employeeにはname, title, departmentといったプロパティがあります。どちらもprintというメソッドが用意されてはいますが、両者は継承関係にはありませんし、同じクラスを継承したりインターフェースを実装しているわけでもありません。まったく関係のないクラスであることがわかります。

　この2つをユニオン型で一つの型にまとめます。

```
type People = Student | Employee
```

　これで、People型が作成できました。このPeople型の値には、StudentもEmployeeも収めることができます。

　ここではそれぞれ2つずつのインスタンスを作成しています。

```
const taro:People = new Student('taro','high school',3)
const hana:People = new Employee('hanako','president','sales')
const sachi:People = new Student('sachiko','jinir-high school',1)
const jiro:People = new Employee('jiro','director','labo')
```

　いずれの変数も、型にはPeopleを指定しています。そしてStudentやEmployeeのインスタンスを代入しておきます。これらは個別にはStudentインスタンスでありEmployeeインスタンスですが、変数の型としてはPeople型になるわけですね。

```
const data:People[] = [taro,hana,sachi,jiro]
```

　従って、こんな具合にPeople型配列を用意すれば、すべてのインスタンスをひとまとめにでき

ます。個々のインスタンスはStudentとEmployeeというまったく違うものですが、こんな具合に一つにまとめることができるのです。

```
for(let item of data) {
    item.print()
}
```

ここでは、forを使ってすべてのインスタンスのprintを呼び出して内容を出力しています。StudentとEmployeeはまったく別のクラスですが、どちらも同じprintメソッドを持っています。そこで、こんな具合にprintを呼び出してすべての内容を出力していたのですね。

ユニオン型の値では、利用するすべてのクラスに共通するプロパティとメソッドが「**ユニオン型の機能**」として認識されるようになります。ここではStudentとEmployeeにnameプロパティとprintメソッドが共通する要素としてあります。これらは「**People型の要素**」として認識され、People型変数から呼び出して使えるようになります。

試してみよう ユニオン型を個別に処理する

では、共通しないものについては使えないのでしょうか。たとえばStudentクラスにはschoolやgradeプロパティがあり、Employeeクラスにはtitleやdepartmentといったプロパティがあります。これらは、People型として利用する際には使えなくなるのでしょうか。

これは、その通りで、使えません。ただし、型変換してもとのクラスに戻せばもちろん使えます。ユニオン型の値は、それがどの型の値なのかをチェックしもとの型に変換することで本来の機能を取り戻せるのです。

先ほどのサンプルを修正して、People型の値を管理するHumanというクラスを作って、その中でPeople型のインスタンスをクラスごとに処理させてみましょう。

●リスト5-4
```
class Student {……変更ないため省略……}
class Employee {……変更ないため省略……}

type People = Student|Employee

class Human {
    data:People[] = []

    add(item:People):void {
        this.data.push(item)
```

```
    }

    print():void {
        for(let item of this.data) {
            let ob
            switch(item.constructor.name) {
                case 'Student':
                ob = item as Student
                console.log(ob.name + ', ' + ob.school
                    + '(' + ob.grade + ')')
                break
                case 'Employee':
                ob = item as Employee
                console.log(ob.name + ':' + ob.title
                    + ':' + ob.department)
                break
                default:
                console.log('cannot print.')
            }
        }
    }
}

const taro:People = new Student('taro','high school',3)
const hana:People = new Employee('hanako','president','sales')
const sachi:People = new Student('sachiko','jinir-high school',1)
const jiro:People = new Employee('jiro','director','labo')

const human = new Human()
human.add(taro)
human.add(hana)
human.add(sachi)
human.add(jiro)

human.print()
```

◉図5-4：People型として用意したStudentとEmployeeのインスタンス内容を出力する。

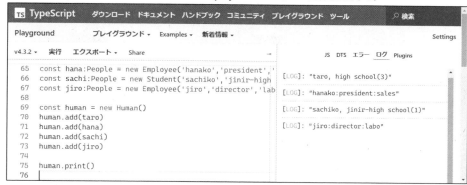

　実行すると、作成したPeople型インスタンスの内容が出力されます。今回はHumanクラスの中にprintメソッドを用意し、保管されているPeople型のインスタンスの内容を順に出力させています（あえて各クラスにあるprintは使わず、各クラスのプロパティを取り出して出力させています）。

　今回はHumanクラスの中にPeople配列を保管するdataというプロパティを用意しました。そしてaddメソッドでPeople型の値をこれに追加できるようにしています。

　また内容の出力は、printメソッドを用意し、その中でdata配列の値をforで順に取り出し出力をさせています。これは、以下のような形で行っています。

```
for(let item of this.data) {
    let ob
    switch(item.constructor.name) {
        case 'Student':
        ob = item as Student
        ……Studentクラスの処理……
        break
        case 'Employee':
        ob = item as Employee
        ……Employeeクラスの処理……
        break
        default:
        ……その他の処理……
    }
}
```

　data配列から順に値を取り出し、そのオブジェクトのconstructor.nameをswitchでチェックしています。そしてcase 'Student':やcase 'Employee':というようにクラスごとの分岐を用意し、

インスタンスをもとのクラスに変換して処理を行っています。たとえば、ob = item as Studentというのは、itemをStudentインスタンスとして取り出すものです。クラスのキャストは、このように「**as クラス**」とつけるだけで行えます。これは「**型アサーション**」と呼ばれます。

テンプレートリテラルについて

値の中でも多用されるのが「**テキスト**」でしょう。ここまでconsole.logでさまざまな値を出力してきました。いくつものプロパティを一つにまとめて表示するとなるとけっこう大変で面倒くさいことがよくわかったでしょう。

TypeScriptには、実はもっと簡単に複数の値を一つのテキストにまとめる機能が用意されています。それは「**テンプレートリテラル**」と呼ばれるものです。

テンプレートリテラルは、テキストリテラルに式や値を埋め込むテンプレート的な働きを追加したものです。これは、テキストリテラルをバッククォート(`)記号で囲み、その中に$||という記号を使って記述します。テキストリテラル内に$||という記号を記述し、その||内に式や変数などを記述すると、それを展開してリテラルを生成します。リテラルは、シングルクォートやダブルクォートではなく、バッククォートを使うということを忘れないでください。通常のシングルクォートやダブルクォートではこの機能は使えません。

実際に簡単なサンプルを書いて試してみましょう。

◎リスト5-5

```
const data = [10, 20, 30]
const msg = `data is [ ${data} ]!`
console.log(msg)
const result = `total is ${data[0]+data[1]+data[2]} !`
console.log(result)
```

◎図5-5：実行するとdataの内容と合計が表示される。

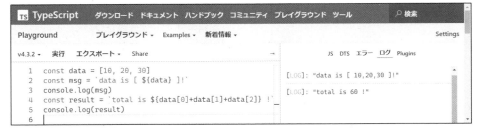

これを実行すると、msgとresultのテキストが以下のように出力されます。

```
"data is [ 10,20,30 ]!"
"total is 60 !"
```

これらのリテラルは、それぞれ以下のようになっていることがわかるでしょう。

```
`data is [ ${data} ]!`
`total is ${data[0]+data[1]+data[2]} !`
```

$||の部分が展開されているのがわかります。$|data|ではdata配列の内容がテキストとして出力されました。また$|data[0]+data[1]+data[2]|ではdata配列の0〜2の値の合計が出力されました。

こんな具合に、変数や式を記述し、その結果が出力されるようになる、それがテンプレートリテラルです。

テンプレートリテラル型について

このテンプレートリテラルは、ただ便利なリテラルとして使うだけでなく、型としても使うことができます。このようにするのです。

```
type 名前 = `テンプレートリテラル`
```

こうすることで、決まったテキストだけが代入できる型を作ることができます。**「そんな型、一体何に使うんだ?」**と思った人。意外と使いみちはあるのですよ。

たとえば、さまざまなデータを扱う際、データを保管する変数やプロパティの名前を**「○○_data」**というような形でつけたい、と考えたとしましょう。こんなとき、ユニオン型とテンプレートリテラル型を組み合わせることで決まった形式の名前が使われるようにできます。

◎ 試してみよう 定型の名前の型を作る

では、簡単なサンプルを作って働きを確認してみましょう。いくつかの名前をまとめたユニオン型を用意し、それを埋め込んでテンプレートリテラル型をいくつか作ってみます。

○リスト5-6

```
type val_name = "sample"|"private"|"public"
type data_type = `${val_name}_data`
type prop_type = `${val_name}_property`
```

```
type method_type = `${val_name}_method`

const s:data_type = "sample_data"
const t:prop_type = "public_property"
const u:method_type = "private_method"
const v:data_type = "personal_data"
```

◎図5-6：実行すると、変数vだけがエラーになる。

このサンプルでは、s, t, u, vという変数に値を用意していますが、vだけエラーになります。TypeScriptプレイグラウンドで実行すると、**「エラー」**タブに以下のようなエラーメッセージが表示されるのがわかるでしょう。

```
Type '"personal_data"' is not assignable to type '"sample_data" | "private_data" |
"public_data"'.
```

data_typeでは、"personal_data"という値はエラーになります。"sample_data", "private_data", "public_data"のいずれかの値しか設定できないようになっているのです。ここでは、val_nameに名前のヘッダーとなるものをまとめ、data_type, prop_type, methods_typeにval_nameを使った名前をテンプレートリテラルで用意してあります。こうすることで、定型的な名前を定義しておき、それらだけが使える型を作れるのです。

Record型によるレコードデータ作成

データを扱う場合、あらかじめ決まった形でデータを扱えるように型を定義しておくことはよくあるでしょう。こうした定形のデータを扱う型を作成する場合、**「Record」**という型を利用すると便利です。

Record型は、Readonlyなどと同じユーティリティ型の一つです。これは以下のような形で使われます。

```
type 型名 = Record< キー | 値 >
```

Record型は、総称型にキーと値の型をそれぞれ指定します。このキーの指定に、あらかじめいくつかの項目名をまとめたユニオン型を指定すると、それらの項目をキーとするマップ型が作成されます。

◉ 試してみよう Record型でデータを作成する

これも実際の利用例を見たほうが早いでしょう。簡単な例として、name, mail, ageといった項目のデータを扱う型をRecord型で作ってみます。

◎リスト5-7

```
type prop_name = 'name' | 'mail' | 'age'
type Person = Record<prop_name, string|number>

const taro:Person = {
    name:'taro',
    mail:'taro@yamada',
    age:39
}
console.log(taro)
```

◎図5-7：Person型ではname, mail, ageという項目を持つマップ型の値が作成される。

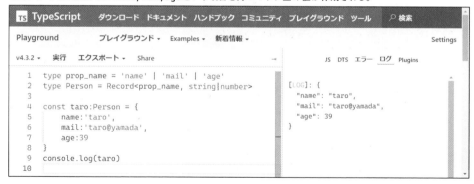

ここではPerson型という型を定義しています。この型は、Record<prop_name, string|number>というようにしてキーにprop_name型を指定し、値にはstringとnumberが使えるようにしています。こうすることで、Person型は以下のような構造の値になります。

```
type Person = {
    name: string | number
    mail: string | number
    age: string | number
}
```

prop_nameにあったname, mail, ageの各項目名をキーとして持つマップ型が定義されているのがわかるでしょう。テキストリテラルのユニオン型であるprop_nameを使ってRecord型を作ることで、こんな具合にいくつもの項目を持つレコードの型が自動生成されるのです。

Record型の欠点は、**「すべてのキーに同じ型が設定される」**という点でしょう。たとえば今のPerson型も、本来は以下のような形で作られるのがよいはずです。

```
type Person = {
    name: string
    mail: string
    age: number
}
```

しかし、Record型では<キー, 値>というようにすべてのキーについて同じ値の型が適用されます。このため、やむなくここではstring | numberを指定しておいたわけです。すべてstring、あるいはすべてnumberのようなレコードであれば、もっと確実に型を指定できるようになります。

Pick型による項目の選別

既に用意されているタイプから必要な項目だけを抜き出した新しいタイプを作りたい、ということはよくあります。こうした場合に用いられるのが**「Pick」**型です。これもユーティリティ型の一種で、以下のように利用します。

```
変数 = Pick<型, キー>
```

Pickも総称型を使って設定を行います。<>には2つの値を用意します。一つ目は、参照する型です。そして2つ目は、その型からどの項目を取り出したいかというキーの指定を行います。これはユニオン型を使い、取り出したいキー名をすべてもたせたものを用意します。

試してみよう Pick型で項目を絞った型を作る

このPick型がどのような使われ方をするのか、簡単な例を見てみましょう。ベースとなるperson_dataという型を用意し、ここから必要な型だけをピックアップしたpersonとhuman型を作ってみます。

○リスト5-8

```
type person_data = {
    name:string,
    mail:string,
    address:string,
    age:number
}

type person_keys = 'name' | 'age'
type human_keys = 'name' | 'mail' | 'address'

type person = Pick<person_data, person_keys>
type human = Pick<person_data,human_keys>

const taro:person = {
    name:'taro',
    age:39
}
const hana:human = {
    name:'hanako',
    mail:'hanako@flower',
    address:'chiba'
}
console.log(taro)
console.log(hana)
```

◆図5-8：person型とhuman型を作りデータを表示する。

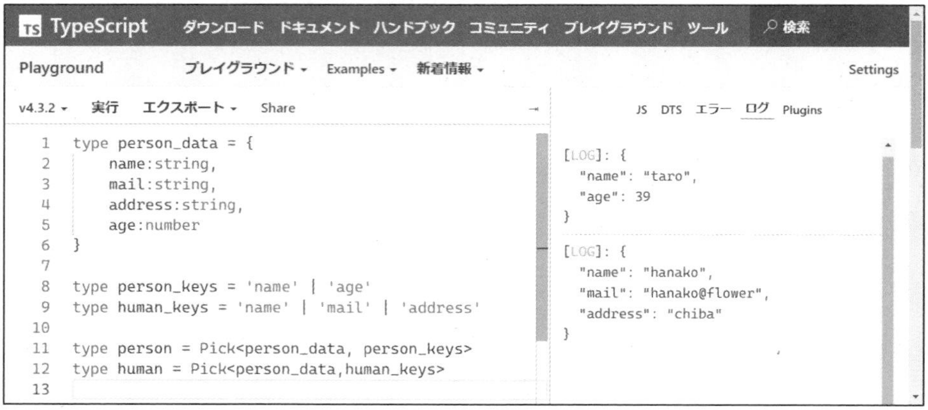

ここでは、person_dataという型を用意し、そこにname, mail, address, ageといったキーの項目を用意しておきます。これは、もちろんそのままperson_data型として値を作成して使えます。

これをベースに、ここから必要な項目だけを抜き出したpersonとhumanを作ります。

```typescript
type person_keys = 'name' | 'age'
type human_keys = 'name' | 'mail' | 'address'

type person = Pick<person_data, person_keys>
type human = Pick<person_data,human_keys>
```

まず、取り出すキーをまとめた2つのユニオン型person_keys, human_keysを用意し、これを使ってPickでperson_dataから必要なキーだけを抜き出したものを作成します。そして、これらの型の値を作成し、console.logで出力をしています。

このPickは、膨大な項目を持つ型から必要なものだけをピックアップした型を作成するのに役立ちます。

イテレータとfor...of

TypeScriptでは、配列から値を順に取り出して処理する際、for...ofという構文を利用します。これはfor...inと異なり、配列にある要素だけを確実に取り出し処理できるものです。

こうした「**多数ある値から順に要素を取り出していく**」ということのできる仕組みを持った値を、一般に「**イテレータ**」と呼びます。TypeScriptでは配列が代表的なイテレータです。

クラスを定義して多数のデータを扱う場合、そのクラスそのものがイテレータとして機能する

ようになっていればずいぶんと使いやすくなりますね。これはどのように行うのでしょうか。

これは、for...ofで呼び出されるメソッドの処理を用意することで対応できます。for...ofでは、オブジェクトから値を取り出す際、[Symbol.iterator]という特殊な名前のメソッドを呼び出します。これは、以下のような形で定義されています。

```
[Symbol.iterator]() {
    return {
        next():IteratorResult<T> {
            return { done: 真偽値, value: 値 }
        }
    }
}
```

この[Symbol.iterator]は関数になっており、next():IteratorResult<T>という関数を持つオブジェクトを返すような処理が用意されています。このnext関数では、IteratorResultというインターフェースの値を返すようになっています。これはdoneとvalueという値を持つマップ型の値です。この値を用意し、nextで返すようにすると、for...ofで次の値が呼び出される際、その値が返されるようになっています。

◎ 試してみよう イテレータクラス「MyData」を作る

では、実際に簡単なイテレータクラスを作成してみましょう。ここではMyDataというクラスを作成します。MyDataには配列を保管するプロパティがあり、[Symbol.iterator]の具体的な処理が必要になります。では、以下にサンプルコードを掲載しましょう。

○リスト5-9

```
class MyData<T> {
    data:T[] = []

    constructor(...data: T[]) {
        this.data = data
    }

    add(val:T) {
        this.data.push(val)
    }

    [Symbol.iterator]() {
```

```
    let pos = 0;
    let items = this.data;

    return {
      next():IteratorResult<T> {
        if (pos < items.length) {
          return {
            done: false,
            value: items[pos++]
          }
        } else {
          return {
            done: true,
            value: null
          }
        }
      }
    }
  }
}

const data = new MyData<string>('one','two','three')

for (let item of data) {
    console.log(item)
}
```

◎図5-9：実行すると、MyData クラス内にある data オブジェクトから順にデータを出力する。

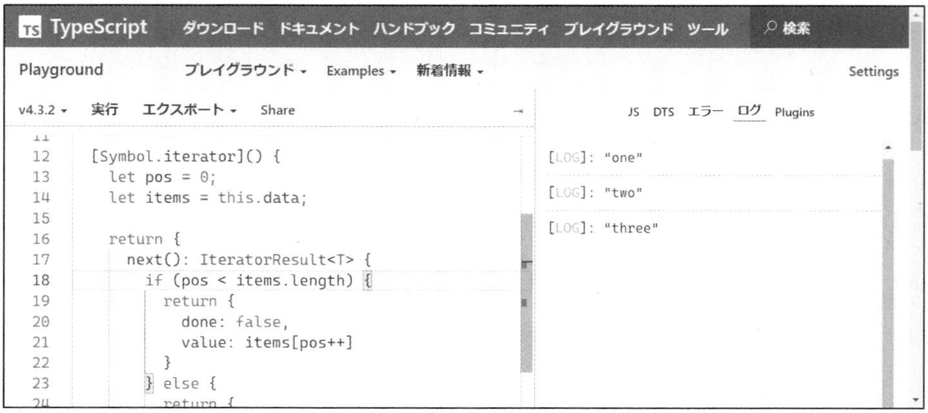

　ここではMyDataというクラスを定義しています。このMyDataには配列のプロパティがあり、for...ofでそのデータを順に取り出せるようにしています。new MyDataでインスタンス作成後、for...ofでデータを出力しているのがわかるでしょう。

　MyDataは、総称型に対応しています。コンストラクタで可変長引数を使ってT型配列として値を受け取り、それをdataプロパティに代入しています。ついでにデータを追加するaddメソッドも用意してあります。

　ここでの最大のポイントである[Symbol.iterator]メソッドでは、next関数のオブジェクトを返すようになっていました。ここではposとitemsという変数を用意し、これに現在の値を取り出している位置とデータを保管しています。returnされるオブジェクトのnextでは、これらの値を利用してitemsからposの位置の値を取り出して返すようにしています。

　TypeScriptでは、値として返される関数内から外部にある値を利用する場合、その関数がある環境そのものも保持したまま機能するようになっていました。**「クロージャ」**という機能でしたね。これにより、[Symbol.iterator]で返されたオブジェクトのnext関数内では、itemsとposの値が保持され、呼び出されるたびにposが1ずつ増えながらitemsの値を順に取り出していくようになるのです。

　このイテレータの仕組みは非常にわかりにくいものなので、ここでその動作原理を完璧に理解する必要はありません。先に掲載した[Symbol.iterator]関数の基本的な書き方をもとにして、順に値を取り出し返す処理を書けるようになればそれで十分でしょう。

Section
5-2
プログラム開発に
必要な重要機能

ポイント

▶名前空間によるクラスや関数の管理について学びましょう。

▶非同期処理とasync/awaitの使い方を理解しましょう。

▶fetchによるネットワークアクセスを使いこなせるようになりましょう。

名前空間について

TypeScriptでプログラムを作成するためには、まだまだ覚えなければいけない事柄が多数あります。文法的な機能はもちろんですが、もっと具体的な機能の知識（たとえばネットワークアクセスはどうするのか、など）も必要でしょう。こうした**「プログラムを作成する上でこれは知っておきたい」**と思われる事柄について説明をしていきましょう。

まずは**「名前空間」**についてです。名前空間とは、プログラムで作成するさまざまな要素（関数やクラスなど）を配置する仮想的な**「場所」**です。本格的なプログラムになると、多数のクラスや関数を作成します。それらの多くは、比較的わかりやすい名前がつけられていることでしょう。そうなると、さらにプログラムを追加していく場合、既にある関数やクラスと名前がバッティングしてしまう可能性も生じます。

このような問題を回避するために用意されているのが**「名前空間」**です。名前空間は、関数やクラスなどを特定の名前をつけた場所に配置するための仕組みです。これは以下のように作成をします。

```
namespace 名前 {
    ……ここにクラスや関数を用意する……
}
```

これで、指定の名前空間にクラスや関数を置くことができます。ただし、ただ記述しただけでは、この名前空間外から利用することができません。外部から利用できるようにするためには**「export」**というものを使います。

```
namespace 名前 {
    export function 関数 () {……}
    export class クラス {……}
}
```

このようにすることで、名前空間外から利用できるようになります。名前空間内に配置した関数やクラスは、以下のような形で使います。

```
名前空間.関数()
new 名前空間.クラス()
```

名前空間を使うことで、同じ名前の関数やクラスがあってもバッティングすることがなくなります。

◎ 試してみよう 名前空間を使ってプログラムを作る

では、実際に名前空間を使ったプログラムを作ってみましょう。名前空間もTypeScriptプレイグラウンドで試すことができます。以下のようにソースコードを修正してください。

◎リスト5-10

```
namespace myapp {

    namespace foundation {

        export interface printable {
            print():void
        }

        export interface stringable {
            getString():string
        }
    }

    export type Person = {
        name:string
        age:number
    }

    export class MyData implements
```

```
        foundation.printable,
        foundation.stringable {

    people:Person[] = []

    constructor(){}

    add(nm:string, ag:number) {
        this.people.push({name:nm, age:ag})
    }

    print():void {
        console.log('*** mydata ***\n' + this.getString())
    }

    getString():string {
        let res = '[\n'
        for (let item of this.people) {
            res += '  "' +item.name + ' (' + item.age + ')",\n'
        }
        return res + ']'
    }
  }
}

const mydata = new myapp.MyData()
mydata.add('taro', 39)
mydata.add('hanako',28)
mydata.add('sachiko', 17)
mydata.add('jiro', 6)
mydata.print()
```

●図5-10：実行するとmyapp名前空間のMyDataクラスを作成し、データを追加して内容を表示する。

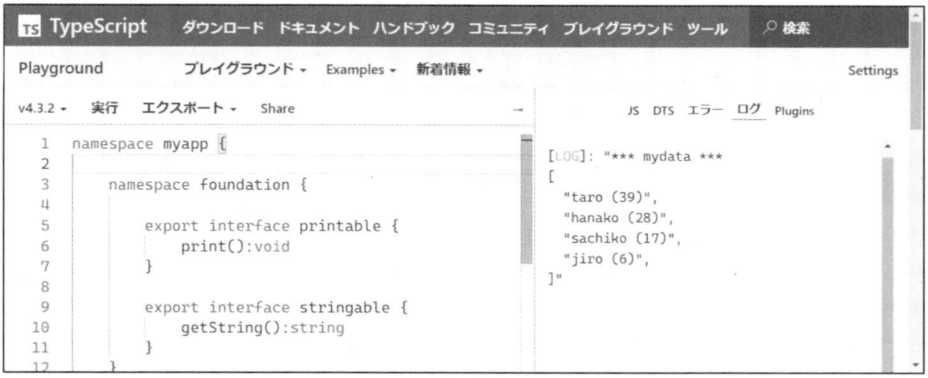

ここでは2つの名前空間が使われています。全体の構成を整理すると以下のようになるでしょう。

```
namespace myapp {

    namespace foundation {
        ……myapp.foundation名前空間の要素……
    }

    ……myapp名前空間の要素……
}
```

namespaceでmyappという名前空間を作成しています。そしてその中にさらにnamespaceを用意し、foundationという名前空間を作成しています。myapp名前空間に配置したものは、myapp.○○という形で記述します。そしてfoundation名前空間にあるものは、myapp.foundation.○○という形で記述をします。myapp名前空間内にさらにfoundationを作成していますから、myapp.foundationというように名前空間の中の名前空間を指定する必要があります。

ここでは、myapp.foundation内にprintableとstringableという2つのインターフェースを用意し、myapp内にPerson型とMyDataクラスを用意してあります。MyDataクラスでは、foundation.printableとfoundation.stringableをimplementsし、Person配列のプロパティpeopleを用意してあります。

名前空間の作り方と、その中にある要素の使い方さえわかれば、名前空間はすぐに利用できるようになります。問題は、**「どういうときに使えばいいか」** でしょう。

ごく小規模なプログラムであれば、名前空間を利用する必要はほとんどないでしょう。必要

性が出てくるのは、利用するクラスや型、関数などが相当な数になってきたときです。数十、場合によっては数百もの要素が使われるようになると、これらを役割ごとに名前空間で整理したほうがプログラムの構造もわかりやすくなります。

モジュールとプログラムの分割

　ある程度の規模のプログラムになってくると、いつまでも「**1枚のソースコードファイルにすべて書く**」とはいかなくなってきます。また汎用性のあるプログラムなどはライブラリとして使えるようにしたほうが後々役立つでしょう。そのためには、プログラムをいくつかのfileに分割し、必要に応じてそれらを呼び出すような仕組みを知る必要があります。

　これは、exportとimportという機能を使って実現できます。exportは、記述された要素を外部から利用できるようにするためのものです（名前空間で既に使いましたね）。そしてimportは、ファイルなどのリソースから指定した要素を読み込み使えるようにするためのものです。これらは、セットで使われます。

✚要素を外部に公開する

```
export 要素
```

✚要素と外部から読み込む

```
import ( 要素 } from リソース
```

　exportは、既に名前空間で利用したのと基本的には同じです。exportの後に関数やクラスなどを記述します。

　importは、リソースから特定の要素を読み込み利用できるようにします。fromの後には、読み込むファイルなどを指定します。そして∥内にはfileに用意されている要素を指定します。この読み込む要素は、必ずexportされている必要があります。

◎ 試してみよう ライブラリを作成する

　では、実際にプログラムの一部を別ファイルから読み込んで動かしてみましょう。先ほどの名前空間を使ったサンプルを、2つのファイルに分割してみることにします。

　これは複数のfileを使いますから、TypeScriptプレイグラウンドでは行えません。Visual Studio Codeを起動し、先に作成した「**typescript_app**」プロジェクトを開いてください。「**src**」フォルダの中には、index.tsというfileが用意されていました。ここにもう一つ

TypeScriptのファイルを作成しましょう。

　Visual Studio Codeのエクスプローラー（左側のファイルの一覧が表示されているところ）から、「**src**」フォルダを選択してください。そして、その上部に見えるプロジェクト名の項目（「**TYPESCRIPT_APP**」という項目）にある「**新しいファイル**」アイコンをクリックします。これで、選択された「**src**」フォルダ内に新しいファイルが作成されます。そのままファイル名を「**lib.ts**」を変更しておきましょう。

◉図5-11：「**新しいファイル**」アイコンをクリックしてファイルを作成し、「**lib.ts**」と名付ける。

　では、作成したlib.tsファイルを開き、中にプログラムで使われるインターフェース、タイプ、クラスといったものを記述していきましょう。

◉リスト5-11

```
export interface printable {
    print():void
}

export interface stringable {
    getString():string
}

export type Person = {
    name:string
    age:number
}

export class MyData implements printable,stringable {

    people:Person[] = []
```

```
    constructor(){}

    add(nm:string, ag:number) {
        this.people.push({name:nm, age:ag})
    }

    print():void {
        console.log('*** mydata ***\n' + this.getString())
    }

    getString():string {
        let res = '[\n'
        for (let item of this.people) {
            res += '  "' +item.name + ' (' + item.age + ')",\n'
        }
        return res + ']'
    }
}
```

　先ほどのprintable, stringable, Person, MyDataといったものをすべてこのlib.tsに用意しておきました（ただし名前空間は使っていません）。見ればわかるように、すべての要素にexportがつけられています。これがつけられたものは、他のファイルから読み込めるようになります。

◎ 試してみよう　ライブラリを読み込んで使う

　では、作成したlib.tsを読み込んで利用しましょう。**「src」** フォルダにあるindex.tsを開いてください。そして以下のように記述をしましょう。

○リスト5-12

```
import { MyData } from './lib'

const mydata = new MyData()
mydata.add('taro', 39)
mydata.add('hanako',28)
mydata.add('sachiko', 17)
mydata.add('jiro', 6)
mydata.print()
```

◉図5-12：nodeコマンドでmain.jsを実行するとMyDataを作成し内容を出力する。

保存したら、プロジェクトをビルドしましょう。ターミナルビューから「**npm run build**」を実行してビルドを行ってください。

問題なくビルドできたら、「**node dist\main.js**」（macOSの場合は./dist/main.js）コマンドを実行してプログラムを実行してみましょう。すると、先ほどと同じようにMyDataインスタンスを作成してその内容が出力されます。

ここでは、最初に以下のようにしてlib.tsからMyDataクラスが読み込まれています。

```
import { MyData } from './lib'
```

これで、もうMyDataクラスは使えるようになりました。後は普通にnew MyDataして利用するだけです。読み込むファイルの指定さえ正しく行えれば、プログラムを分割し利用するのはこのように非常に簡単です。

ミックスインの実装

TypeScriptのクラスは継承を利用して既にあるクラスの機能を受け継ぐことができます。ただし、これは「**一つのクラス**」のみです。複数のクラスを継承することを一般に「**多重継承**」といいますが、これはTypeScriptではサポートしていません。

ただし、絶対にできないか？　というとそういうわけでもありません。TypeScriptでは「ミッ

クスイン」という技術を利用できます。ミックスインとは、継承することでできるクラスなどのプログラムですが、単に継承するだけでなく、複数のクラスをまとめて実装する点が大きく違います。

このミックスインは、実はそれを実行する機能や命令などが用意されているわけではありません。コードを書けば可能だ、というものです。ですから、可能ではあるけれどあまり手軽で便利なものというわけではないのです。

ミックスインの方法はいくつか考えられますが、ここではTypeScriptの本家サイトで公開されている方法をとります。今回は再びTypeScriptプレイグラウンドに戻りましょう。まず、ミックスインを実装するための関数をプレイグラウンドに用意しておきます。

●リスト5-13

```
function applyMixins(derivedCtor: any, constructors: any[]) {
  constructors.forEach((baseCtor) => {
    Object.getOwnPropertyNames(baseCtor.prototype).forEach((name) => {
      Object.defineProperty(
        derivedCtor.prototype,
        name,
        Object.getOwnPropertyDescriptor(baseCtor.prototype, name) ||
          Object.create(null)
      );
    });
  });
}
```

いきなり難しそうなものが登場しましたが、これはそのまま書き写して使うものです。内容などを理解する必要はありません。この関数は以下のような形で利用します。

```
interface 組み込み先のクラス extends 組み込むクラス {}
applyMixins( 組み込み先のクラス, [ 組み込むクラスの配列 ] )
```

ミックスインの利用は2つの処理で行われます。まず、作成するクラスを用意したら、同じ名前のインターフェースを用意します。extendsには、ミックスインで組み込むクラスをすべて指定しておきます。

これでインターフェースとして新しいクラスが用意されました。applyMixins関数で、これに組み込むクラスのメソッドやプロパティを実装します。第1引数に組み込み先となるクラス（インターフェースとして作成したもの）を指定し、第2引数に組み込むクラスを配列にまとめたものを用意します。これは、インターフェース作成時にextendsで指定したクラスと同じになります。

試してみよう ミックスインでクラスを作る

では、実際にミックスインを試してみましょう。先ほど記述したapplyMixinsはそのままにしておき、以下のソースコードをプレイグラウンドに追記してください。

○ リスト5-14

```
class Person {
    name:string = ''
    title:string = ''

    setPerson(nm:string, tt:string):void {
        this.name = nm
        this.title = tt
    }
}

class Pet {
    kind:string = ''
    age:number = 0

    setPet(k:string, ag:number):void {
        this.kind = k
        this.age = ag
    }
}

class Me {
    print():void {
        console.log(this.name + ' (' + this.age + ')\n'
        + '"' + this.title + '". pet is ' + this.kind + '!')
    }
}

interface Me extends Person,Pet {}
applyMixins(Me, [Person,Pet])

const me = new Me()
me.setPerson('taro','designer')
me.setPet('cat',2)
me.print()
```

⊕図5-13：実行すると、Meインスタンスの中にname, title, kind, ageといったプロパティが用意されているのがわかる。

これを実行すると、Meクラスのインスタンスを作成し、その内容を表示します。ここでは、PersonとPetというクラスを用意していますね。そしてMeクラスを作成します。このMeクラスに、PersonとPetをミックスインとして組み込むことになります。

クラスを用意したら、ミックスインの組み込みを行います。

```
interface Me extends Person,Pet {}
applyMixins(Me, [Person,Pet])
```

MeインターフェースにPersonとPetをextendsします。そしてapplyMixinsを呼び出し、Meに[Person, Pet]を組み込みます。これでMeの中にPersonとPetの機能が組み込まれているはずです。

では、その後の処理を見てみましょう。

```
const me = new Me()
me.setPerson('taro','designer')
me.setPet('cat',2)
me.print()
```

new Meでインスタンスを作成した後、setPersonでnameとtitleを、そしてsetPetでkindとageをそれぞれ設定しています。これらのメソッドは、PersonとPetにあったものです。これらのクラスに合ったものがすべてMeクラスで使えるようになっていることがわかります。

最後にprintメソッドで内容を出力していますが、このprintはMeクラスにあるメソッドです。これがどんなものか確認しましょう。

```
print():void {
    console.log(this.name + ' (' + this.age + ')\n'
    + '"' + this.title + '". pet is ' + this.kind + '!')
}
```

console.logを使い、thisの中のプロパティを出力していますね。name, age, title, kindといった値を出力していますが、Meクラスにはこれらのプロパティはすべて存在しません。name, titleはPersonクラスに、age, kindはPetクラスにそれぞれ用意されているものです。これらがすべて問題なく利用できていることがわかるでしょう。

このようにミックスインを使えば、複数のクラスを一つのクラスにまとめて組み込むことができます。ただし、ここで利用したapplyMixins関数を用意する必要がありますし、力技で無理やり実装していることは忘れないでください。TypeScriptのクラスとしては、多重継承はサポートしていないのです。**「擬似的にミックスインで組み込むようにすることはできる」**ということです。

非同期処理とasync/await

3章で、Promiseによる非同期処理について説明をしました。非同期処理は、Promiseを返す関数として作成するのが一般的で、このPromiseの引数に関数を用意することで、非同期処理が完了したあとの処理を実行できました。

この非同期処理は、**「実行したら、後はどれがいつ終わるかわからない」**というものです。時間がかかるのは確かですが、どのぐらいかかるかまではわかりません。そのために、Promiseでは非同期処理完了後に実行される関数を用意し、そこで必要な処理を行っていました。

この非同期処理がどのようなものだったか、簡単なサンプルをあげて復習しましょう。

● リスト5-15

```
function action(dt:number) {
  return new Promise(resolve=>{
    setTimeout(()=>{
      console.log('fished promise!')
      resolve("delay:" + dt)
    }, dt)
  })
}

// ☆actionの実行
action(2000).then(res=>console.log(res))
action(1000).then(res=>console.log(res))
action(500).then(res=>console.log(res))
```

◎図5-14：実行すると、待ち時間が50、1000、2000の順番に結果が表示されるようになる。

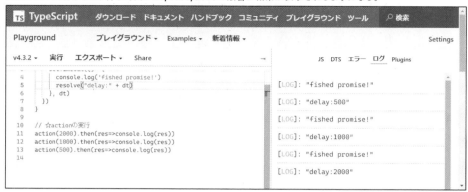

ここで用意したaction関数は、引数で指定した時間が経過すると「**finished promise!**」とメッセージを表示し、その後に指定された待ち時間を「**delay:○○**」と表示します。ここでは待ち時間をそれぞれ2000、1000、500にしてactionを実行していますが、実際にコールバック（非同期処理が終わったあとで呼び出される処理）が呼ばれるのは、500、1000、2000の順番です。非同期なので、待ち時間が短いものから順に終わり次第コールバックが実行されているわけです。

◉ awaitで終わるまで待つ

非同期処理は、時間がかかる処理でも実行中の処理を停止することなく進められます。ただ、コードが煩雑になってしまうのはマイナス点でしょう。

もし、待ち時間がそれほど長くないならば、**「処理が完了するまで待つ」**というやり方も可能です。それは、awaitというキーワードを使います。

awaitは、非同期処理の呼び出しを行う際につけるキーワードです。これをつけると、非同期処理であっても同期処理として作業が完了するまで待って次に進むようになります。ただし、これを利用するには、**「async」**というキーワードを付けた関数内でなければいけません。

つまり、整理すると以下のようになるわけです。

```
async 関数() {
    変数 = await 非同期関数()
}
```

asyncを指定した関数内で、awaitをつけて非同期関数を呼び出します。こうすることで、非同期関数の処理が完了するまで待ってから次に進むようになります。

非同期関数は戻り値がありませんでしたが、awaitにした場合は戻り値を得ることができま

す。これは、thenの引数に指定したコールバック関数で引数として渡される値が返されます。つまり、awaitすると、thenのコールバック関数の処理を省略し、本来コールバック関数で渡される値がそのまま非同期関数の戻り値として返されるようになるわけです。

◎ 試してみよう 非同期処理を同期処理にする

では、先ほどのaction非同期関数を同期処理する関数として使ってみましょう。action関数の後（☆マークのところ）を以下のように書き換えてください。

● リスト5-16

```
async function doit() {
  let re1 = await action(2000)
  console.log(re1)
  let re2 = await action(1000)
  console.log(re2)
  let re3 = await action(500)
  console.log(re3)
}

doit()
```

● 図5-15：実行すると、待ち時間が2000, 1000, 500の順に出力される。

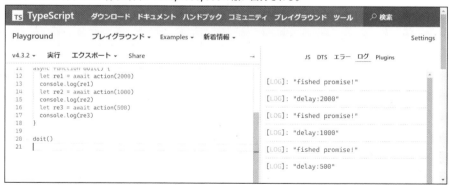

これを実行すると、待ち時間が2000, 1000, 500の順に結果が表示されます。awaitにより、1つ1つの非同期処理が完了するまで待ってから次を実行していたためです。実行している処理部分を見るとこうなっていますね。

```
let re1 = await action(2000)
console.log(re1)
```

awaitをつけてactionを呼び出し、戻り値をres1変数に代入しています。このre1に、actionで最後に実行していたresolve("delay:" + dt)の引数に指定されていた値がそのまま戻り値として返されているのがよくわかるでしょう。

これならコールバック関数も必要ありません。普通の同期処理として、実行する関数の呼び出しを淡々と記述していくだけで済みます。ただし、1つ1つの非同期処理が完了するのを待って次に進むため、非同期処理に比べるとかなり時間がかかるようになるのもまた確かでしょう。わかりやすさをとるか、時間をとるか。どちらを取るかによって、async/awaitを使うべきかどうかが決まると考えましょう。

ネットワークアクセス

非同期処理はどういうときに使うのでしょうか。おそらくもっとも多いのが「ネットワークアクセス」でしょう。TypeScriptでは、JavaScriptのFetch APIを利用して特定のURIにアクセスしデータを取得することができます。これは、非同期で行われます。ネットワークアクセスはデータの取得までに時間がかかりますから、どうしても非同期になるのです。

では、実際に簡単なネットワークアクセスのサンプルを作りながら、その仕組みと使い方を説明していくことにしましょう。

ネットワークアクセスは、Fetch APIを利用して行います。これは、以下のように利用をします。

```
fetch( アクセス先 ).then(response=> アクセス後の処理 )
```

fetchの引数にアクセスするURIを指定します。そしてthenの引数にコールバック関数を用意します。この関数では、サーバーからの返信情報を扱うオブジェクトが引数に渡されます。ここから必要な情報を取り出して処理をします。

ただし、このresponseの中にサーバーからのデータがそのまま入っているわけではありません。ここからどのような形でデータを取り出すかを考え、それに応じた非同期メソッドを呼び出して処理する必要があります。これは、テキストやJSONなど、どういう形式でデータを取得するかによります。必要な形式のデータを取得するメソッドを呼び出し、そのthenで得られたデータを受け取るわけです。

◎ 試してみよう サーバーからデータを取得する

では、実際に簡単なデータを取得してみましょう。今回は、筆者がダミーデータ用に用意しているFirebaseのサーバーにアクセスしてデータを取得し、表示してみます。以下のように書いて実行してください。

● リスト5-17

```
function getData(url:string) {
    fetch(url).then(res=>res.text()).then(re=>{
        console.log(re)
    })
}


const url = 'https://tuyano-dummy-data.firebaseio.com/message.json'
getData(url)
```

● 図5-16：実行すると、サーバーからメッセージを取得して表示する。

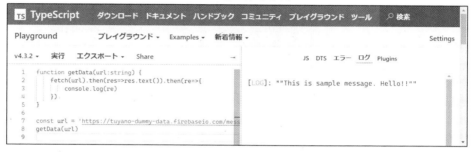

これを実行すると、"This is sample message. Hello!!"というメッセージが表示されます。これがFirebaseサーバーにアクセスして取得したデータになります。

ここでは、getData関数の中でurlのアドレスにアクセスをする処理を行っています。これは、以下のような形になっています。

```
fetch(url)
    .then(res=>res.text())
    .then(re=>{……取得したデータreの処理……})
```

fetchの後のthenでは、res=>res.text()という関数が用意されています。res.text()というのは、引数として渡されるサーバーからのレスポンスを扱うオブジェクトからtextというメソッドを呼び出しているのです。これは、サーバーから受け取ったデータをテキストとして取り出すものです。

このtextも非同期であるため、その結果はその後にある2つ目のthenで得られます。ここでは、re=>|……|という関数がコールバックに指定されていますが、この引数のreが、取得されたテキストになります。後はこれを利用するだけです。

◉ 試してみよう サーバーからJSONデータを得る

単純なテキストの場合はこれでいいのですが、いくつもの値からなる複雑な値の場合は、JSON形式のデータとして送信し、受け取る側もJSONデータをもとにオブジェクトを取得することになります。では、先ほどの例を少し書き換えて、サーバーからJSONデータを受け取ってみましょう。

◉リスト5-18

```
function getData(url:string) {
    fetch(url).then(res=>res.json()).then(re=> {
        for (let item of re) {
            console.log(item)
        }
    })
}


const url = 'https://tuyano-dummy-data.firebaseio.com/sample_data.json'
getData(url)
```

◉図5-17：サーバーからJSON形式のデータを受け取り、オブジェクトとして取り出し表示をする。

実行すると、Firebaseサーバーにアクセスし、id, name, mail, ageといった値からなるデータを複数個取得して表示しています。今回は、以下のような形で処理をしています。

```
fetch(url)
    .then(res=>res.json())
    .then(re=> {……取得したオブジェクトreの処理……})
```

fetchのthenに用意した関数内で、res.json()と処理を実行しています。これは、サーバーからのデータをJSONデータとして処理するものです。このメソッドも非同期なので、その後にある2つ目のthenのコールバック関数で取得したデータの処理を行います。ユニークなのは、コールバックで渡される引数です。これはテキストなどではなく、TypeScriptのオブジェクトなのです。jsonメソッドを実行することで、データをJSONと解釈し、自動的にオブジェクトに戻して渡しているのですね。

Column　CORSについて

　ここでは、Firebaseのサーバーからデータを取得しました。やり方がわかったところで、実際にURIを変更し、さまざまなサイトにアクセスをしてみた人もいることでしょう。しかし、そうしたサイトの中には、アドレスは正しいのにデータが得られないところも多数あるはずです。

　実をいえば、TypeScriptのベースとなっているJavaScriptでは、スクリプトが設置されている場所（オリジンといいます）にしかネットワークアクセスできないようになっているのです。

　では、なぜFirebaseからはデータが得られたのか。それは、CORSと呼ばれる技術によるものです。

　CORSは、**「オリジン間リソース共有（Cross-Origin Resource Sharing）」**と呼ばれる技術です。これは、異なるオリジンのリソースへのアクセスを許可するための仕組みで、サーバーごとに設定されます。Firebaseはデータを管理するサービスであり、外部からアクセスされることが多いため、CORSによりアクセスを開放しているのです。

　Fetchなどを使ってサーバーにアクセスする際は、すべてのサーバーがアクセス可能なわけではないことを思い出しましょう。

ネットワークに同期アクセスする

　ネットワークアクセスは非同期が基本ですが、場合によっては同期処理のほうが便利なこともあります。同期処理では処理が完了するまで他の処理を実行できませんが、Promiseを使わない分、ソースコードもシンプルでわかりやすいものになります。

　では、fetchを同期処理で利用するにはどうすればいいのでしょうか。これは、先ほど説明した**「async/await」**を使うのです。

```
変数 = await fetch( アクセス先 )
```

　これで、戻り値にサーバーからのレスポンスをまとめたオブジェクトが返されます。そうした

ら、ここからさらにtextやjsonメソッドを呼び出せばいいのです。これも、もちろん非同期にします。

```
変数 = await オブジェクト.json()
```

これらは、asyncを指定した関数にまとめておきます。これで非同期にネットワークアクセスが行えるようになります。結果が返ってくるまで待たなければいけないのは難点ですが、とにかくソースコードがシンプルに済むのは大きなメリットでしょう。

◎ 試してみよう Firebaseアクセスを非同期化する

では、先ほどFirebaseにアクセスしてJSONデータを取得した処理を非同期化してみましょう。すると以下のようになりました。

○リスト5-19

```typescript
async function getData(url:string) {
    const response = await fetch(url)
    const result = await response.json()
    for(let item of result) {
      console.log(JSON.stringify(item))
    }
}


const url = 'https://tuyano-dummy-data.firebaseio.com/sample_data.json'
getData(url)
```

○図5-18：実行するとサーバーに非同期でアクセスしてデータを表示する。

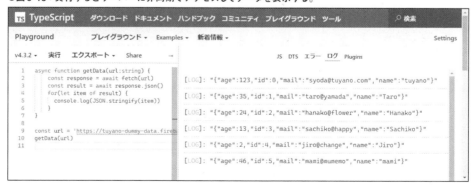

結果の出力の仕方は多少変えてありますが、基本的には同じことをしています。しかし、ネットワークアクセスのための処理は圧倒的に簡略化されます。

```
const response = await fetch(url)
const result = await response.json()
```

　たったこれだけでいいのです。先のthenを利用したやり方に比べると、本当に簡単になりますね！

POST送信を行うには？

　ここまでのfetchは、すべてGETアクセスを使っていました。GETというのは、HTTPプロトコルのリクエストメソッド名です。HTTPでは、アクセスの際にさまざまなリクエストメソッドが用意されています。これにより、アクセスの役割を指定することができます。たとえばデータを取り出すだけならGETメソッドを使いますが、データをサーバーに送信するときはPOSTメソッドを使うのが一般的です。

　では、fetchでGET以外のリクエストメソッドを利用する場合はどうすればいいのでしょうか。これは、fetchの第2引数にオプション情報をまとめたオブジェクトを用意することで対応します。

```
fetch( アクセス先 , オブジェクト )
```

　このような具合ですね。問題はオブジェクトに用意される値です。これには多数の情報がサポートされています。たとえばPOSTアクセスをしたいならば、最低でも以下のような値が必要でしょう。

```
{ method: 'POST', body: 送信するテキスト }
```

　methodをPOSTに設定し、bodyにサーバーへ送るデータをテキストとして用意します。POSTは通常、フォームなどを使って何らかの情報をサーバーに送るのに使います。こうした**「サーバーにデータを送る」**操作を行う際は、必ずbodyに送信するデータを用意しておく必要があります。

◉ 試してみよう Firebaseサーバーにデータを送信する

　では、実際にデータをFirebaseサービスに送信するサンプルを作成してみましょう。以下のようにソースコードを記述してください。

●リスト5-20

```typescript
async function getData(url:string, obj:object) {
    await fetch(url, {
      method:'POST',
      mode: 'cors',
      headers: {
        'Content-Type': 'application/json'
      },
      body: JSON.stringify(obj)
    })
    const response = await fetch(url)
    const result = await response.json()
    console.log(result)
}

const url = 'https://tuyano-dummy-data.firebaseio.com/sample_message.json'

const obj = {
  title:'Hello!',
  message:'This is sample message!'
}
getData(url, obj)
```

●図5-19：用意したオブジェクトをサーバーに送信して保存する。

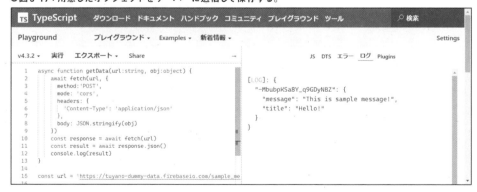

　実行すると、obj定数に用意したデータをFirebaseサービスに送信します。ここでは、tuyano-dummy-dataというサービスのsample_messageという項目にデータを保存するようになります。実際にFirebaseのRealtime Databaseというデータベースサービスを開くと、「**sample_message**」という項目が作られ、そこに送信したオブジェクトが保管されているのが確認できました。

◎図5-20：FirebaseのRealtime Databaseサービスを見ると、sample_messageという項目に送信データが追加されているのがわかる。

fetch のオプションを確認する

　ここではfetchを実行する際、設定情報をまとめたオブジェクトを指定しています。このオブジェクトには以下のような値が用意されていました。

method:'POST',	リクエストメソッドを指定します。
mode: 'cors',	モードの指定をします。cors を指定しておきましょう。
headers: {……}	ヘッダーの内容を指定します。今回、'Content-Type': 'application/json' という項目が用意されています。これはコンテンツタイプといってどういう種類のコンテンツが送られてくるかを指定するものです。ここではJSONデータが送られることを指定しています。
body: JSON.stringify(obj)	bodyに送信するデータを設定します。ここで、オブジェクトをJSON.stringifyでテキストに変換したものを指定します。

　POST送信をするならば、上記の項目が一通り用意されていれば問題なくサーバーに送信することができるでしょう。

　（※なお、ここで利用している筆者のFirebaseアプリは、データの取得のみを公開しており、変更は許可していません。このため、掲載のソースコードをそのまま実行してもデータは保管されません。動作確認をしたい場合は、それぞれで実際にFirebaseサービスを準備して自分のサービスに向けて送信してください）

Section
5-3

作ってみよう

簡単メッセージボードを作ろう

ポイント

▶**Firebase を使ってみましょう。**

▶**fetchでデータ管理を行う基本を理解しましょう。**

▶**DELETE メソッドでデータの削除を行ってみましょう。**

fetchによるネットワークアクセスは、Webページから利用するのが一般的です。そこで、最後にWebページ内からfetchでアクセスをし表示する簡単なサンプルアプリを作ってみましょう。

今回作成するのは、メッセージを投稿して保存する簡単な掲示板アプリです。アクセスすると、名前とメッセージを記入するシンプルなフォームが現れます。ここに記入をしてボタンを押すと、メッセージが送信されます。

送信されたメッセージは、フォームの下にテーブルにまとめられて表示されます。メッセージと名前、そして投稿した日時が表示されます。

今回作成したのは必要最小限の機能だけです。たとえば過去のメッセージを編集や削除をしたり、メッセージが増えたらページ分けして表示したりする機能はありません。ただすべてのメッセージをサーバーから受け取って表示するだけですので、実用にはならないでしょう。一応、一番下に「**delete all**」というボタンを用意して、すべてのメッセージを削除する機能だけは用意したので、ある程度メッセージが溜まったら消してやり直す、という使い方は可能です。

○図 5-21：メッセージボードの画面。投稿メッセージは下に一覧表示される。

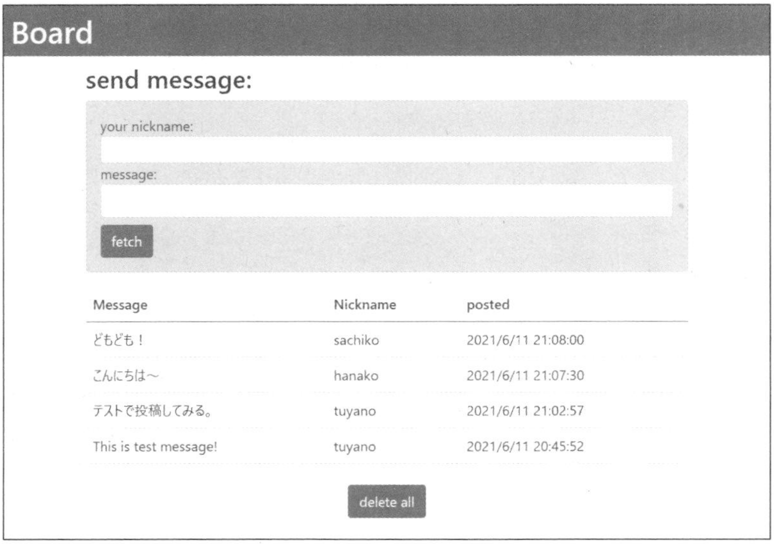

Firebaseの準備をする

　　今回のメッセージボードは、FirebaseのRealtime Databaseという機能を利用してデータを保管しています。ですから、実際に使うためにはFirebaseを準備しておく必要があります。以下のサイトにアクセスしてください。

https://firebase.google.com/

●図5-22：Firebaseのサイト。ここから「コンソールに移動」をクリック。

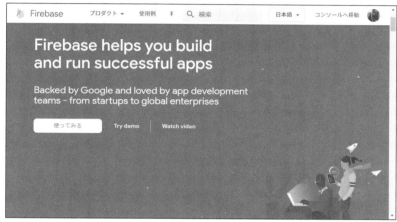

　　これがFirebaseのサイトです。Googleのアカウントでログインしていれば、すぐにでも利用を開始できます。右上に見える**「コンソールに移動」**というリンクをクリックしてください。Firebaseのプロジェクトを管理する画面が現れます。

　　ここでFirebaseのプロジェクトを作成します。**「プロジェクトを追加」**というボタンをクリックしてください。

●図5-23：プロジェクト管理画面で「プロジェクトを追加」をクリックする。

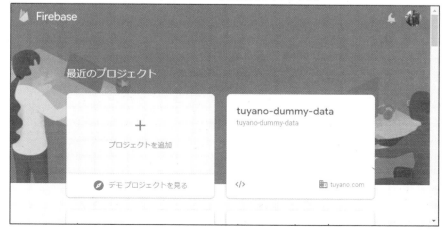

プロジェクトを作成するための入力画面が現れます。必要な情報を順に入力していきましょう。

最初のページ	プロジェクト名	名前を入力します。既に使われていないものを考えて入力してください。
次のページ	このプロジェクトで Google アナリティクスを有効にする	OFFにしてください。

これらを入力し、「**プロジェクトを作成**」ボタンを押すと新しいプロジェクトが作られます。

◉ Readtime Database を ON にする

新たに作成されたプロジェクトが開かれると、左側にFirebaseの諸機能がリスト表示されます。ここから「**Realtime Database**」という項目を選択してください。これが、サンプルで利用するFirebaseのデータベース機能です。項目を選択し、右側に現れた表示から「**データベースを作成**」ボタンをクリックしてください。

◉図 5-24：左側のリストから Realtime Database を選び、「データベースを作成」ボタンをクリックする。

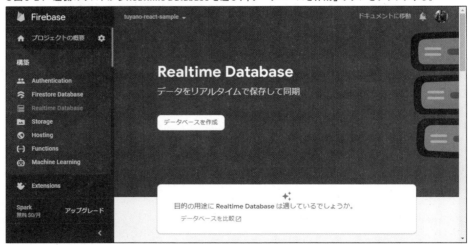

画面にロケーションの設定を行うパネルが現れます。これはデータベースファイルを設置する場所の指定です。これはデフォルトのままでかまいません。そのまま次に進んでください。

● 図 5-25：ロケーションの設定を行う。

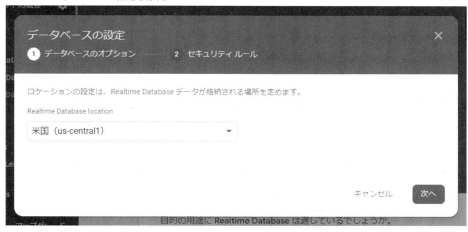

続いて、セキュリティルールの指定を行う表示が現れます。ここで「**テストモードで開始**」を選択し、「**有効にする**」ボタンをクリックしましょう。これでRealtime Databaseが利用可能になります。

● 図 5-26：セキュリティルールを選択する。

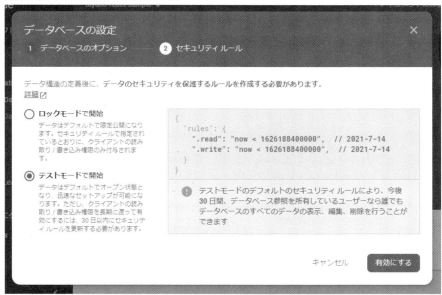

◉ セキュリティルールについて

作成したRealtime Databaseは、作成後してから1ヶ月の間、自由にアクセスできます。これは、セキュリティルールというものにより、作成してから1ヶ月経過するとアクセスできなくなるように設定されているためです。

このセキュリティルールは、Realtime Databaseを選択して現れる**「ルール」**という項目で設定されます。この項目を選び、現れたルールの設定コードを以下のように書き換えてください。

⊕ リスト5-21

```
{
  "rules": {
        ".read": true,
        ".write": true,
     "boards": {
     ".indexOn":["posted"]
    },
  }
}
```

これで1ヶ月経過した後も外部からアクセスできるようになります。また、今回のサンプルで利用するデータベースで、投稿した日時によるデータのインデックス化も行うようになります。

ただし、自由にアクセスできるということは、あなた以外の人間もアクセスしてデータを操作できるということでもあります。ですから、ここで使っているRealtime Databaseは、あくまでテスト用のものと考え、重要なデータなど保管しないようにしましょう。

（Firebaseでは、Googleアカウントでログインしたメンバーのみアクセスできるようにすることなども可能です。本格的に使いたい人は、Firebaseについてもう少し学習してみましょう）

HTMLファイルの作成

では、アプリケーションの作成を行いましょう。今回のサンプルは、TypeScriptプレイグラウンドではなく、先に作成した**「typescript_app」**プロジェクトを利用します。このプロジェクトで、WebページのHTMLファイルとTypeScriptのソースコードファイルを記述しビルドすれば、ネットワークアクセスするWebページのサンプルが作成できます。

では、まずHTMLファイルから用意しましょう。プロジェクトフォルダ内のindex.htmlを開いて、以下のように記述をしてください。

○ リスト5-22

```html
<!DOCTYPE html>
<html lang="ja">
<head>
  <meta charset="UTF-8" />
  <title>Sample</title>
  <link href="https://cdn.jsdelivr.net/npm/bootstrap@5.0.0/dist/css/
    bootstrap.min.css" rel="stylesheet" crossorigin="anonymous">
  <script src="main.js"></script>
</head>
<body>
  <h1 class="bg-primary text-white p-2">Board</h1>
  <div class="container">
    <h2>send message:</h2>
    <div class="alert alert-primary">
      <div>
        <label>your nickname:</label>
        <input type="text" id="nickname"
          class="form-control form-control-sm"/>
      </div>
      <div>
        <label>message:</label>
        <input type="text" class="form-control" id="message"/>
      </div>
      <button class="btn btn-primary mt-2" id="btn">
        fetch</button>
    </div>
    <table class="table mb-4" id="table"></table>
    <div class="text-center">
      <button class="btn btn-danger mb-4" id="delete">
      delete all</button></div>
  </div>
</body>
</html>
```

　　ここでは、受信したデータをテーブルにして表示するために<table class="table" id="table">という要素を用意してあります。またアクセスを実行するボタンに、<button class="btn btn-primary mt-2" id="btn">というものも用意しておきました。それ以外は特に重要なものはありません。

ソースコードを作成する

では、ソースコードを作成しましょう。「**src**」フォルダ内のindex.tsを開き、以下のように記述をしましょう。なお、《プロジェクト名》のところには、それぞれで用意したFirebaseのプロジェクト名を指定してください。

● リスト5-23

```
let nickname:HTMLInputElement
let message:HTMLInputElement
let table:HTMLTableElement
const url = 'https://《プロジェクト名》.firebaseio.com/boards.json'

function doAction():void {
    const data = {
        nickname: nickname.value,
        message: message.value,
        posted: new Date().getTime()
    }
    sendData(url, data)
}

function doDelete():void {
    fetch(url, {
        method:'DELETE'
    }).then(res=>{
        console.log(res.statusText)
        getData(url)
    })
}

function sendData(url:string, data:object) {
    fetch(url, {
        method:'POST',
        mode: 'cors',
        headers: {
            'Content-Type':'application/json'
        },
        body: JSON.stringify(data)
    }).then(res=>{
        console.log(res.statusText)
```

```
        getData(url)
    })
}


function getData(url:string) {
    fetch(url).then(res=>res.json()).then(re=> {
        let result = `<thead>
            <tr><th>Message</th>
            <th>Nickname</th><th>posted</th></tr>
        </thead><tbody>`
        let tb = ''
        for(let ky in re) {
            let item = re[ky]
            tb = '<tr><td>' + item['message'] + '</td><td>'
                + item['nickname'] + '</td><td>'
                + new Date(item['posted']).toLocaleString()
                + '</td></tr>' + tb
        }
        result += tb + '</tbody>'
        table.innerHTML = result
    })
}


window.addEventListener('load',()=>{
    message = document.querySelector('#message')
    nickname = document.querySelector('#nickname')
    table = document.querySelector('#table')
    const btn :HTMLButtonElement =
        document.querySelector('#btn')
    btn.onclick = doAction
    const del :HTMLButtonElement =
        document.querySelector('#delete')
    del.onclick = doDelete
    getData(url)
})
```

　これでプログラムは完成です。実際にnpm run serveコマンドでプロジェクトを実行して動作を確認しましょう。今回のサンプルでは、データの追加、表示、全削除しか機能はありませんが、Firebaseにネットワークアクセスしてデータの保管や取得などをする基本はこれでわかるでしょう。

プログラムの流れについて

今回作成したサンプルでは、クラスは使っていません。4つの関数と、その他に変数などがあるだけのシンプルな構成です。用意されている関数は以下のようになります。

doAction	ボタンを押して呼び出されるもので、データの追加を行うsendDataを呼び出します。
doDelete	データの全削除を行います。
sendData	データを送信しデータベースに追加します。
getData	全データを取得します。

この他、window.addEventListenerというメソッド内のアロー関数で、初期化のための処理が用意されています。データの取得や追加などは既に使いましたからやっていることはだいたいわかるでしょう。

◉ データの削除について

唯一、データの削除については今回はじめて使いました。これはdoDelete関数で行っています。データの削除は、以下のように実行します。

```
fetch(url, {
    method:'DELETE'
})
```

指定したURIに、DELETEメソッドでアクセスします。これで、そのURIにあるデータがすべて削除されます。複雑な操作などでなく、HTTPのリクエストメソッドで削除処理が行われるようになっているのですね。

RESTfulなWebの利用

今回、Realtime Databaseという機能を利用しましたが、こうした**「指定のURIに指定のHTTPリクエストメソッドでアクセスするだけでデータの基本的な操作を行える」**というWebサービスは他にも多数あります。

これは、**「REST」**と呼ばれるWebサービスで使われている手法なのです。RESTに対応したWebサービスは一般に**「RESTful」**と呼ばれ、Realtime Databaseと同じようにURIとHTTPのリクエストメソッドによってデータの取得、追加、更新、削除といった処理が行えるようになっています。

興味のある人は、RESTについて調べてみましょう。fetchで簡単に使えるWebサービスがまだまだ見つかるかも知れませんよ。

クライアントサイドと
TypeScript

Webのクライアントサイドの開発は、
TypeScriptがもっとも多用される世界です。
ここでは一般的なWebページの使い方から、
TypeScriptによるReactとVueの
開発の初歩までをまとめて説明しましょう。

Section 6-1

JavaScriptの代用として の利用

ポイント

▶DOM オブジェクトの取り出し方を覚えましょう。

▶DOM のプロパティ、スタイルの扱いをマスターしましょう。

▶クリックイベントの組み込みと event オブジェクトの使い方を理解しましょう。

Web ページと TypeScript

TypeScriptは、JavaScriptのトランスコンパイラ言語です。基本的な部分はJavaScriptの文法をベースにしており、これに独自の機能や文法を追加しています。記述したソースコードはそのままJavaScriptのスクリプトに変換され使われます。つまりTypeScriptは、あくまで**「JavaScriptを利用するシーンでのみ、その代用として使われる言語」**です。

JavaScriptが利用されるシーン。だれもが思い浮かぶのは、それは**「Webページの中で動くプログラム」**でしょう。元来、JavaScriptはWebページのために作られ、Webブラウザに組み込まれた言語でした。TypeScriptを使うとすれば、まず真っ先に思い浮かぶのは**「Webページでの利用」**でしょう。

Webページでの利用は、まず**「WebページでのJavaScriptの利用」**をしっかりと理解する必要があります。どうやってスクリプトからWebページの要素にアクセスし操作を行うのか、その基本的な仕組みがわかれば、それをそのままTypeScriptに当てはめていけばいいのです。

◉ DOM の働き

WebページとJavaScriptの関係を考えるとき、何よりも重要になるのが**「DOM」**です。DOMは**「Document Object Model」**の略で、HTMLやXMLの文書構造をJavaScriptで利用可能なオブジェクトの構造として生成したものです。DOMでは、HTMLの各要素に対応するオブジェクトが用意されており、HTMLとまったく同じ構造で組み込まれています。この構造化されたDOMオブジェクトは**「DOMツリー」**と呼ばれます。

このDOMツリーは実際のWebページのHTML要素と完全に同期しており、DOMのオブ

ジェクトを操作すればそれに対応するWebページ上のHTML要素も操作されます。つまり、JavaScriptでこのDOMを操作することが、Webページを操作するということになるのです。Webページでの JavaScript の働きは、**「JavaScriptからどうやってDOMを操作するか」** だと考えていいでしょう。

◉図6-1：Webページの要素はDOMツリーとして構築され、JavaScriptはこのDOMツリーのオブジェクトを操作する。

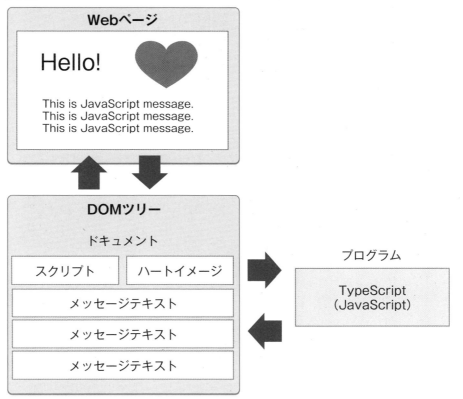

試してみよう Webページを作成する

　では、実際に簡単なWebページを作ってみましょう。これは、もうTypeScriptプレイグラウンドでは動かすことができません。TypeScriptのプロジェクトを使って動かしていくことにしましょう。既にこの章までの間にいくつかWebページを使ったサンプルを作っていますが、この章ではその基礎的な部分から改めて説明していくことにします。

　では、本書の中で作詞したサンプルプロジェクト **「typescript_app」** をVisual Studio Codeで開いてください。そしてWebページを作成しましょう。プロジェクトフォルダ内にあるindex.htmlファイルを開いて以下のように記述してください。

○リスト6-1

```html
<!DOCTYPE html>
<html lang="ja">
<head>
  <meta charset="UTF-8" />
  <title>Sample</title>
  <link href="https://cdn.jsdelivr.net/npm/bootstrap@5.0.0/dist/css/
    bootstrap.min.css"
    rel="stylesheet" crossorigin="anonymous">
  <script src="main.js"></script>
</head>
<body>
  <h1 class="bg-primary text-white p-2">Web sample</h1>
  <div class="container">
  <h2 class="my-3">Web sample</h2>
  <div class="alert alert-primary">
    <p id="msg">wait...</p>
  </div>
  </div>
</body>
</html>
```

　　ここでは、<body>内に<h1>と<h2>、そして<div>内の<p>といった表示要素が組み込まれています。<p>には、id="msg"という属性が用意されていますね。これは重要です。TypeScriptから、Webページに表示されているHTML要素に対応するDOMオブジェクトを取得する際、IDを指定して取り出すのが一般的です。従って、**「スクリプトで利用するHTML要素にはid属性を用意しておく」** のが基本と言っていいでしょう。

◉ スクリプトを作成する

　　続いて、TypeScriptのソースコードです。**「src」** フォルダ内のindex.tsを開き、以下のように内容を記述しましょう。

○リスト6-2

```typescript
let msg:HTMLParagraphElement

window.addEventListener('load',()=>{
    msg = document.querySelector('#msg')
    msg.textContent = "This is sample message!"
})
```

◎図6-2：作成したWebページ。「This is sample message!」というメッセージがスクリプトで表示したもの。

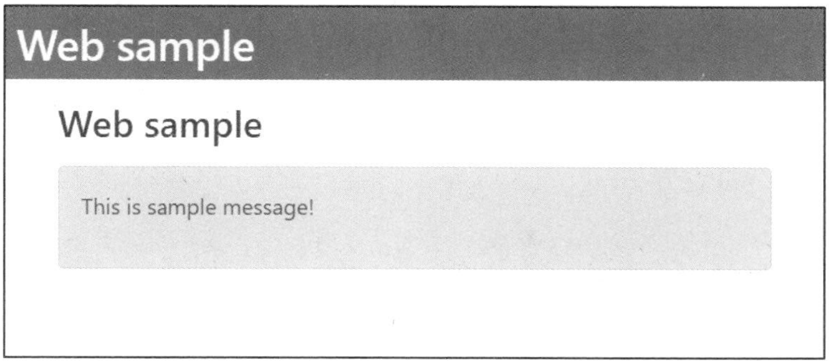

記述したら、ファイルを保存して、Visual Studio Codeのターミナルより**「npm run serve」**を実行しプロジェクトを動かしましょう。これでhttp://localhost:8080/にアクセスすると、Webページが表示されます。これがリスト6-1, 6-2で作成したWebページです。この中の**「This is sample message!」**と表示されているメッセージが、TypeScriptによって表示された部分になります。

DOM操作の基本

では、ここで行っていることを見ていきましょう。ここでは、id="msg"のHTML要素に対応するDOMオブジェクトを取得し、その表示テキストを設定しています。まず、スクリプトで利用する<p>タグのDOMオブジェクトを保管する変数として以下のものを用意しています。

╋エレメントの保管

```
let msg:HTMLParagraphElement
```

HTMLParagraphElementというのが、<p>タグのDOM要素で使われるオブジェクトです。HTMLの要素に対応するDOMオブジェクトは**「エレメント」**と呼ばれます。これは、**「HTMLElement」**というクラスのサブクラスとして用意されています。<p>タグ用のDOMオブジェクトが、このHTMLParagraphElementというものになるわけです。

この変数にエレメントを取得し代入します。これは以下のように行っています。

╋エレメントの取得

```
msg = document.querySelector('#msg')
```

documentというのは、このWebページのドキュメントを示すDOMオブジェクトです。これは TypeScript側で用意されているオブジェクトです。このdocument内に、ドキュメントの中にあるDOMオブジェクトを扱うためのメソッドがいろいろと用意されています。

✚ 表示コンテンツの設定

```
msg.textContent = "This is sample message!"
```

ここでは、textContentというプロパティに値を設定しています。これは、そのHTML要素で表示するテキストコンテンツを示すものです。多くのHTML要素は、＜○○＞〜＜／○○＞というように開始タグと終了タグがあり、その間に記述した内容がコンテンツとして表示されます。textContentは、この開始タグと終了タグの間に表示するテキストコンテンツを指定するものです。

テキストコンテンツですから、HTMLのタグなどを設定しても、それらは機能しません（そのままタグのテキストが表示されるだけです）。

◉ 初期化処理の組み込み

最後に、スクリプトの初期化処理を行っている部分についてです。これは、リストの一番後にある以下の部分で行っています。

```
window.addEventListener('load',()=>{……})
```

windowというのは、Webブラウザのウインドウを扱うために用意されているオブジェクトです。ここにある「**addEventListener**」というのは、イベント発生時に実行する処理を組み込むものです。これは以下のように記述します。

```
addEventListener( イベント名 , 関数 )
```

第1引数には、'load'という値を指定していますね。これはウインドウでWebページのロードが完了した際に発生するイベントです。つまり、サンプルで実行しているのは、「**Webページの読み込みが完了した際に実行する初期化処理**」だったのですね。

DOMオブジェクトを利用する処理は、当たり前ですがDOMオブジェクトが用意されていないと使えません。そしてDOMオブジェクトは、Webページの読み込みが完了後にDOMツリーが生成され、そこではじめて使えるようになります。つまり読み込みが完了する前にDOMオブジェクトを扱う処理を実行しても正常に動かないのです。そこで、addEventListenerを使い、読み込みが完了したところで初期化処理を実行していた、というわけです。

試してみよう HTMLのコンテンツを操作しよう

テキスト以外のコンテンツをプログラムから追加表示させるにはいくつかの方法があります。もっとも簡単なのは「**HTMLのソースコードをテキストとして用意し、それを設定する**」というものでしょう。

これは、textContentというプロパティの代わりに「**innerHTML**」というものを利用することで行えます。このプロパティにHTMLのソースコードを設定すれば、それがエレメントに設定されます。

では、やってみましょう。先ほどのindex.tsを以下のように修正してください。

● リスト6-3

```
let msg:HTMLParagraphElement
const html = `<h2>This is message</h2>
    <p>これはTypeScriptで表示したコンテンツです。</p>`

window.addEventListener('load',()=>{
    msg = document.querySelector('#msg')
    msg.innerHTML = html
})
```

● 図6-3：HTMLのソースコードをスクリプトで設定し表示する。

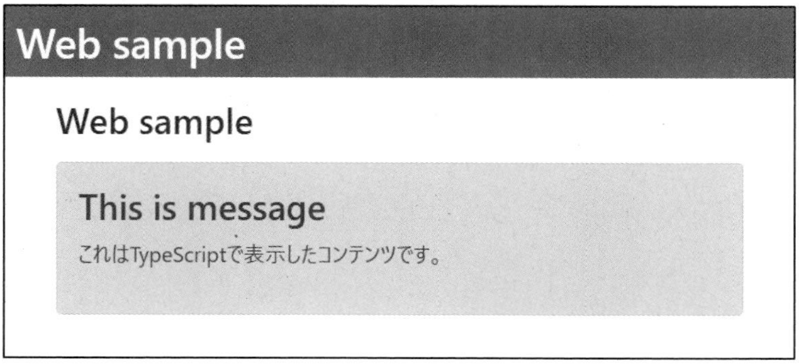

Web sample

Web sample

This is message
これはTypeScriptで表示したコンテンツです。

これを実行すると、淡いブルーのエリア内に「**This is message**」「**これはTypeScriptで表示したコンテンツです。**」と表示されます。テキストのサイズが違っているのは、HTMLのタグの種類が違うからです。ただテキストを表示しているわけでないことはこれでわかるでしょう。

ここでは、あらかじめ定数htmlにソースコードのテキストを用意しておき、これを以下のように設定しています。

```
msg.innerHTML = html
```

textContentの代わりにinnerHTMLを使っているだけで、基本的なやり方は同じです。設定したテキストをただのテキストとして扱うか、HTMLのソースコードとして扱うかの違いです。

試してみよう　属性を操作しよう

HTMLの要素では、表示するコンテンツだけでなく、さまざまな属性も重要になります。HTML要素の属性は、エレメントのプロパティとして用意されています。プロパティに値を代入すれば、属性に値が設定されるのです。

では、これも試してみましょう。index.tsを以下のように書き換えてください。

○リスト6-4

```
let msg:HTMLParagraphElement
const html = `<h2><a id="title">This is message</a></h2>
    <p>これはTypeScriptで表示したコンテンツです。</p>`
window.addEventListener('load',()=>{
    msg = document.querySelector('#msg')
    msg.innerHTML = html
    const title:HTMLAnchorElement = document.querySelector('#title')
    title.href = "http://google.com"
})
```

○図6-4：タイトル部分に Google へのリンクが設定される。

ここでは、淡いブルー背景部分に表示されているタイトルにリンクが設定され、クリックするとgoogle.comにジャンプするようになっています。今回は、innerHTMLで設定するHTMLソースコードを以下のように修正してあります。

```
const html = `<h2><a id="title">This is message</a></h2>
    <p>これはTypeScriptで表示したコンテンツです。</p>`
```

　　　　　　<h2>タグ内に、<a id="title">というタグを用意し、その中にタイトルを表示するようにしました。そして、この<a id="title">のタグのエレメントを以下のように取り出しています。

```
const title:HTMLAnchorElement = document.querySelector('#title')
```

　　　　　　documentのquerySelectorを使い、id="title"のエレメントを取得しています。非常に不思議なことですが、直前にinnerHTMLで設定したHTMLソースコードの要素が、次にはもうquerySelectorで取得することができるようになっています。

　　　　　　ここで重要なのは、**「取り出す変数は、HTMLAnchorElement型にしておく」**という点です。このHTMLAnchorElementというクラスはHTMLElementクラスのサブクラスで、<a>タグに対応したエレメントを提供します。href属性は一般のエレメントにはなく、<a>タグのエレメントでなければ使えません。このため、値の取得は<a>のエレメントをHTMLAnchorElementとして取得する必要があります。このエレメントには、<a>タグ用の属性（href）が用意されています。

```
title.href = "http://google.com"
```

　　　　　　このようにhref属性に値を設定すれば、それがリンクとして設定され、クリックすると移動するようになります。

エレメントの種類について

　　　　　　ここでは、<a>タグのエレメントをHTMLAnchorElementという型の変数に代入をしていました。エレメントは、その要素の種類ごとにクラスが用意されています。ベースとなっているのはすべてHTMLElementというクラスであり、すべてのエレメントはそのサブクラスなのですが、用意されているメソッドやプロパティは各エレメントのクラスごとに微妙に異なっているので注意が必要です。

　　　　　　たとえば、サンプルでid="title"のエレメントを取り出す部分を以下のようにしたらどうなるでしょうか。

```
const title = document.querySelector('#title')
```

このようにすると、その後でhrefプロパティを設定しているところでエラーが表示されます。querySelectorで得られるのは、HTMLElementのスーパークラスであるElementというクラスのインスタンスです。これにはhrefというプロパティは用意されていないためエラーになるのです。hrefは、〈a〉タグのエレメントであるHTMLAnchorElementクラスのインスタンスでなければ用意されていません。従って、hrefプロパティを操作するためには、querySelectorで取得したエレメントは必ずHTMLAnchorElement型の変数に代入しなければいけないのです。

このようにTypeScriptでは、そのHTML要素に特有の機能を利用するためには、その要素に対応するエレメントを正確に指定してオブジェクトを取得しなければいけません。

スタイルの操作

属性の中でも特に重要なのが**「スタイル」**でしょう。スタイルはstyleという属性で設定しますが、その他の属性とは使い方が少し違います。たとえば、style属性に"width: 100px"と設定を行うとしましょう。その場合、処理は以下のようになります。

```
《エレメント》.style.width = "300px"
```

style="width:300px"ではなく、style.widthというプロパティに"300px"という値を設定するのです。

style属性はstyleというプロパティとして用意されていますが、これはテキストなどが設定されているわけではなく、オブジェクトが設定されているのです。そしてそのオブジェクトには、スタイル名のプロパティが用意されています。このプロパティに設定することで、スタイルを変更できるのです。

注意したいのは、**「スタイル名とプロパティ名は完全一致ではない」**という点でしょう。たとえば、背景色のスタイルは**「background-color」**という名前ですが、これはstyleのプロパティとしては**「backgroundColor」**になっています。TypeScriptでは、プロパティ名にハイフン記号は含められませんからこのように変更されているのですね。

また、**「設定する値はすべてテキスト値」**という点も注意が必要です。たとえば位置や大きさのように数値で設定されるスタイルでは、ついそのまま数値を指定してしまうことがありますが、これは間違いです。"100px"というように、必ず設定する数値と単位の記号を合わせたテキストで設定します。

◎ 試してみよう スタイルを変更する

では、これも実際に試してみましょう。index.tsの内容を以下のように修正してみてください。

◎リスト6-5

```
let msg:HTMLParagraphElement
const html = `<h3>This is message</h3>
    <div id="content">wait...</div>`

window.addEventListener('load',()=>{
    msg = document.querySelector('#msg')
    msg.innerHTML = html
    const content:HTMLDivElement = document.querySelector('#content')
    setDiv(content)
})

function setDiv(content:HTMLDivElement) {
    content.style.width ="300px"
    content.style.height = "300px"
    content.style.borderWidth = "3px"
    content.style.borderStyle = "solid"
    content.style.borderColor = "red"
    content.style.backgroundColor = "white"
    content.textContent = ""
}
```

◎図6-5：赤い枠線のエリアが表示される。

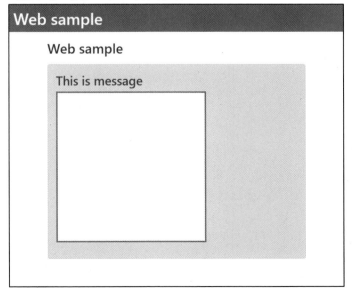

これを実行すると、赤い枠線に白い背景の正方形が表示されます。ここでは、<div id="content">のエレメントをcontentというHTMLDivElement型の変数に取り出しています（HTMLDivElementは、<div>のエレメントです）。そしてこれを引数にして、setDivという関数を呼び出しています。

setDiv関数では、引数に渡された<div>のスタイルを設定しています。設定しているプロパティを見れば、どういうスタイルを設定しているかだいたいわかるでしょう。たとえばborder関係のスタイルはこのようになっています。

```
border-width      borderWidth
border-style      borderStyle
border-color      borderColor
```

ハイフンが含まれたスタイル名は、ハイフンを取り除き、その後の文字を大文字にする形で一つの単語にまとめていることがわかります。そのルールが理解できれば、どんなスタイルがどういう名前のプロパティになっているかすぐにわかるでしょう。

エレメント・オブジェクトを作成する

より本格的に表示を操作する場合、**「エレメントの作成と組み込み」**についてもう少し理解する必要が出てきます。先に、HTMLのソースコードをinnerHTMLに設定をして表示を行いましたが、このやり方は**「組み込んだエレメントを後で操作する」**という場合、逆に面倒になります。スクリプトを使ってエレメントを作成し組み込む方法がわかれば、逆にそのほうが簡単でしょう。

エレメントの作成は以下のように行います。

```
変数 = document.createElement( タグ )
```

引数には、作成するHTMLのタグ名を指定します。たとえば<p>タグのエレメントを作るのであれば、"p"と引数に指定すればいいのです。これでエレメントのオブジェクト（HTMLParagraphElementインスタンス）が作成されます。

後は、作成したエレメントを、既に画面に表示されているエレメントの中に組み込むだけです。これはエレメントのオブジェクトを取得し、そのメソッドを呼び出して行います。

```
組み込み先のエレメント.appendChild( 組み込むエレメント )
```

これで、指定のエレメント内に組み込まれます。既にエレメント内に別のエレメントが組み込まれていた場合は、その後に追加されます。

試してみよう エレメントを作って組み込もう

では、実際にエレメントを作成し、スタイルを設定して組み込むサンプルを作成しましょう。
先ほど作ったサンプルにさらに追加をして作成をしてみます。

● リスト6-6

```
let msg:HTMLParagraphElement
const html = `<h3>This is message</h3>
    <div id="content">wait...</div>`

window.addEventListener('load',()=>{
    msg = document.querySelector('#msg')
    msg.innerHTML = html
    const content:HTMLDivElement = document.querySelector('#content')
    setDiv(content)
    addElement(content)
})

function setDiv(content:HTMLDivElement) {
    content.style.position = "absolute"
    content.style.left = "100px"
    content.style.top = "100px"
    content.style.width ="300px"
    content.style.height = "300px"
    content.style.borderWidth = "3px"
    content.style.borderStyle = "solid"
    content.style.borderColor = "red"
    content.style.backgroundColor = "white"
    content.textContent = ""
}

function addElement(content:HTMLDivElement) {
    for(let i = 1;i <= 7;i++) {
        let div:HTMLDivElement = document.createElement('div')
        div.style.position = "absolute"
        div.style.width = "100px"
        div.style.height = "100px"
        div.style.top = i * 25 + "px"
        div.style.left = i * 25 + "px"
        div.style.backgroundColor = "#aa00cc33"
        content.appendChild(div)
```

```
    }
}
```

図6-6：赤い枠線のエリア内に半透明の四角いエレメントが追加されていく。

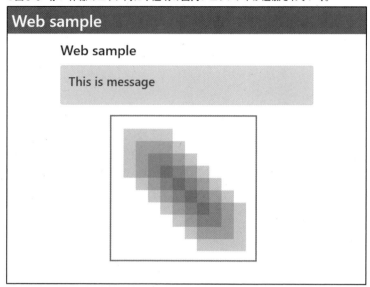

実行すると、赤い枠線の表示された四角いエリア内に半透明の四角いエレメントが7つ、少しずつ位置をずらしながら表示されます。

エレメントの生成処理はaddElementという関数にまとめてあります。ここでは繰り返しの中でエレメントを作成し、スタイルを設定してからcontentに組み込む作業を行っています。

```
let div:HTMLDivElement = document.createElement('div')
```

まず、これで＜div＞タグに対応するエレメント（HTMLDivElementインスタンス）を作成します。そして、作ったdivのstyleからスタイルのプロパティを設定していきます。ここでは、positionを"absolute"にして自由に配置できるようにし、width, height, top, leftといった位置と大きさを設定していきます。最後に、完成したエレメントをcontentの中に組み込みます。

```
content.appendChild(div)
```

これをforで必要なだけ繰り返せば、多数のエレメントを一定間隔で並べることができます。手順さえわかればそう難しいものではありませんね。

イベントの利用

ここまでのサンプルは、すべて**「エレメントを作って表示する」**というだけのものでした。しかし現在のWebでは、ただ表示をするだけでなく、さまざまな操作を行う機能が多数組み込まれているものです。

こうした動作は、**「イベント」**を利用することで可能になります。イベントというのは、ユーザーの操作やプログラムの状態変化などに応じて発生する信号のようなものです。TypeScriptでは、特定のイベントが発生したなら、あらかじめ組み込んでおいた処理が実行されるように設定しておくことができます。

このイベント処理の設定は、既に使っていますね。プログラムの初期化処理を行うのに、以下のようにしていました。

```
window.addEventListener('load', 関数 )
```

これでドキュメントを読み込んだときのイベント処理を設定していました。画面に表示されているエレメントのイベント処理も基本は同じです。addEventListenerメソッドを使って、イベントに関数を割り当てます。ただし、この場合のaddEventListenerはwindowsではなく、documentオブジェクトにあるものを使います。

```
document.addEventListener( イベント , 関数 )
```

このようになると考えればいいでしょう。割り当てる関数は、一つだけ引数を持つようにしておくのが一般的です。

```
(event:Event)=> 処理
```

このような形ですね。引数に渡されるのはEventというクラス（あるいはそのサブクラス）のインスタンスで、このオブジェクトには発生したイベントに関する情報をまとめてあります。Eventクラスには多数のサブクラスがあり、発生したイベントに応じてどのEventクラスが引数に渡されるかが決まります。たとえばマウス関連のイベントであれば、そのためのEventクラスが使われる、という具合です。

後は**「どのようなイベントがあるのか」「イベントで渡されるEventのサブクラスにはどんな機能があるのか」**といったことについて少しずつ学んでいけばいいでしょう。

◎ 試してみよう クリックイベントを使おう

では、もっとも多用されるイベントとして**「クリックイベント」**を使ったサンプルを作ってみましょう。index.tsの内容を以下のように書き換えてください。

⊙リスト6-7

```typescript
let msg:HTMLParagraphElement
const html = `<h3>This is message</h3>
    <div id="content">wait...</div>`

window.addEventListener('load',()=>{
    msg = document.querySelector('#msg')
    msg.innerHTML = html
    const content:HTMLDivElement = document.querySelector('#content')
    setDiv(content)
})

const addElement = function(event:MouseEvent) {
    const div:HTMLDivElement = document.createElement('div')
    div.style.position = "absolute"
    div.style.width = "50px"
    div.style.height = "50px"
    div.style.left = event.offsetX - 25 + "px"
    div.style.top = event.offsetY - 25 + "px"
    div.style.backgroundColor = "#cc00aa33"
    const target:HTMLElement = event.target as HTMLElement
    target.appendChild(div)
}

function setDiv(content:HTMLDivElement) {
    content.style.position = "absolute"
    content.style.left = "100px"
    content.style.top = "100px"
    content.style.width ="300px"
    content.style.height = "300px"
    content.style.borderWidth = "3px"
    content.style.borderStyle = "solid"
    content.style.borderColor = "red"
    content.style.backgroundColor = "white"
    content.textContent = ""
    content.addEventListener('click', addElement)
}
```

◉図6-7：赤いエリア内をクリックするとそこに半透明の四角いエレメントが追加される。

　赤い枠線の内側をマウスでクリックすると、そこに半透明の四角いエレメントが表示されます。あちこちクリックして、エレメントがどんどん増えていくのを確認しましょう。

◉ イベントとイベントクラス

　ここでは、先ほどのスクリプトを少しアレンジしています。setDivで赤い枠線のスタイルを設定したあとで、以下のようにしてクリックイベントの処理を設定しています。

```
content.addEventListener('click', addElement)
```

　イベント名は'click'とし、これにaddElement関数を設定してあります。このadElement関数は、以下のようにして定義しています。

```
const addElement = function(event:MouseEvent) {……})
```

　引数には、「**MouesEvent**」というクラスのインスタンスが渡されます。これは、マウス関連のイベントが発生した際に使われるクラスです。このMouseEventは、エレメントを作成した後、以下の部分で使っています。

✚ クリックした位置にエレメントを設定

```
div.style.left = event.offsetX - 25 + "px"
div.style.top = event.offsetY - 25 + "px"
```

MouseEventには、イベントが発生した際のマウスポインタの位置に関するプロパティがいくつか用意されていますが、以下の2通りの値だけ知っていれば十分でしょう。

✚ クライアント内の座標

```
event.clientX
event.clientY
```

イベントが発生した時点でのクライアント内の座標を返します。これは、基本的にブラウザのドキュメント表示エリアの左上からの距離と考えればいいでしょう。

✚ ターゲット内での相対座標

```
event.offsetX
event.offsetY
```

イベントが発生したエレメントの左上からの相対的な距離を返します。エレメント内での位置を調べるのに使います。

◉ イベントターゲットについて

プロパティの設定が完了したら、作成したエレメントを、イベントが発生したエレメント内に追加します。これは以下のように行っています。

```
const target:HTMLElement = event.target as HTMLElement
target.appendChild(div)
```

Eventクラスには「**target**」というプロパティがあり、これにイベントが発生したエレメントが設定されています。これはイベントが発生したエレメントですから、今回の場合は赤い枠線のエレメントになります。これにappendChildでエレメントを追加していたのです。

Column onclick属性とclickイベント

「クリックイベント」というと、中にはHTMLタグの「onclick」属性を思い出す人もいるでしょう。HTMLで画面に表示されるタグにはonclickという属性があり、これに処理を設定すればクリックして処理を実行できます。このonclickと、addEventListenerによるclickイベントの設定は何が違うのでしょうか。

基本的に「**クリックして処理をする**」という点はまったく同じです。ただし、onclick属性は一つの値を割り当てるだけですが、addEventListenerは呼び出せばいくつでも関数をclickイベントに組み込むことができます。

Section 6-2 Reactと TypeScript

ポイント
- ▶**React**プロジェクトの作成手順と基本構成を頭に入れましょう。
- ▶**React**コンポーネントがどうなっているか理解しましょう。
- ▶ステートフックで値を管理できるようになりましょう。

Reactとは？

WebページでTypeScriptを利用する場合、もちろんすべての処理をTypeScriptで書いていくこともありますが、それ以上に多いのは「**フレームワークやライブラリの利用でTypeScriptを使う**」というケースでしょう。

最近、Webアプリケーションの開発ではクライアントサイドのフレームワークを用いるケースが増えてきています。その中でももっとも高い評価を得ているのが「**React**」でしょう。

Reactは、JavaScriptによるフレームワークです。これはHTMLにリンクを埋め込むだけの簡単なやり方でも使えますし、npmを使ったプロジェクトによる本格開発にも対応しています。プロジェクトは、プロジェクト生成のためのプログラム（Create React Appというものです）を使って作成しますが、これはTypeScriptに対応しており、最初からTypeScriptベースでReact開発をスタートすることができます。そうしたこともあって、TypeScriptでReactを開発するユーザーは非常に多いのです。

◉ Reactの準備

では、Reactによる開発にはどのようなものを用意する必要があるのでしょうか。実をいえば、まったく何の準備をしなくともReactは使えます。CDN（Content Delivery Network）からReactのライブラリを読み込むタグを一つ書いておくだけでReactは使えるようになるのです。

ただし、ある程度本格的なWebアプリケーションではプロジェクトを作成して行うのが基本と言っていいでしょう。ここでは、プロジェクトを使った開発について説明しましょう。TypeScriptでの開発を行うならば、この方式が一番なのです。

プロジェクト開発を行うには、必要なものがいくつかあります。以下に整理しておきましょう。

Node.js（npm）	これは必須です。ただし既にインストールしていますから、改めて用意する必要はありません。
create-react-app	Reactのプロジェクトを作成するプログラムです。これはnpmでインストールできます（ただしnpxコマンドを使えば、インストールしなくても使えます）。

　後は必要に応じてVisual Studio Codeのような開発ツールがあれば便利ですが、なくとも開発はスタートできます。従って**「Node.jsさえインストールしてあれば、とりあえず準備は完了」**と考えていいでしょう。

Reactプロジェクトを生成する

　では、Reactのプロジェクトを作成しましょう。Reactの標準的なプロジェクトを手早く作成したい場合は、**「Create React App」**というプログラムを使います。これはnpmで配布されているものですが、npxコマンドを利用することでインストールすることもなく利用できます。
　このプログラムは以下のようにコマンドを実行します。

```
npx create-react-app プロジェクト名 --template typescript
```

　npxというのは、npmに同梱されているコマンドです。npx create-react-appとすることで、Create React Appのプログラムをその場で読み込み実行できます。プロジェクト名のあとにある**「--template typescript」**というのはオプションのパラメータで、これをつけることでTypeScriptベースでプロジェクトが作成されます。
　では、コマンドプロンプトまたはターミナルを起動してください。そしてプロジェクトを作成する場所（本書ではデスクトップに作成します）に移動し、以下のコマンドを実行しましょう。なお実行後、create-react-app Ok to proceed? (y)と表示されたらそのままEnter/Returnしてください。

```
npx create-react-app react_typescript_app --template typescript
```

◉図6-8：npx create-react-appでプロジェクトを作成する。

これで、「**react_typescript_app**」というフォルダが作成され、その中にプロジェクト関連のファイルやフォルダ類が保存されます。このフォルダをVisual Studio Codeで開いて編集を行っていきます。

◉ npx create-react-app がエラーになる場合

npx create-react-appコマンドを実行すると途中でエラーが出るなどしてうまくいかなかった、という人もいるかも知れません。そのような場合は、Create React Appをインストールしてください。

```
npm install create-react-app -g
```

このコマンドを実行し、プログラムを実行します。そして、以下のようにコマンドを実行してプロジェクトを作成します。

```
create-react-app react_typescript_app --template typescript
```

最初のnpxを書かず、そのままcreate-react-appコマンドを実行できます。これでnpx利用と同様にプロジェクトが作成できます（npxをつけて実行しても動作します）。

◉ プロジェクトの実行

プロジェクトが問題なくできたら、実際に動かしてみましょう。Visual Studio Codeでプロジェクトのフォルダを開いたら、ターミナルビューを開き、以下のコマンドを実行します。

```
npm start
```

　これでプロジェクトが試験サーバーで実行され、Webブラウザでhttp://localhost:3000/が開かれます。Reactのロゴがゆっくりと回転するWebページが表示されたことでしょう。これがサンプルで用意されているWebアプリケーションのページです。

◑図6-9：実行したアプリケーションはこのような表示になる。

Reactプロジェクトの構成

　では、作成されたプロジェクトの中身を見てみましょう。Node.jsのプロジェクトなので、基本的な構成はTypeScript用に作成したものと同じです。

「node_modules」フォルダ	プロジェクトで使われるパッケージ類がまとめられているフォルダです。
「public」フォルダ	公開ファイル（イメージファイルやCSSファイル、HTMLファイルなど）が保管されるところです。
「src」フォルダ	ここにTypeScriptのプログラムがまとめられます。
package.json/ package-lock. json	プロジェクトに関する設定情報などがまとめられています。
tsconfig.json	TypeScriptの設定情報ファイルです。
README.md	リードミーファイルです。

「src」フォルダの中にプログラムがまとめられているという点は同じですね。それから「node_modules」フォルダにライブラリ類などがまとめてある点も同じです。大きく違うのは「public」フォルダの存在でしょう。公開される（直接URIを指定してアクセスできる）ファイルはここにまとめられています。プロジェクトフォルダの中に直接配置したりはしません。

この「src」と「public」の2つのフォルダが、アプリ開発時に使うものになります。これらに保管されているファイルを編集したり、これらのフォルダにファイルを追加したりしてアプリは作られます。

Webアプリケーションのファイル構成

では、作成したWebアプリケーションはどのようなファイル構成になっているのでしょうか。必要なものを簡単にまとめておきましょう（CSSファイルは省略します）。

index.html	「public」フォルダ内にあります。これが、アクセスした際に表示されるHTMLfileになります。
index.tsx	「src」フォルダ内にあります。index.htmlから読み込まれるTypeScriptファイルで、ここにメインプログラムが用意されています。
App.tsx	「src」フォルダ内にあります。index.tsxから読み込まれ表示されるコンポーネントのプログラムです。具体的な表示内容はここに用意されます。

これらの内、index.htmlとindex.tsxは、作成後、編集したりすることはそれほどないでしょう。具体的なWebページの表示内容として編集するのはApp.tsxのみです。これの使い方がわかればReactのプログラムは作れるようになります。

◉index.htmlの内容

では、順に内容をチェックしていきましょう。まずはindex.htmlからです。この中には、以下のようなソースコードが記述されています（コメント文は省略しています）。

◉リスト6-8

```
<!DOCTYPE html>
<html lang="en">
    <head>
        ……略……
    </head>
    <body>
        <noscript>……略……</noscript>
        <div id="root"></div>
```

```
    </body>
</html>
```

　　<head>内に<meta>タグや<link>タグがいろ色と用意されていますが、これらはデフォル
トのままにしておけばOKと考えてください。

　　<body>に用意されているのが、実際の表示に関する部分です。<noscript>は、スクリプト
が動作しない場合の表示で、その下にある<div id="root">というタグだけが実質的に表示さ
れるすべてになります。この<div id="root">というタグの中に、Reactによる表示が組み込まれ
ます。

Reactのメインプログラム

　　続いて「**src**」フォルダの「**index.tsx**」です。これがindex.htmlから読み込まれて実行され
るスクリプトになります。

　　ここでは以下のような処理が用意されています。これはReactを使って表示を行う際の基本
となる処理です。

◎リスト6-9

```
import React from 'react';
import ReactDOM from 'react-dom';
import './index.css';
import App from './App';
import reportWebVitals from './reportWebVitals';

ReactDOM.render(
    <React.StrictMode>
        <App />
    </React.StrictMode>,
    document.getElementById('root')
);

reportWebVitals();
```

　　importという文がいくつも並んでいますが、これは外部にあるスクリプトを読み込むための
ものでしたね。これでReactのクラスとCSSやスクリプトのファイルを読み込んでいます。

```
import React from 'react';
import ReactDOM from 'react-dom';
```

この2文で、ReactとReactDOMというクラスを読み込んでいます。これがReactの本体部分になります。この後、index.css、App.tsx、reportWebVitalsといったものを読み込んでいます。reportWebVitalsはWebの性能測定用ライブラリです。最後に実行しているreportWebVitals();がそのためのものですが、これはこれはプログラム本体とは直接関係ありませんので説明は省略します。

◉ ReactDOM のレンダリング

このindex.tsxで実行している処理は、実は以下の文だけといってもいいでしょう。

```
ReactDOM.render( 表示内容 , 表示場所 )
```

第1引数に用意されている内容を第2引数の場所（DOMオブジェクト）に組み込んで表示します。ReactDOMというのは、Reactに用意されている**「仮想DOM」**と呼ばれるもののクラスです。

Reactでは直接DOMを操作せず、仮想DOMというメモリ内に構築されているDOMを操作して動いています。このReactDOMにある**「render」**は、引数に用意した内容をレンダリングし指定場所に出力する働きをします。

表示する場所はdocument.getElementById('root')で得られるエレメントが指定されています。index.htmlに<div id="root">タグが用意されていたのを思い出してください。ここに表示がはめ込まれていたのですね。

◉ JSX による表示の作成

問題は、renderで表示する内容です。ここでは、以下のようなものが値として設定されています。

```
<React.StrictMode>
    <App />
</React.StrictMode>
```

これは**「JSX」**と呼ばれるものです。JSXはJavaScriptの構文拡張と呼ばれるもので、JavaScriptの中にHTMLと同じ<>によるタグを値として導入するものです。つまり、<○○>というタグをJavaScriptの値として使えるようにしたのがJSXです。よく見ればわかりますが、これは"<○○>"というようにテキストとして記述しているわけではありません。<○○>というタグそのものが値として扱われているのです。

　　ここでは、<React.StrictMode>というものの中に<App />が組み込まれていますね。
<React.StrictMode>はReactに用意されているJSX要素で、厳格モードを適用する範囲を示
します。この中に、実際に表示するJSXの要素を記述するわけです。

　　<App />は、Appコンポーネントを示すタグです。これは、App.tsxファイルから読み込ま
れています。つまり、App.tsxで作成したコンポーネントがここに組み込まれ、画面に表示され
ていたのです。

Appコンポーネントについて

　　以上のようなわけで、実際に画面に表示されているのはApp.tsxに用意されているAppコン
ポーネントというものだ、ということがわかりました。コンポーネントというのは、Reactで作成さ
れる**「部品」**のようなものと考えてください。Reactでは、表示はすべてコンポーネントとして定
義します。このコンポーネントを必要に応じて組み合わせたりしながら細かな表示を作成して
いくのです。

　　コンポーネントは、JSXでHTMLと同じようなタグとして記述できます。では、このApp.tsx
の内容がどのようになっているのか見てみましょう。

⊕リスト6-10

```
import React from 'react';
import logo from './logo.svg';
import './App.css';

function App() {
    return (
        <div className="App">
            ……略……
        </div>
    );
}

export default App;
```

　　import文でいくつかのファイルが読み込まれているのがわかります。その後には、Appという
関数が定義されていますね。これが、コンポーネントです。この関数は、以下のような形をして
います。

```
function 関数名 () {
```

```
    return (……JSXの表示内容……);
}
```

returnで表示内容をJSXで記述したものを返しています。コンポーネントで行うのは、実は
これだけです。Reactでは、このreturnした内容がすべてなのです。

ステートフックと値

Reactを使うと何がいいのか？ その最大の利点は**「値の管理」**にあるといっていいでしょ
う。

JSXでは、あらかじめ用意しておいた変数などを内部に埋め込むことができます。たとえば、
{x}とJSX内に記述しておくと、変数xの値がそこに出力されます。こんな具合にして必要な値を
JSXに埋め込んでおくことで、コンポーネント内から表示する値を操作できるようになります。

ただし、コンポーネントはただの関数ですから、その中で値を保管しておくことはできませ
ん。コンポーネントの関数は、表示が更新されるときに呼び出されて結果を出力するだけのも
のなので、その中に変数などを用意しても、関数の処理が終わればそれは消えてしまいます。

そこで、**「関数の実行が終わった後も値を保持するための仕組み」**として**「ステートフッ
ク」**と呼ばれるものが用意されています。これは、以下のような形で使います。

```
const [ 保管する変数, 更新する関数 ] = useState( 初期値 )
```

ステートフックは、値を保管する変数と、値を更新する関数で構成されます。useStateという
関数を実行すると、この変数と関数が返されるので、これらを分割代入でそれぞれ定数に代入
しておきます。

ステートフックの値は、保管する変数を{}で埋め込むことで表示させることができます。また
更新用の関数を呼び出せばステートフックの値を変更できます。

◎ 試してみよう　メッセージをステートフックで表示する

では、ステートフックを使って簡単なメッセージを表示してみましょう。まず、ページのベース
となっているindex.htmlを修正しておきます。

●リスト6-11

```
<!DOCTYPE html>
<html lang="en">
    <head>
```

```
    <meta charset="utf-8" />
    <meta name="viewport" content="width=device-width, initial-scale=1" />
    <link rel="manifest" href="%PUBLIC_URL%/manifest.json" />
    <link href="https://cdn.jsdelivr.net/npm/bootstrap@5.0.0/dist/css/
      bootstrap.min.css"
        rel="stylesheet" crossorigin="anonymous">
    <title>React App</title>
  </head>
  <body>
    <noscript>You need to enable JavaScript to run this app.</noscript>
    <div id="root"></div>
  </body>
</html>
```

　　余計なログなどの読み込みを削除し、Bootstrapの読み込みを行うようにしておきました。
続いて、App.tsxを修正してコンポーネントの内容を書き換えましょう。

○リスト6-12

```tsx
import {useState, ReactElement} from 'react';
import './App.css';

function App():ReactElement {
    const [msg,setMsg] = useState("This is sample message.")
    return (
        <div>
            <h1 className="bg-primary text-white p-2">React sample</h1>
            <div className="container">
            <h2 className="my-3">click button!</h2>
            <div className="alert alert-primary">
                <div className="row px-2">
                    <h3 id="msg">{msg}</h3>
                </div>
            </div>
            </div>
        </div>
    );
}

export default App;
```

◎図6-10：実行すると、msgステートフックの値が表示される。

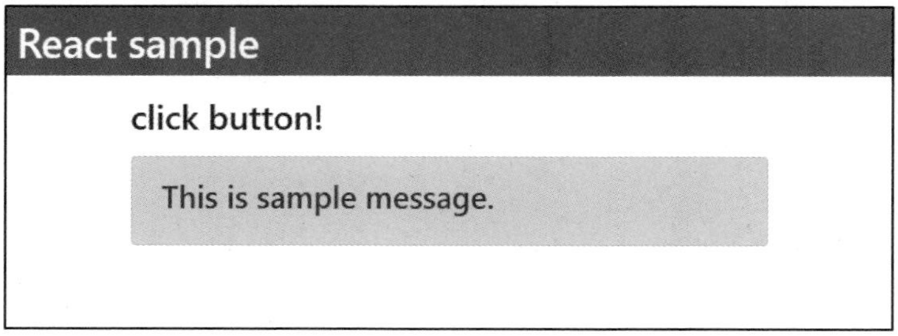

```
React sample

click button!

    This is sample message.
```

淡いブルーのエリアに「**This is sample message.**」と表示されますが、このメッセージが
ステートフックによるものです。

ここでは、msgというステートフックを用意し、その値を表示させています。このステートフッ
クは、以下のように用意されています。

```
const [msg,setMsg] = useState("This is sample message.")
```

これで、変数msgにステートフックの値が設定されます。またsetMsgという関数でステート
フックの値を変更することもできます（ただし、今回はただ表示するだけなのでsetMsgは特に
使っていません）。

表示しているJSXの部分を見ると、`<h3 id="msg">{msg}</h3>`というようにしてmsgの値を
表示していることがわかりますね。

> ### Column コンポーネントの戻り値
>
> ここでは、App関数の戻り値にReactElementというものを指定しています。コンポーネ
> ントは、最後にreturnでJSXの値を返しています。これは、Reactの仮想DOMのエレメント
> であるReactElementというクラスのインスタンスとして扱われます。つまりJSXは「**タグを
> ReactElementに自動変換して動かす仕組み**」だったんですね！

ボタンのイベント処理について

では、ユーザーの操作に応じてステートフックの値を変更するような場合はどうするのか。そ
れは、操作のイベントでステートフックを扱う関数を呼び出すようにしておけばいいのです。関
数というのは、関数の中に作成することもできます。コンポーネントの関数内にイベント書利用
の関数を用意し、これをHTML要素のイベント用の属性に設定すればいいのです。

実際に簡単な例として「**ボタンクリックでステートフックの値を更新する**」というサンプル
を作ってみましょう。App.tsxを以下のように修正してください。

◎リスト6-13

```
import {useState, ReactElement} from 'react';
import './App.css';

function App():ReactElement {
    const [counter,setCounter] = useState(0)
    const doAction = ()=> {
        setCounter(counter + 1)
    }
    return (
        <div>
            <h1 className="bg-primary text-white p-2">React sample</h1>
            <div className="container">
            <h2 className="my-3">click button!</h2>
            <div className="alert alert-primary">
                <div className="row px-2">
                    <h3 id="msg" className="col">{counter} click.</h3>
                    <button onClick= {doAction}
                        className="btn btn-primary col-2">
                            Click!
                    </button>
                </div>
            </div>
            </div>
        </div>
    );
}

export default App;
```

◎図6-11：ボタンをクリックすると数字をカウントしていく。

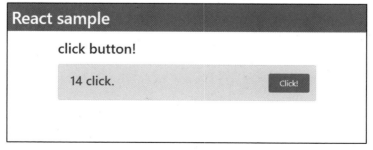

今回はボタンを一つ追加しました。このボタンをクリックしていくと数字が1ずつ増えていきます。

ここでは、<button>にonClick= |doAction|というようにしてクリックの処理を設定してあります。このdoActionという関数にクリック時の処理を用意しておけばいいわけですね。returnの手前を見ると、まずステートフックが以下のように用意されています。

```
const [counter,setCounter] = useState(0)
```

これが、カウントする数字を保管しておくものになります。そしてボタンクリック時のdoAction関数を以下のように用意します。

```
const doAction = ()=> {
    setCounter(counter + 1)
}
```

ここでは、counter + 1の値をsetCounterで設定しています。これで、doActionが呼び出されるたびにcounterが1ずつ増えていく処理ができました。このようにイベントに関数を割り当て、その中でステートフックの値を操作する、というのがReactによるプログラムの典型的なコーディングスタイルとなるでしょう。

作ってみよう 足し算電卓を作ろう

Reactというのがどのようなものか、なんとなくわかったでしょうか。では簡単なサンプルとして、**「数字を入力するとそれをどんどん足していく計算アプリ」**というのを作ってみましょう。

今回のサンプルでは、数字の入力フィールドとボタンが用意されます。フィールドに数字を記入し、ボタンを押すかEnterキーを押すと、その値が記録されます。記録された数字はフォームの下のテーブルに順に出力されていき、その値を加算した値も横に表示されていきます。数字を次々入力して足していく専用電卓というわけです。

1

2

3

4

5

Chapter
6

7

◉図6-12：数字を入力し、ボタンを押すか Enter キーを押すと数字が追加される。

◉ App.tsxを修正する

では、プログラムを作りましょう。今回もAppコンポーネントとして作成をします。App.tsxを開いて以下のように修正しましょう。

◉リスト6-14

```
import {ChangeEvent, KeyboardEvent,
        ReactElement, useState} from 'react'
import './App.css'

function App():ReactElement {
    const [val, setVal] = useState(0)
    const [data,setData] = useState<number[]>([])

    const doChange = (event:ChangeEvent):void=> {
        const ob = event.target as HTMLInputElement
        const re = Number(ob.value)
        setVal(re)
    }

    const doAction = ():void=> {
        const arr:number[] = []
        for (let item of data)
            arr.push(item)
        arr.push(val)
```

```
        setData(arr)
        setVal(0)
    }

    const doType = (event:KeyboardEvent):void=> {
        if (event.code == 'Enter') {
            doAction()
        }
    }

    let total = 0
    return (
        <div>
            <h1 className="bg-primary text-white p-2">React sample</h1>
            <div className="container">
            <h2 className="my-3">click button!</h2>
            <div className="alert alert-primary">
                <div className="row px-2">
                    <input type="number" className="col"
                        onChange={doChange} onKeyPress={doType} value={val} />
                    <button onClick={doAction} className="btn btn-primary col-2">
                        Click
                    </button>
                </div>
            </div>
            <table className="table">
                <thead><tr><th>value</th><th>total</th></tr></thead>
                <tbody>
                {data.map((v,k)=>{
                    total += v
                    return <tr key={k}><td>{v}</td><td>{total}</td></tr>
                })}
                </tbody>
            </table>
            </div>
        </div>
    )
}

export default App
```

◉ プログラムの内容をチェック

では、プログラムがどのようになっているのか整理していきましょう。最初に、2つのステートフックが用意されています。

```
const [val, setVal] = useState(0)
const [data,setData] = useState<number[]>([])
```

一つ目は、入力フィールドに書かれた値を保管するものです。そして2つ目が、入力された値を保管しておくためのものです。これはnumber配列の値を保管します。useStateの後に＜number[]＞というように総称型を指定することで、作成する配列がnumber配列となるようにしています。

続いて、フォームを見てみましょう。このようにJSXでタグが用意されていますね。

✚ 入力フィールド

```
<input type="number" className="col"
    onChange={doChange} onKeyPress={doType} value={val} />
```

✚ ボタン

```
<button onClick={doAction} className="btn btn-primary col-2">
```

入力フィールドでは、value={val}としてvalの値が表示されるようにしています。そしてonChangeとonKeyPressの2つのイベントが用意されています。onChangeは値が変更されたときのイベントで、onKeyPressはキーがタイプされたときのイベントです。onChangeで最新の値がvalに保管されるようにしておき、onKeyPressではEnterキーが押されたら値がついかされるようにします。

ボタンは、onClickでdoActionを実行しているだけです。これもonKeyPressと同様の働きをします。

◉ イベント用の関数

では、イベント用の関数を見てみましょう。ここでは3つの関数が用意されます。まず、入力フィールドの値が更新されたときに実行されるdoChange関数です。

```
const doChange = (event:ChangeEvent):void=> {
    const ob = event.target as HTMLInputElement
```

```
    const re = Number(ob.value)
    setVal(re)
}
```

　引数にはChangeEventというイベントのオブジェクトが渡されます。そこからtargetでイベントが発生したエレメントを取り出します。<input type="text">のエレメントは、HTMLInputElementというクラスになります。

　そして、valueで入力された値を取り出し、setValでステートフックに値を保管します。valueの値はテキストとして取り出されるので、これをnumberの値に変換してからsetValします。

　続いて、ボタンクリックの処理です。

```
const doAction = ():void=> {
    const arr:number[] = []
    for (let item of data)
        arr.push(item)
    arr.push(val)
    setData(arr)
    setVal(0)
}
```

　arrに新しいnumber配列を設定し、繰り返しを使ってdataの値をすべてarrに追加しています。そして最後に現在のvalの値も追加し、完成した配列をsetDataでステートフックに保管します。setVal(0)は入力フィールドの値をゼロに戻すものです。

　残るは入力フィールドでキーをタイプしたときのdoTypeですね。

```
const doType = (event:KeyboardEvent):void=> {
    if (event.code == 'Enter') {
        doAction()
    }
}
```

　ここでは、KeyboardEventというイベントオブジェクトが引数に渡されています。このcodeの値（キーコードのプロパティ）が'Enter'だったら、Enterキーが押されたと判断してdoActionを実行しています。

◉ テーブルの表示

　もう一つ、保管してあるdataをテーブルにして表示している部分の処理も見てみましょう。こんな具合に行っていますね。

```
{data.map((v,k)=>{
    total += v
    return <tr key={k}><td>{v}</td><td>{total}</td></tr>
})}
```

　これはJSXの中に埋め込まれている処理です。{}を使えば、こんな具合にTypeScriptの処理も埋め込むことができます。

　ここでは、配列が代入されているdataから「**map**」というメソッドを呼び出しています。このmapは、配列から順に値とそれが保管されているキーを取り出して処理を実行するメソッドです。

```
配列.map((v,k)=> 処理 )
```

　こんな具合に記述をするのですね。これで配列に保管されている値とキーが順に取り出され、引数の関数に渡されていきます。ここでは、渡された値（v）をtotalに加算し、<tr key={k}><td>{v}</td><td>{total}</td></tr>という表示内容をreturnしています。これが、mapの値として返され、出力されていくわけです。

　こんな具合に、mapは**「配列の内容をJSXの表示に変換する」**メソッドとして機能します。ちょっと使い方がわかりにくいでしょうが、使えるようになると大変重宝します。

型の指定が最大のポイント

　実際にいくつかサンプルを作って気がついたでしょうが、TypeScriptでReactを利用する場合、使われる値の**「型」**をきちんと調べることが非常に重要になります。TypeScriptは、とにかく**「型を正しく設定する」**というのが基本です。ですから、関数などで渡される値も正しく型を指定して受け取らないといけません。

　ReactではHTMLのエレメントやイベントなどがよく使われますし、React独自のクラスも多数あります。こうしたものを、登場するたびに正確に指定していくのは、慣れないうちはかなり大変かも知れません。Visual Studio Codeのように変数や引数の内容をリアルタイムに教えてくれる補完機能を持った編集環境がないとかなり大変でしょう。

とりあえず、これでReactをTypeScriptで使えるようにはなりました。しかし、これ以上のことを行おうとすると、Reactについてしっかりと学ぶ必要があります。本書ではReactの説明はこれで終わりですので、後は別途学習されてください。Reactを学びたい人に向けては、**「React.js＆Next.js超入門 第2版」**（秀和システム）という書籍を上梓しています。

Section 6-3 Vue と TypeScript

ポイント

▶Vueプロジェクトの作成と構成を頭に入れましょう。

▶コンポーネントクラスの基本を理解しましょう。

▶TSXによる表示の作成を行えるようになりましょう。

Vue3とTypeScript

Reactと並んで人気が高いフロントエンドフレームワークが「**Vue**」です。Vueは現在、Vue3というバージョンにアップデートされており、非常にパワフルなフレームワークになりました。また、このVue3よりTypeScriptに対応したため、開発でTyperScriptを利用するユーザーも着実に増えつつあります。

ただし、Vue3でのTypeScriptの利用は、Reactのように「**ソースコードがそのままTypeScriptで書けるようになった**」というだけのものではありません。JavaScriptでの開発に比べると非常に大きな変更があります。それは「**クラスの利用**」です。

◉ クラススタイル・コンポーネント

Vueでも、Reactと同様にプログラムはコンポーネントとして作成されます。これはテンプレートとなるHTMLコードと、値や処理をまとめたオブジェクトをセットで用意して作成をします。

TypeScriptでは、オブジェクトの作成にクラスが標準で使われます。そこで、Vue3には「**クラススタイル・コンポーネント**」という機能が用意されました。これは、それ以前からオプションとして用意されていたものですが、TypeScriptを利用する場合はこのクラススタイル・コンポーネントを使うことで、よりTypeScriptらしいコーディングができるようになったのです。

既にVue3をJavaScriptで使ったことがある人も、TypeScriptの利用に合わせて、新しいクラススタイル・コンポーネントによる開発スタイルを学んでおきましょう。

◉ クラススタイル・コンポーネントの利点

TypeScriptで利用されるクラススタイル・コンポーネントを使うとどういうメリットがあるのか。それは、なんといっても**「コーディングがシンプルになる」**ことでしょう。

Vueでは、値の保持や処理を行うメソッドの管理が面倒でした。常に値を保つデータ類はdataという特殊な値にまとめる必要がありましたし、イベント処理などで呼び出す関数もmethodsというものにまとめて管理する必要がありました。Vueのコンポーネントでは、さまざまな機能が用途ごとにしっかりとまとめられており、**「これは○○の中に用意すること」**というルールに従って書く必要がありました。

しかし、クラススタイル・コンポーネントはそれがかなり柔軟になっています。値を保持したければクラスのプロパティとして用意すればいいし、イベントなどで利用する処理はクラスのメソッドとして書くだけです。つまり**「普通にクラスとしてプロパティやメソッドを書けば、それがそのままVueで使われる値や処理になる」**のです。

今までVueを使った経験がある人は特にクラススタイル・コンポーネントの使い勝手の良さを実感できることでしょう。

◉ Vue 利用の準備

では、Vueを利用するためにはどのようなものが必要でしょうか。簡単にまとめてみましょう。

✚ Node.js

Vue3も、プロジェクトの作成や管理はNode.js（npm）を使います。ですからNode.jsは必須といえます。Vuerも、Reactと同様にHTMLファイルにCDNのタグを追加することで使うことはできるのですが、本格的な開発はNode.jsによるプロジェクトの作成が基本と考えていいでしょう。

✚ Vue CLI

Vue3プロジェクトの作成は、Vue CLIというプログラムを使って行います。これは、Vueプロジェクトを生成するためのコマンドプログラムです。プロジェクトの作成はこれを利用します。ただし、npxコマンドを利用することで、インストールすることなく実行することができます。

既にNode.jsはインストールされているはずですから、Vue3を使う準備は完了しています。この他、Visual Studio Codeなどの開発ツールがあれば完璧です。

Vue3プロジェクトを作成する

では、Vue3のプロジェクトを作成しましょう。これはコマンドプロンプトまたはターミナルから以下のようにコマンドを実行します。

```
npx vue create プロジェクト名
```

これでプロジェクトの作成が行えます。では、実際にコマンドを入力し、必要な設定などを行っていくことにしましょう。以下のようにコマンドを実行してください。そしてそれ以後の操作は、以下の説明を見ながら行ってください。

```
npx vue create vue3_type_app
```

➕1. プリセットタイプの選択

```
Vue CLI v4.5.13
? Please pick a preset: (Use arrow keys)
> vuehoge_priset_1 ([Vue 2] router, vuex, babel, pwa, eslint)
    Default ([Vue 2] babel, eslint)
    Default (Vue 3) ([Vue 3] babel, eslint)
    Manually select features
```

最初にこのような表示が現れます。上下の矢印キーで、>記号が移動します。一番下の**「Manually select features」**を選択し、Enter/Returnキーを押してください。コマンドの入力は、このように**「上下キーで項目を移動し、Enterキーで確定」**という形で行います。

このManually select featuresを選ぶことで、プロジェクトの設定をすべて手作業で入力していくことになります。

➕2. インストールする項目

```
Vue CLI v4.5.13
? Please pick a preset: Manually select features
? Check the features needed for your project: (Press <space> to select, <a> to toggle all, <i> to invert selection)
(*) Choose Vue version
(*) Babel
>(*) TypeScript
( ) Progressive Web App (PWA) Support
```

```
( ) Router
( ) Vuex
( ) CSS Pre-processors
(*) Linter / Formatter
( ) Unit Testing
( ) E2E Testing
```

インストール内容を指定していきます。上下キーで>を移動し、スペースバーを押すと、カッコ内にアスタリスク（*）記号がON/OFFされます。デフォルトで「**Choose Vue version**」と「**Linter / Formatter**」には*がつけられています。>を移動して「**TypeScript**」を選び、スペースバーを押して*をつけてください。そしてEnterすれば、*がつけられた項目が組み込まれます。

╋3. Vue バージョンの選択

```
Vue CLI v4.5.13
? Please pick a preset: Manually select features
? Check the features needed for your project: Choose Vue version, Babel, TS, Linter
? Choose a version of Vue.js that you want to start the project with
    2.x
> 3.x
```

Vueのバージョンを選びます。「**2.x**」「**3.x**」の2つの選択肢があるので「**3.x**」に>を移動してEnterしてください。これでVue3のプロジェクトが作成されます。

╋4. クラススタイル・コンポーネントとJSX

```
Vue CLI v4.5.13
? Please pick a preset: Manually select features
? Check the features needed for your project: Choose Vue version, Babel, TS, Linter
? Choose a version of Vue.js that you want to start the project with 3.x
? Use class-style component syntax? (y/N) y

? Use Babel alongside TypeScript (required for modern mode, auto-detected polyfills,
transpiling JSX)? (Y/n)
```

「**Use class-style component syntax?**」と表示されたら「**y**」を入力します。これでクラススタイル・コンポーネントが利用可能になります。続いて「**Use Babel alongside TypeScript……**」と表示されたら、これはYがデフォルトなのでそのままEnterします。

➕ 5. ESLint の設定

```
? Pick a linter / formatter config: (Use arrow keys)
> ESLint with error prevention only
    ESLint + Airbnb config
    ESLint + Standard config
    ESLint + Prettier
    TSLint (deprecated)
```

　　　　ESLintはJavaScriptのコード分析ツールです。これの設定ファイルとのセットを選びます。デフォルトの**「ESLint with error prevention only」**が選ばれたままEnterすればいいでしょう。

➕ 6. Lint の設定

```
? Pick additional lint features: (Press <space> to select, <a> to toggle all, <i> to
invert selection)
>(*) Lint on save
( ) Lint and fix on commit
```

　　　　Lintのその他の機能の設定です。2つの項目が用意されており、**「Lint on save」**だけ＊がつけられています。これはそのままEnterすればいいでしょう。

➕ 7. 設定ファイルの指定

```
> In dedicated config files
    In package.json
```

　　　　専用の設定ファイルを作成し記録するか、package.jsonに設定を記述するかを選びます。そのままEnterを押します。

➕ 8. プリセットとして保存

```
? Save this as a preset for future projects? (y/N)
```

この設定をプリセット（標準の設定）として保存するか尋ねてきます。Nが選ばれているので
そのままEnterしましょう。これでプロジェクトの作成が開始されます。

◉ プロジェクトを実行する

では、作成したプロジェクトを動かしてみましょう。プロジェクトのフォルダをVisual Studio
Codeで開いてください。そしてターミナルビューを開き、以下のコマンドを実行しましょう。

```
npm run serve
```

これでプロジェクトがビルドされ、開発用サーバーが起動してアプリケーション起動します。
そのままWebブラウザからhttp://localhost:8080/にアクセスをしましょう。Vueのロゴとリンク
などが表示されます。これがデフォルトで用意されているページです。

◉図6-13：実行するとサンプルのページが表示される。

プロジェクトの構成

　では、作成されたプロジェクトの中を見てみましょう。これもNode.jsのプロジェクトですから、基本的な構成はReactプロジェクトとほぼ同じです。簡単に整理しておきましょう。

「node_modules」フォルダ	プロジェクトで使われるパッケージ類が保存されるところです。
「public」フォルダ	公開されるファイルです。イメージやアイコン、HTMLファイルなどはここに保管されます。
「src」フォルダ	ここにVueのプログラム関係がまとめられます。
package.json/package-lock.json	プロジェクトに関する設定情報などがまとめられています。
tsconfig.json	TypeScriptの設定情報ファイルです。
.eslintrc.js/babel.config.js/.browserslistrc/.gitignore	その他の各種プログラムが使う設定ファイル類です。
README.md	リードミーファイルです。

　もっとも重要なのは「**public**」「**src**」の2つのフォルダでしょう。これらの中に作成されているファイルを修正し、ときには新たにファイルを追加してアプリを作っていくことになります。

アプリを構成するファイル

　では、実際にアプリを動かすために用意されているファイルはどれでしょうか。これは、いくつかのものが組み合わせられてページが作られています。アプリの本体部分は以下のファイルで構成されていると考えていいでしょう。

index.html	「**public**」フォルダにあります。表示するページのHTMLファイルです。
main.ts	TypeScriptのメインプログラムです。
App.vue	アプリケーションのコンポーネントです。
HelloWorld.vue	サンプルとして用意されているコンポーネントです。

　この他にもロゴファイルなどいくつかファイルがありますが、基本はこの4つのファイルだけといってよいでしょう。これらがわかればVueの基本的な構成はわかったといってよいです。

◉index.htmlについて

では、順にファイルを見ていきましょう。まずはindex.htmlからです。これは「**public**」フォル
ダの中に配置されています。

◉リスト6-15

```html
<!DOCTYPE html>
<html lang="">
    <head>
        ……略……
    </head>
    <body>
        <noscript>
            ……略……
        </noscript>
        <div id="app"></div>
    </body>
</html>
```

アプリに直接関係のない部分は省略してあります。ここでは、<div id="app">というタグが
一つだけ用意されています。これにVueのコンポーネントを組み込んで表示するためのもので
す。このid="app"のタグ内にVue3の表示が組み込まれるのです。

◉ メインプログラムについて

続いて、「**src**」フォルダに用意されているmain.tsファイルです。これが、TypeScriptのメイ
ンプログラムになります。といっても、やっていることは非常にシンプルです。

◉リスト6-16

```typescript
import { createApp } from 'vue'
import App from './App.vue'

createApp(App).mount('#app')
```

App.vueファイルからAppコンポーネントを読み込んでいます。createApp関数でこのApp
を表示するアプリケーションを作成し、'#app'のタグにマウントします。これでWebブラウザに
Appコンポーネントが組み込まれ表示されるようになります。

このソースコードは、指定したコンポーネントを組み込んでアプリを表示する基本のコード

と言えるもので、私達が後から編集したりすることはないでしょう。ですから、その働きを無理に覚える必要はありません。

> **Column** shims-vue.d.tsとは？
>
> このmain.tsの他に、shims-vue.d.tsというファイルもあります。これもTypeScriptのファイルですが、アプリの動作とは直接関係はありません。
>
> これは、.vueという単一ファイルコンポーネントのソースコードをTypeScriptとして認識させるものです。これにより、コンポーネントの処理もTypeScriptで認識されるようになります。

Appコンポーネントについて

「src」フォルダ内にある「App.vue」が、アプリケーションとして表示されるコンポーネントです。.vueという拡張子のファイルは、「単一ファイルコンポーネント」と呼ばれるもので、一つのファイルにコンポーネントで必要となるすべての情報が記述されたものです。これは、以下のような形で記述されています。

○リスト6-17

```
<template>
    <img alt="Vue logo" src="./assets/logo.png">
    <HelloWorld msg="Welcome to Your Vue.js + TypeScript App"/>
</template>

<script lang="ts">
import { Options, Vue } from 'vue-class-component';
import HelloWorld from './components/HelloWorld.vue';

@Options({
    components: {
        HelloWorld,
    },
})
export default class App extends Vue {}
</script>

<style>
……略……
</style>
```

◉ テンプレートについて

単一ファイルコンポーネントは、いくつかの部分に分けて考えることができます。最初にあるのは、以下のようなタグ部分です。

```
<template>
    ……略……
</template>
```

これは、コンポーネントで使われるテンプレートの記述です。この<template>というタグの中にHTMLのタグを記述しておけば、それがコンポーネントのテンプレートとして利用されます。

今回は、この中でこういうタグが用意されていますね。

```
<HelloWorld msg="……"/>
```

これは、HelloWorldコンポーネントのタグです。Vueのテンプレート内では、コンポーネントもHTMLなどと同じようなタグとして記述することができます。

◉ TypeScriptのスクリプト

その後にある<script lang="ts">というタグがTypeScriptのスクリプトを記述している部分です。TypeScriptを使う場合は、このようにlang属性に"ts"を指定します。

```
import { Options, Vue } from 'vue-class-component';
import HelloWorld from './components/HelloWorld.vue';
```

最初にimport文を使って必要な部品を読み込んでいます。'vue-class-component'はクラススタイル・コンポーネントのためのライブラリです。'./components/HelloWorld.vue'は、もう一つのコンポーネントであるHelloWorld.vueです。

```
@Options({
    components: {
        HelloWorld,
    },
})
```

ここでは、@Optionsという見慣れないものを使っていますね。この@で始まるものは「デコ

314

レーター」と呼ばれるものです。デコレーターは、クラスやメソッドなどを作成する際、各種の設定などを付け加える働きをします。

　この@Optionsは、クラスを定義する際にオプション設定の情報を付加するためのものです。これは、この後にあるAppクラスの宣言につけられています。

```
export default class App extends Vue {}
```

　この部分ですね。Vueのコンポーネントクラスは、このようにVueクラスを継承したサブクラスとして宣言します。その前にあるexport defaultで、このクラスを外部から利用できるようにしています。

　クラス自体は何も処理を持っていませんが、@Optionsにより、必要なコンポーネントが組み込まれるようになっていたのです。このAppクラスの宣言部分を整理すると、こうなっているわけです。

```
@Options(……)
class App extends Vue {
    ……
}
```

　こうするとだいぶわかりやすい感じがするでしょう。@Optionsはクラスに付加されていることがよくわかりますね。

　このAppコンポーネントでは、テンプレート部分で<HelloWorld />と記述がされていました。つまり、HelloWorldコンポーネントが使える状態になっているのですね。Appクラスには何も処理は用意されていませんが、@Optionsの引数にcomponentsとしてHelloWorldが記述されているのがわかります。これにより、AppクラスにHelloWorldコンポーネントが読み込まれ利用できるようになっていたのです。

HelloWordコンポーネントについて

　実際のアプリケーションの表示を行っているのが、「**src**」フォルダ内の「**components**」というフォルダの中にある「**HelloWorld.vue**」です。このコンポーネントの中に実際の表示内容が記述されています。では、どんなものかざっと見ておきましょう。

⊕リスト6-18

```
<template>
    <div class="hello">
```

315

```
      <h1>{{ msg }}</h1>
      ……略……
   </div>
</template>

<script lang="ts">
import { Options, Vue } from 'vue-class-component';

@Options({
   props: {
      msg: String
   }
})
export default class HelloWorld extends Vue {
   msg!: string
}
</script>

<!-- Add "scoped" attribute to limit CSS to this component only -->
<style scoped>
……略……
</style>
```

　テンプレートの部分には、<h1>{{ msg }}</h1>という記述があります。この{{ msg }}は、HelloWorldクラスにあるmsgプロパティの値です。テンプレートでは、こんな具合に{{ }}という記号を使って変数などの値を埋め込むことができます。

　このmsgプロパティは、msg!: stringというように値が用意されています。!は、**「nullではない値」** を示す記号でしたね。しかし、値が代入されている様子はありません。これはどういうことでしょうか？

　その秘密は、手前にある@Optionsにあります。ここでは、引数のオブジェクト内に以下のような値が用意されています。

```
props: {
   msg: String
}
```

　このpropsは、**「属性として渡される値」** を示します。これにより、このHelloWorldコンポーネントではmsgという属性を使ってテキストの値が渡されるようになります。

　先ほどのApp.vueにあったテンプレートを思い出しましょう。このように書かれていました。

```
<HelloWorld msg="……"/>
```

　　msgという属性が用意されていたことがわかるでしょう。この値が、そのままmsgプロパティに渡されていたのですね。

　　このHelloWorldも内部に処理などはまったくもっていませんが、**「属性として渡される値をテンプレートで表示する」**という機能が組み込まれていたのです。これだけでも、それなりに使えるコンポーネントが作れそうですね。

試してみよう クリックして動くコンポーネントを作る

　　基本的なプログラムの構成はこれでわかりました。Vue3でクラススタイル・コンポーネントを作成し、その中に必要な値や処理を作成していけばいいのです。後は、それらをテンプレートにどのようにはめ込んで動かせばいいかわかれば、簡単なコンポーネントは作れるようになります。

　　では、実際にサンプルを作成してみましょう。まず、**「public」**フォルダのindex.htmlを開いてください。ここの<head>内にBootstrapのCDNタグを追記しておきましょう。

●リスト6-19

```
<link href="https://cdn.jsdelivr.net/npm/bootstrap@5.0.0/dist/css/bootstrap.min.css"
      rel="stylesheet" crossorigin="anonymous">
```

　　これでBootstrapのクラスが使えるようになりました。それ以外の部分は特に修正する必要はありません。

● App.vue の修正

　　続いて、**「src」**フォルダ内のApp.vueの修正です。冒頭にあるテンプレート部分（<template>～</template>の部分）を以下のように修正しておきます。

●リスト6-20

```
<template>
    <HelloWorld />
</template>
```

　　また、スタイル関係はすべてBootstrapにへんこうするので、<style>タグは削除しておきます。これでHelloWorldコンポーネントだけをシンプルに表示するようになりました。

◉ HelloWorld.vue の修正

では、画面に表示するコンポーネントを作りましょう。「**src**」フォルダ内の
「**components**」内にあるHelloWorld.vueを開き、以下のように内容を書き換えてください。

◉リスト6-21

```
<template>
    <h1 class="bg-info text-white p-2">{{msg}}</h1>
    <div class="container">
        <h2 class="my-3">number counter.</h2>
        <div class="alert alert-info">
            <h3 v-on:click="doAction">{{val}} count.</h3>
        </div>
    </div>
</template>

<script lang="ts">
import { Vue } from 'vue-class-component'

export default class HelloWorld extends Vue {
    msg = "Vue sample."
    val = 1

    doAction():void {
        this.val += 1
    }
}
</script>
```

◉図6-14：「○○ count.」と表示された部分をクリックすると数字がカウントされていく。

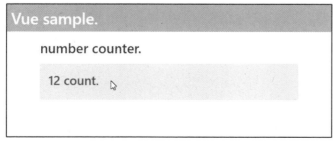

修正ができたら、Webブラウザでhttp://localhost:8080/にアクセスして表示を確認しましょ

う。今回のサンプルでは、画面に「**1 count.**」というテキストが表示されています。このテキスト部分をクリックすると、「**2 count.**」「**3 count.**」というようにクリックするごとに数字が1ずつ増えていきます。

◉ プロパティとメソッドの活用

今回作成したHelloWorldクラスでは、msg, valという2つのプロパティと、doActionメソッドが用意されています。doActionでは、呼び出されるとvalプロパティの値を1増やす処理を用意してあります。

これらのプロパティとメソッドは、テンプレートで以下のように使われています。

```
<h3 v-on:click="doAction">{{val}} count.</h3>
```

「**v-on**」というのは、Vueのテンプレートでイベント処理を割り当てる際に使うものです。v-on:clickとすることで、clickイベントに割り当てる処理を指定しています。ここでは"doAction"と値が指定されていますね。これで、このタグをクリックするとdoActionメソッドが実行されるようになります。

そして<h3>の表示コンテンツには、||val||が指定されており、これでvalプロパティの値が表示されます。実際に試してみるとわかりますが、クリックしてdoActionが実行されvalプロパティの値が1増えると、||val||と値を埋め込んでいた表示もちゃんと1増えることです。クラススタイル・コンポーネントでは、このようにプロパティの値を操作すると、それが||||で埋め込まれている部分の表示も自動的に更新されます。

TSX（JSX）を使う

単一ファイルコンポーネントは、一つのファイル内にテンプレートとクラスを記述するため、非常にわかりやすくコンポーネントが作成されます。このように「**テンプレートと処理のクラスが分かれている**」というのは、わかりやすく感じる人もいるでしょうが、逆に「**テンプレートとクラスを交互に見なくてはいけないからイヤだ**」という人もいるかも知れません。Reactのようにすべて一つにまとめられていたほうが把握しやすい、と感じる人もいることでしょう。

Reactでは、JSXというものを使って関数内に表示する内容を記述していました。このJSXは、実はVueでも使うことができるのです（TypeScriptで使われるため、TSXと呼ばれます）。

これは、クラススタイル・コンポーネントに「**render**」というメソッドを用意して実装します。renderは引数を持たないメソッドです。

319

```
render():VNode {
    return ……TSX……
}
```

　　renderは、このようにTSXで記述した値をreturnすれば、それがレンダリングされて表示されます。このrenderメソッドは、Vue継承クラスにそのまま用意すれば機能します。

　　TSXでreturnされる値は、Vueでは**「VNode」**という仮想DOMのクラスのインスタンスとして扱われます。ReactではReactElementというものでしたが、同じJSXでもフレームワークによって変換されるクラスが違ってくるんですね。

◎ 試してみよう コンポーネントの表示をTSXに変更する

　　では、先ほどの数字をカウントするコンポーネントをTSXで表示を行うように修正してみましょう。HelloWorld.vueを以下のように修正してください。

⊕ リスト6-22

```tsx
<script lang="tsx">
import { VNode } from 'vue'
import { Vue } from 'vue-class-component'

export default class HelloWorld extends Vue {
    msg = "Vue sample."
    val = 1

    doAction():void {
        this.val += 1
    }

    render():VNode {
        return(<div>
            <h1 class="bg-info text-white p-2">{this.msg}</h1>
            <div class="container">
                <h2 class="my-3">number counter.</h2>
                <div class="alert alert-info">
                    <h3 onClick={this.doAction}>{this.val} count.</h3>
                </div>
            </div>
        </div>)
    }
```

```
}
</script>
```

これで、先ほどとまったく同じように表示され動きます。「〇〇 count.」の表示をクリックすれば1ずつ数字が増えていくでしょう。

今回のサンプルを見ると、まず<script>タグの記述が少しだけ変わっていることに気がついたかも知れません。

```
<script lang="tsx">
```

langの値が"ts"から"tsx"に変わっています。TSXを使う場合は、これを修正しておくのを忘れないでください。"ts"のままだとTSXは認識されません。

では、renderで返しているTSX部分を見てみましょう。値を埋め込んでいる部分は、以下のようになっています。

```
<h1 class="bg-info text-white p-2">{this.msg}</h1>
<h3 onClick={this.doAction}>{this.val} count.</h3>
```

TSXですので、プロパティやメソッドは{}で埋め込みます。テンプレートのように{{}}は使いません。またクリックイベントもv-on:clickではなくonClickにメソッドを設定するだけです。テンプレートとTSXは微妙に書き方が違っているので間違えないようにしてください。

算出プロパティについて

Vueのコンポーネントには、一般的な値やメソッドの他にもさまざまな機能が用意できます。中でもけっこう利用頻度が高く重要なのが「算出プロパティ」でしょう。

算出プロパティは、「値として扱えるメソッド」です。値を計算する関数やメソッドをあらかじめ算出プロパティとして用意しておくと、それらの処理をプロパティとして扱えるようになります。プロパティの値を取り出すと、自動的に割り当てられている処理が実行され返された値がプロパティの値として扱われるようになるのです。

クラススタイル・コンポーネントの場合、この算出プロパティは「setter/getter」として用意するだけです。setter/getterは、プロパティの呼び出しをメソッドで実装するための仕組みでした。これを利用し、算出プロパティを作成できます。

╋ 値の取得

```
get 名前 ():型 {
    return 値
}
```

╋ 値の設定

```
set 名前 ( 引数 ):void {
    ……値の更新……
}
```

get/setを使い、メソッドをプロパティとして用意することで、算出プロパティを実装できます。というより、算出プロパティというのは**「getter/setterがなかった時代の苦肉の策」**だったといえるでしょう。

◎ 試してみよう 算出プロパティで合計を表示する

では、先ほどの数字をカウントするコンポーネントに、**「現在表示されているまでの合計」**のプロパティを追加してみましょう。

◑ リスト6-23

```
<script lang="tsx">
import { VNode } from 'vue'
import { Vue } from 'vue-class-component'

export default class HelloWorld extends Vue {
    msg = "Vue sample."
    val = 1

    doAction():void {
        this.val += 1
    }

    get sum():number {
        let re = 0
        for (let i = 1;i <= this.val;i++)
            re += i
        return re
    }
```

```
render():VNode {
    return(<div>
        <h1 class="bg-info text-white p-2">{this.msg}</h1>
        <div class="container">
            <h2 class="my-3">number counter.</h2>
            <div class="alert alert-info">
                <h3 onClick={this.doAction}>{this.val} count.</h3>
                <h4>(sum: {this.sum})</h4>
            </div>
        </div>
    </div>)
    }
}
</script>
```

◎図6-15：「○○ count.」の下に1からその数字までの合計が表示される。

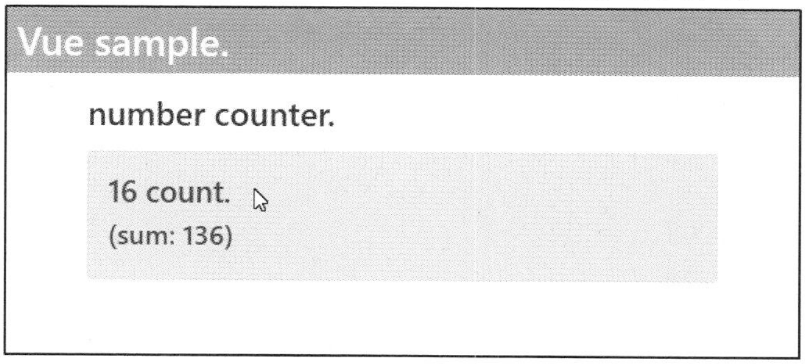

先ほどの「○○ count.」という数字の下に、(sum: ○○)という表示が追加されます。数字をクリックして増やしていくと、それと同時に1からその数字までの合計が下に表示されます。この合計を表示している部分が算出プロパティによるものです。

ここでは以下のようにしてsumというgetterが用意されています。

```
get sum():number {……}
```

numberの値を返すsumが、|this.sum|というようにして埋め込まれ、その場所に値が表示されるようになります。算出プロパティというと難しそうですが、**「getter/setterで作ったプロパティを使う」**と考えれば、クラスに慣れている人にはごく自然に理解できるでしょう。

作ってみよう 足し算電卓を移植しよう

では、Vueを使ってもう少し使えそうなサンプルを作ってみましょう。Reactのところで、数字をどんどん足していく足し算専用の電卓を作りましたね。あれをVueに移植してみることにしましょう。TSXを使えば、Reactとかなり近いものになるはずですね。では、やってみましょう。

⊙リスト6-24

```tsx
<script lang="tsx">
import { VNode } from 'vue'
import { Vue } from 'vue-class-component'

export default class HelloWorld extends Vue {
    msg = 'Calc app'
    val = 0
    inputdata = new Array<number>()

    doChange(event:Event):void {
        const ob = event.target as HTMLInputElement
        const re = Number(ob.value)
        this.val = re
    }

    doAction():void {
        this.doCalc()
    }

    doCalc():void {
        const arr:number[] = []
        for (let item of this.inputdata)
            arr.push(item)
        arr.push(this.val)
        this.inputdata = arr
        this.val = 0
    }

    doType(event:KeyboardEvent):void {
        if (event.code == 'Enter') {
            const ob = event.target as HTMLInputElement
            const re = Number(ob.value)
            this.val = re
```

```
            this.doCalc()
        }
    }

    render():VNode {
        let total = 0
        return(<div>
            <h1 class="bg-info text-white p-2">{this.msg}</h1>
            <div class="container">
            <h2 class="my-3">click button or enter key!</h2>
            <div class="alert alert-info">
                <div class="row px-2">
                    <input type="number" class="col"
                        onChange={this.doChange} onKeypress={this.doType}
                        value={this.val} />
                    <button onClick={this.doAction} class="btn btn-info col-2">
                        Click
                    </button>
                </div>
            </div>
            <table class="table">
                <thead><tr><th>value</th><th>total</th></tr></thead>
                <tbody>
                {this.inputdata.map((v,k)=>{
                    total += v
                    return <tr key={k}><td>{v}</td><td>{total}</td></tr>
                })}
                </tbody>
            </table>
            </div>
        </div>)
    }
}
</script>
```

○図6-16：Vueに移植した足し算電卓。数字を入力しボタンクリックか Enter キーを押すとどんどん加算していける。

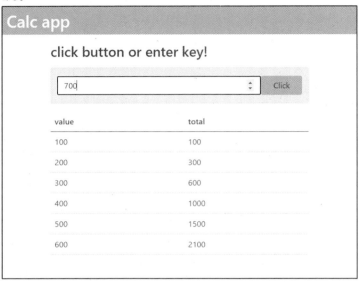

表示や機能はReactで作成したものとほぼ同じです。入力フィールドに数字を記入し、ボタンを押すかEnterキーを押せばそれがデータに追加されていきます。フォームの下には入力した数字と、追加した数字を順に加算した値が表示されていきます。

作成されたクラスを見ると、必要な値を保管するプロパティと各イベントで呼び出されるメソッド類がきれいに整理されており、非常にすっきりとした構造になっていることがわかるでしょう。

クラススタイル・コンポーネントの最大の利点はここにあります。プロパティとメソッドだけが並ぶ整理されたクラスとしてコンポーネントが作成でき、それ以外のVue特有の煩雑なルールが消えてしまっているのです。このことだけでもTypeScriptでVue開発を行うメリットは大いにあるといえるでしょう。

これで、TypeScriptによるVue開発の基本はだいたいわかったことと思います。これより先は、Vueについての学習が必要でしょう。Vue初学者のために「**Vue.js 3 超入門**」（秀和システム）という書籍も上梓していますので、こちらも参考にしてください。

サーバーサイドと
TypeScript

サーバー開発にもTypeScriptは
活用されています。
ここではNode.jsで動く
「Express」「Nest.js」「TypeORM」
といったフレームワークを使った
Webアプリ開発について説明しましょう。

Section 7-1 Node.js/Express プロジェクト

ポイント

▶Expressのメイン処理で何を行っているのか理解しましょう。

▶「routes」フォルダにあるルーティング処理の基本を覚えましょう。

▶ejsを使ったWebページの表示を行えるようになりましょう。

Node.jsとサーバー開発

ここまで、さまざまなプロジェクトを作るのに「**Node.js**」とそのパッケージ管理ツール「**npm**」を多用してきました。Node.jsは、既に触れたようにJavaScriptのエンジンプログラムです。それまでJavaScriptといえばWebブラウザの中だけで実行できるものでしたが、Node.jsの登場により、普通にソースコードを書いてその場で実行する、一般的なインタープリタ言語として使えるようになったのです。

このNode.jsが与えた影響は非常に大きいものがあります。特に、このNode.jsには標準でサーバー開発のための機能が用意されていたことで「**JavaScriptでサーバー開発を行う**」ということが可能になったのです。Webページ（クライアント側）のプログラムは、当然ですがJavaScriptしか使えません。ということは、Node.jsを使えば「**サーバー側とクライアント側のすべてをJavaScriptだけで作る**」ということが可能になります。サーバー側とクライアント側で異なる言語を使うのが当たり前だった時代に「**すべて一つの言語だけでOK**」というのは非常にインパクトがあったのです。

◉ Node.js から Express へ

ただし、Node.jsによるサーバー開発が最初から非常に快適だったわけではありません。Node.jsに標準で用意されている機能は、必要最小限のものでした。これでサーバー開発を行おうとすると、それなりに大変だったのも確かです。

しかし状況は急速に改善されていきます。Node.jsのサーバー開発を支援するライブラリやフレームワークが次々と登場し、より快適で高機能な開発が行えるように環境整備されていきました。そんな中で、圧倒的な支持を得たのが「**Express**」です。

　このExpressは、サーバー開発のためのフレームワークです。このExpressの最大の特徴は、高機能**「ではない」**という点でしょう。Expressは、Node.jsのサーバー開発のプログラムに薄い機能を乗せただけのものです。基本的なプログラムの構造などはNode.jsをそのまま踏襲しており、Node.jsで開発した経験があるなら誰でもすぐに飲み込むことができました。それでいながら、Node.jsで面倒くさかった部分はすべてすっきりとシンプルな形にしてくれるのです。

　Node.jsをまるっきり新しくするのではなく、**「便利にアップデートしてくれる」**というアプローチが、多くの人に受け入れられたのでしょう。現在では、**「Expressで作る」**は、**「Node.jsで作る」**とほぼイコールで考えられるようになっているのです。

　ここでは**「TypeScriptによるサーバー側の開発」**について説明をしていきますが、これは基本的に**「TypeScriptによるExpress開発」**のことと考えてください。ここでは最初からExpress中心で説明をしていきます。（Expressを使わない）Node.js単体の開発については特に触れません。

Express Generatorを使う

　では、Expressによる開発は、どのように行っていくのでしょうか。Node.jsでは**「Node.jsのプロジェクトを作り、必要なものをnpmコマンドでインストールしていく」**というやり方が基本です。しかしExpressの場合はもっと簡単な方法があります。**「Express Generator」**を使うのです。

　Express Generatorは、Expressによるアプリケーションのプロジェクトを自動生成するツールです。これはnpmを使ってインストールできます。コマンドプロンプトあるいはターミナルから以下のように実行すればインストールできます。

```
npm install -g express-generator
```

　ただし、この作業は必須ではありません。npxコマンドを利用すれば、インストールしなくとも使うことができます。

◉ Expressプロジェクトを作る

　では、実際にプロジェクトを作成しましょう。まずはExpress Generatorを利用して（TypeScriptを使わない）Expressの標準的なプロジェクトを作ってみます。

　コマンドプロンプトまたはターミナルを起動し、プロジェクトを作成する場所にカレントディレクトリを移動してから以下のように実行してください。

```
npx express -e express_app
```

◎図7-1：Express Generator で Express のプロジェクトを作成する。

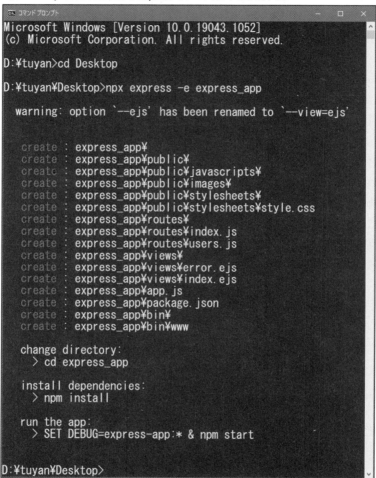

　これで「**express_app**」というフォルダが作成され、その中にプロジェクトのファイル類が書き出されます。もし実行してエラーになる場合は、「**npm install -g express-generator**」を実行してExpress Generatorをインストールしてから再度行ってください。

　ここで使ったexpressというコマンドが、Express Generatorです。これは以下のように実行します。

```
npx express プロジェクト名
```

これで指定した名前でプロジェクトを作成します。今回は、これに「-e」というオプションを付けています。これはテンプレートエンジンを指定するもので、今回は「ejs」というテンプレートエンジンを使うようにしてあります。

これで「**express_app**」というフォルダが作成され、その中にプロジェクトのファイル類が出力されます。

◉ パッケージをインストールし実行する

プロジェクトは用意できましたが、まだ完成ではありません。このプロジェクトには、まだNode.jsのパッケージ類がインストールされていないのです。

ではVisual Studio Codeを起動し、作成されたプロジェクトのフォルダを開いてください。そしてターミナルビューを開き、以下のコマンドを実行しましょう。

```
npm install
```

◉図 7-2：npm install でパッケージがインストールされる。

これでプロジェクトに「**node_modules**」フォルダが作られ、その中に必要なパッケージ類がインストールされます。

すべてインストールできたら、実際にアプリケーションを起動してみましょう。ターミナルビューから以下のコマンドを実行します。

```
npm run start
```

これで開発用サーバープログラムが起動し、アプリケーションが公開されます。Webブラウザを起動し、以下のアドレスにアクセスしてみてください。「**Express**」と表示された画面が現れます。これがExpressのサンプルページです。

http://localhost:3000/

○図7-3：npm run startで起動し、Webブラウザからアクセスする。

プロジェクトの構成

　では、プロジェクトの中がどのようになっているのか見てみましょう。Expressのプロジェクトは意外にシンプルです。基本となるフォルダの役割がわかれば、プロジェクトの構成はだいたいわかるでしょう。

「bin」フォルダ	メインプログラムとなるソースコード（www）が入っています。アプリ実行時にはまずこれが実行され、Node.jsによるサーバープログラムが起動します。
「public」フォルダ	公開ファイル（JavaScriptやスタイルシート、イメージなどのファイル）をまとめておくところです。
「routes」フォルダ	ルーティングといって、パスごとに実行する処理などを割り当てる、アプリの具体的なアクセスに関する処理がまとめられます。
「views」フォルダ	表示を行うテンプレートファイルがまとめられます。
apps.js	Expressによるアプリケーションの初期化処理です。「bin」フォルダのプログラムの次にこれが実行され、ExpressによるWebアプリが使える状態になります。
package.json	プロジェクトの設定ファイルです。

　これらの中で、アプリケーションの開発で編集する必要があるのは、「**app.js**」ファイルと「**routes**」「**views**」の各フォルダ内にあるファイルです。他、「**public**」フォルダのファイルも利用することになるでしょうが、プログラムの実行とは直接関係はないでしょう。

app.jsによるExpressのセットアップ

　では、プログラムの内容を見てみましょう。「**bin**」フォルダ内にあるwwwは、省略します。これはサーバーの起動処理部分で、私達が編集することはありません。ですからその内容を

理解する必要もありません。

　もっとも重要なのは「**app.js**」ファイルです。これが実質的にアプリの起動処理を行っているものと考えていいでしょう。ここでExpressの基本的な設定が行われているのです。では、どのような処理を行っているのか、整理しながら説明しましょう。なお、ここではソースコードを上から順に説明するのではなく、役割ごとに必要に応じてコードを抜き出して説明をしていきます。このため、app.jsのソースコードと完全に一致はしませんが、コードの働きは理解できるはずです。

◎ 利用するモジュールの読み込み

　最初に行う必要があるのは、Expressで利用するパッケージからモジュールを読み込む処理です。これは、以下のような文が用意されています。

● リスト7-1

```javascript
// エラー処理のオブジェクト
var createError = require('http-errors');
// Express本体
var express = require('express');
// パスを管理するオブジェクト
var path = require('path');
// クッキーを扱うオブジェクト
var cookieParser = require('cookie-parser');
// ログ出力のオブジェクト
var logger = require('morgan');
```

　requireというもので指定した名前のモジュールを読み込み変数に代入しています。これで、利用するオブジェクトが変数に取り出されます。

◎ Express本体のセットアップ

　必要なオブジェクトが揃ったら、Expressをセットアップしていきます。これは「**Expressオブジェクトの作成**」「**ビュー関連の設定**」「**必要な機能の組み込み**」といったことを行います。

● リスト7-2

```javascript
var app = express();

// ビューのパスとエンジンの設定
app.set('views', path.join(__dirname, 'views'));
```

```
app.set('view engine', 'ejs');

// 必要な機能を組み込む
app.use(logger('dev'));
app.use(express.json());
app.use(express.urlencoded({ extended: false }));
app.use(cookieParser());
app.use(express.static(path.join(__dirname, 'public')));
```

express関数でExpressの本体となるオブジェクトを作成します。そしてその後にあるsetで、ビューのテンプレートファイルが置かれる場所と、使用するテンプレートエンジンを設定しています。ここでは、ejsテンプレートエンジンを使い、「**views**」フォルダをテンプレートファイルの配置場所に設定しています。

後は、app.useというものでさまざまな機能を組み込み使えるようにしています。これらは、後で編集することはほとんどない（追記することはあるでしょう）ので、「**こういう文を実行してセットアップをしているんだ**」という程度に理解しておけば十分でしょう。

◉「routes」フォルダのオブジェクト

特定のパスにアクセスしたときにどういう処理を実行するかは「**routes**」フォルダの中にあるファイルで設定されています。ここにあるファイルからオブジェクトをロードし、Expressに設定します。

◉リスト7-3

```
var indexRouter = require('./routes/index');
var usersRouter = require('./routes/users');

app.use('/', indexRouter);
app.use('/users', usersRouter);
```

requireという関数で、引数に指定したパスのファイルからオブジェクトを読み込み変数に代入しています。そしてapp.useで、第1引数のパスに第2引数のオブジェクトを設定します。これで、指定したパスにアクセスがされると、割り当てたオブジェクト内にある処理が実行されるようになります。

アプリケーションで、ユーザーがアクセスしたときの具体的な処理を行っているのがここで組み込んでいる「**routes**」フォルダ内のファイルなのだ、ということはここでしっかり頭に入れておきましょう。

◉ エラーのハンドリング

　　最後に、処理が割り当てられていないパスにアクセスした際のエラー処理を用意します。これは以下のようになっています。

⊕リスト7-4

```
// catch 404 and forward to error handler
app.use(function(req, res, next) {
    next(createError(404));
});

// error handler
app.use(function(err, req, res, next) {
    // set locals, only providing error in development
    res.locals.message = err.message;
    res.locals.error = req.app.get('env') === 'development' ? err : {};

    // render the error page
    res.status(err.status || 500);
    res.render('error');
});
```

　　これらは、app.use(関数)というようにして組み込まれています。この関数の中で必要なエラー処理を行っています。この部分は、当面変更することはありませんから、どういう働きなのか今ここで理解する必要はありません。**「ここはエラー処理の部分なので触らないでおく」**ということだけ覚えておきましょう。

　　これでapp.jsに書かれている処理はすべてです。**「モジュールの読み込み」「Expressのセットアップ」「ルート・オブジェクトの準備」「エラーのハンドリング」**ということを行っていたのです。それぞれの処理がどうなっているのかだいたいわかるようになれば、app.jsは十分理解できたといっていいでしょう。

index.js のルート処理

　　では、特定のパスにアクセスしたときの処理を行っている**「routes」**フォルダのファイルを見てみましょう。2つのファイルがありますが、基本的な内容はだいたい同じなので、ここでは**「index.js」**ファイルの中身を見てみます。

⊙ リスト7-5

```
var express = require('express');
var router = express.Router();

/* GET home page. */
router.get('/', function(req, res, next) {
    res.render('index', { title: 'Express' });
});

module.exports = router;
```

◉ オブジェクトの準備

最初の2行は、ルーティングの処理に必要な2つのオブジェクトを準備するものです。この部分ですね。

```
var express = require('express');
var router = express.Router();
```

Expressのモジュールを読み込み、expressオブジェクトを用意します。そしてその**「Router」**メソッドを呼び出し、Routerというオブジェクトを作成します。これが、ユーザーがアクセスした際の処理を管理するためのものです。

続いて、サイトのルート（"/"パス）にアクセスした際の処理を作成します。

```
router.get('/', function(req, res, next) {
    res.render('index', { title: 'Express' });
});
```

これは、何をどうやっているのか今ひとつわかりにくいですね。これはRouterオブジェクトの**「get」**メソッドを呼び出しています。これは指定のパスにGETアクセスした際の処理を設定するもので、以下のように記述します。

```
《Router》.get( パス , 関数 );
```

第1引数にパスを指定します。注意したいのは、このパスは**「相対パス」**である、という点です。既にこの**「routers」**フォルダにあるファイル自体が、app.jsでパスに割り当てられています。ですから、このgetで指定するパスは、そのさらに先のパスを指定するものなのです。

たとえば、app.jsでapp.use('/hoge',……);というようにしてこのファイルが割り当てられていた、としましょう。そして、get("/abc",……);というように処理が割り当てられたとします。すると、この処理は、/hoge/abcにアクセスした際に呼び出されます。/abcでも/hogeでもありません。/hoge/abcが割り当てられる正しいパスです。

◉ GET アクセスの処理

このgetメソッドの第2引数に用意される関数は、以下のような形で定義されています。

```
function(req, res, next)
```

3つの引数が用意されていますね。これらは、それぞれ以下のようなオブジェクトが渡されています。

Request	クライアントからサーバーへの要求（リクエスト）を管理するオブジェクトです。
Responsee	サーバーからクライアントへの返信（レスポンス）を管理するオブジェクトです。
NextFunction	いくつもの処理がチェーン上に連なっている場合に、次の処理の呼び出しを管理するオブジェクトです。ここでは特に使いません。

ここでの処理は、RequestとResponseを使って行います。クライアントから何らかの情報が送られたならば、それはRequestで処理できます。そしてサーバーからクライアントへ情報を返送するには、Responseで必要な処理を行います。

◉ レンダリング処理

ここでは、Responseの **「render」** というメソッドを実行しています。このrenderは、指定したテンプレートをレンダリングし表示内容を生成するメソッドです。

```
res.render('index', { title: 'Express' });
```

このrenderメソッドは、第1引数にテンプレートファイルを、そして第2引数にテンプレートエンジンに渡す情報をまとめたオブジェクトをそれぞれ指定します。ここでは **「index」** という名前のテンプレートを指定しました。

テンプレートファイルは、 **「views」** フォルダの中にまとめられています。ここにある **「index. ejs」** というファイルが、ここで使われるファイルです。このプロジェクトでは、ejsというテンプ

レートエンジンが使われています。これは、○○.ejsというように「**.ejs**」拡張子をつけた名前で作成されたテンプレートファイルを使います。

第2引数には、titleという値を持つオブジェクトが用意されています。この名前 (title) をよく覚えておきましょう。テンプレートエンジンに渡すオブジェクトでは、このように必要な値をさまざまな名前をつけてオブジェクトに値を保管します。

index.ejsテンプレートファイル

では、最後にテンプレートファイルの内容を見ておきましょう。「**views**」フォルダ内にある「**index.ejs**」ファイルを開いて中身を確認してください。

○リスト7-6

```
<!DOCTYPE html>
<html>
    <head>
        <title><%= title %></title>
        <link rel='stylesheet' href='/stylesheets/style.css' />
    </head>
    <body>
        <h1><%= title %></h1>
        <p>Welcome to <%= title %></p>
    </body>
</html>
```

このようなソースコードが書かれていました。ここで注目してほしいのは、コード内に3ヶ所ある、<%= title %>という記述です。これは、titleという値を出力するものです。

ejsでは、<%= %>という特殊なタグを用意することで、テンプレートエンジンに渡された値を出力することができます。この<%= title %>では、テンプレートエンジンに渡されたオブジェクトからtitleという名前の値を取り出し、ここに書き出していたのです。

Expressのポイント

これでExpressのプロジェクトの概要がだいたい把握できました。Express利用のポイントは、なんといっても「**ルート処理**」をマスターすることです。「**routes**」フォルダに用意される、特定のパスにアクセスした際の処理がきちんと作れるようになれば、Expressの基本はほぼマスターできたといってもよいでしょう。

Express と TypeScript

ここまでExpressの基礎知識について説明をしてきました。が、ここまでの説明はすべて**「JavaScript」**によるものでした。TypeScriptでExpressの開発を行うためにはどのようにすればいいのでしょうか。

これは、作成されたJavaScriptのソースコードをすべて手作業でTypeScriptに変更すればできないことはありません。ただし、それだけではダメです。ビルドする際にTypeScriptのコードをJavaScriptにトランスコンパイルし、それらをもとに公開用のサイトが生成されるようにしなければいけません。これは、単にスクリプトを書くだけでなく、プロジェクトのパッケージ化を行うためのツール類（一般にはWebpackと呼ばれるツールが用いられます）などについても理解しなければいけません。意外と大変なのです。

◎ express-generator-typescript について

こうして**「手作業でTypeScriptにする」**というのはかなり大変ですので、ここではもっと手軽な手段を取りましょう。**「ExpressをTypeScriptで開発したい」**と思う人は世界中に大勢います。ということは、そうした人に向けたツールを作ろう、と考える人もいるということです。実際にExpressでTypeScriptを利用するプロジェクトを作成するパッケージはいくつも登場しています。こうしたパッケージを利用すれば、簡単にTypeScriptベースのプロジェクトを作ることができます。

ここでは、**「express-generator-typescript」**というパッケージを使うことにしましょう。これは、TypeScriptによるExpressプロジェクトを生成するツールの中で、おそらくもっとも広く使われているものです。このツールは、npmで公開されています。コマンドプロンプトまたはターミナルから以下を実行することでインストールできます。

```
npm install -g express-generator-typescript
```

ただし、これもnpxを利用する場合は必ずしも必要ありません。npxでプロジェクト生成を行う際は、以下のようにコマンドを実行します。

```
npx express-generator-typescript プロジェクト名
```

最後にプロジェクト名を付けて呼び出せば、指定の名前でプロジェクトを作成します。

◉ プロジェクトを作成する

では、実際にプロジェクトを作りましょう。コマンドプロンプトまたはターミナルを起動し、以下のように実行してください。

```
npx express-generator-typescript express_type_app
```

○図7-4：express-generator-typescriptでプロジェクトを作成する。

これで、「**express_type_app**」という名前でフォルダを作成し、その中にプロジェクトのファイル類を出力します。

◉ プロジェクトの実行

作成されたら、Visual Studio Codeで「**express_type_app**」フォルダを開き、開発の準備をしましょう。続いて実際にプロジェクトを実行し表示を確認してみます。

ターミナルビューを開き、以下のコマンドを実行してください。

```
npm run start:dev
```

これで開発用サーバーが起動し、プロジェクトが実行されます。Webブラウザからhttp://localhost:3000/にアクセスをしてください。画面に「**Add User**」というフォームと、「**Users**」というフォームのリストが表示されます。これがデフォルトで作成されている表示です。

このexpress-generator-typescriptで生成されるプロジェクトは、単純なページを表示するだけでなく、簡単なデータの処理も組み込まれています。ファイルベースですが、データベース的にデータを作成して保存したりする機能を用意してあるのですね。「**Add User**」フォームを使うとデータを追加でき、また「**Users**」に表示されている保存データを更新したり削除したりすることもできます。実際に使ってみて、データの基本的な操作が行えることを確認しましょう。

◉図7-5：プロジェクトを実行する。簡単なデータを扱うページが表示される。

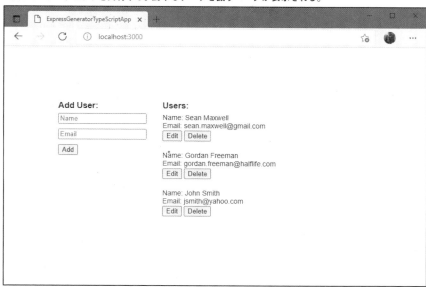

Column start:devは開発用！

　ここで使ったstart:devというコマンドは、開発用のサーバー起動を行います。これは通常のアプリの実行とは一味違います。起動した状態でプロジェクトのファイルを編集すると、その場で修正が反映されサーバーのプログラムが更新されるのです。サーバーを起動したままプログラミングをすれば、常に最新の状態で動作確認が行えるというわけです。

プロジェクトの構成

　では、作成されたプロジェクトがどのようになっているのか見てみましょう。プロジェクトは、「**src**」フォルダといくつかのファイルで構成されています。express-generator-typescriptのプロジェクトでは、アプリケーションのファイルは「**src**」フォルダの中にすべてまとめられているのです。

　この「**src**」フォルダ内を見ると、Expressのスタンダードな構成にはないフォルダが多数追加されているのがわかります。いきなり難しくなったように感じるでしょうが、実はその多くはデフォルトで追加されているデータベース的な機能（ファイルでデータベースっぽいことをしている）のためのものです。Expressと同じ「**指定のパスにアクセスするとWebページが表示される**」という基本部分は、実はそれほど大きな違いはありません。

　では、プロジェクトの構成について簡単にまとめておきましょう。

「node_modules」フォルダ	プロジェクトで使っているパッケージがまとめられています。
「spec」フォルダ	Jasmine という JavaScript テストフレームワークのためのファイルがまとめてあります。
「src」フォルダ	アプリケーションの本体となる部分です。ここにすべてのソースコード類があります。

build.ts	ビルドのためのソースコードです。
package.json/package-lock.json	プロジェクトの設定ファイルです。
tsconfig.json/tsconfig.prod.json	TypeScript の設定ファイルです。

　「spec」フォルダのようにはじめて見るものもありますが、それ以外のものは今まで登場したことのあるものばかりですから、だいたいわかるでしょう。

◉「src」フォルダの構成

　アプリケーションは「src」フォルダの中にすべてのファイルがまとめられています。ここにあるフォルダ類の役割について簡単にまとめておきましょう。

「@types/express」フォルダ	これは「@types」フォルダ内の「express」フォルダを示します。ここに TypeScript の型情報のファイルがあります。
「daos」フォルダ	データにアクセスするためのオブジェクト（Data Access Object）のスクリプトです。
「entities」フォルダ	データの定義ファイル（エンティティファイル）のソースコードです。
「pre-start」フォルダ	Express のサーバーが起動する前に実行される処理がまとめてあります。
「public」フォルダ	そのままパスにアクセスして公開されるリソースファイル（スタイルシート、スクリプト、イメージファイルなど）がまとめられます。
「routes」フォルダ	ルーティングに関するソースコードがまとめてあります。
「shared」フォルダ	アプリ全体で共有されるプログラムがまとめてあります。
「views」フォルダ	ビューテンプレートファイルがまとめられています。

index.ts	サーバーの起動プログラムです。
Server.ts	サーバーの実行内容です。Express の初設定などはここにあります。

　「@types/express」「daos」「entities」といったものは、サンプルで使っているデータの処理のためのものです。これは不要なら削除できます。

また「**pre-start**」「**shared**」は、それぞれの役割がわかっていればそれで十分です。実際にこれらのフォルダ内にあるファイルを編集したり、新たなファイルを作成したりするのは、ある程度開発に慣れてからでしょう。当面、これらを使うことはありません。

Expressの起動時の設定などは、Expressのスタンダードなプロジェクトではapp.jsというソースコードファイルにありました。これは、ここではServer.tsになります。

従って、最初の内、使うことになるのは「**public**」「**routes**」「**views**」の3つのフォルダのみです。Expressのスタンダードなプロジェクトに用意されているのと同じですね。それ以外のものは、express-generator-typescriptによって追加されたものだったのです。

試してみよう Webページを作成する

では、基本的な構成がわかったところで、実際にTypeScriptを使ってアプリケーションの表示を作成しましょう。既に作成されているデフォルトのページを修正してもいいのですが、ここでは新しいファイルを追加して、新しいページを作ることにしましょう。

その前に、テンプレートエンジンを追加しておきます。このプロジェクトには、デフォルトでテンプレートエンジンが用意されていません。では、Expressのプロジェクトでも使ったejsをインストールしておくことにします。

Visual Studio Codeのターミナルビューから以下のコマンドを実行してください。これでejsがインストールされます。

```
npm install ejs
```

○図7-6：npm installでejsを組み込む。

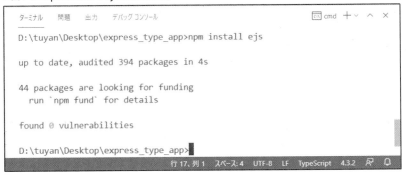

⦿ hello.ts でルーティングを作成する

では、Webページの処理を作りましょう。「**routes**」フォルダの中に、新たに「**hello.ts**」というファイルを作成してください。そして以下のように内容を記述します。

⦿リスト7-7

```
import { Request, Response, Router } from 'express'

const router:Router = Router()

router.get('/', function(req:Request,
            res:Response):void {
    res.render('hello', {
        header:'Hello page',
        title: 'Hello!!' ,
        msg:'This is Hello page!'
    })
})

export default router
```

ここではRouterオブジェクトを作成し、そのgetメソッドで'/'パスに対する処理を割り当てています。これは'/'となっていますが、このhello.ts自体を/helloに割り当てる予定ですので、実際は/hello/にアクセスした際に呼び出されます。

ここでは、header, title, msgといった値をまとめたオブジェクトを引数に渡してrenderを呼び出しています。テンプレート名も'hello'で統一してあります。

コードを見ればわかりますが、この部分はすべてTypeScriptで書かれていますね。hello.tsというファイル名でもわかることですが、記述するコードはすべてTypeScriptベースになっています。しかも、コーディングする内容はすべて標準的なExpressのままです。

⦿ hello.ts を Express に組み込む

では、作成したhello.tsをExpressに組み込む処理を追加しましょう。Server.tsファイルを開いてください。そして適当なところ（「**Serve front-end content**」というコメントの手前あたり）に以下の処理を追記しておきます。

⦿リスト7-8

```
import helloRouter from './routes/hello'
```

```
app.set('view engine', 'ejs')
app.use('/hello', helloRouter)
```

これで、hello.tsのルーティング処理が/helloに割り当てられるようになりました。また、テンプレートエンジンもここでejsに設定してあります。

◉ hello.ejs を作る

残るはテンプレートファイルです。「**views**」フォルダの中に、新しく「**hello.ejs**」というファイルを作成しましょう。そして以下のように記述をしておきます。

◉ リスト7-9

```
<!DOCTYPE html>
<html lang="ja">
<head>
    <meta charset="UTF-8" />
    <title><%= title %></title>
    <link href="https://cdn.jsdelivr.net/npm/bootstrap@5.0.0/dist/css/
      bootstrap.min.css"
            rel="stylesheet" crossorigin="anonymous">
</head>
<body>
    <h1 class="bg-primary text-white p-2"><%= header %></h1>
    <div class="container py-2">
        <h2 class="mb-3"><%= title %></h2>
        <div class="alert alert-primary">
            <%= msg %>
        </div>
    </div>
</body>
</html>
```

⊕図7-7：http://localhost:3000/hello にアクセスすると、作成したページが表示される。

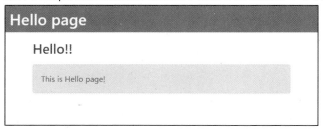

保存したら、http://localhost:3000/helloにアクセスをしてみましょう。すると、作成したhello.
ejsによる表示が現れます。ここでは<%= %>を使い、title, header, msgといった値を出力して
います。

Expressの学習は地道に

とりあえず、これで「**express-generator-typescriptを使ってExpressをTypeScript
ベースで開発するプロジェクトを作る**」という目標は達成しました。後は、Expressの学習を
進めていけば、本格的なWebアプリケーションが作れるようになるでしょう。

Expressは、非常にシンプルでNode.jsに近いコーディングですが、それでも覚えるべき事柄
はいろいろとあります。また、「**そもそもNode.js自体がはじめて**」という人も多いことでしょ
う。こうした人は、まずNode.jsの基本から学び始め、それからExpressに進む必要があります。
それらが一通り理解できたところで、はじめて「**TypeScriptでExpress開発をする**」という
段階に進めるのです。

とりあえず、「**TypeScriptでExpress開発する**」というのがどのようなものか、イメージぐら
いはつかめたことでしょう。後は、地道にExpressの学習を進めていってください。

Nest.js による
サーバー開発

Section
7-2

ポイント

▶ モジュール、サービス、コントローラーの基本を理解しましょう。

▶ ejs テンプレートエンジンの利用をマスターしましょう。

▶ フォーム送信と Ajax 送信をそれぞれ行えるようになりましょう。

バックエンド開発と Nest.js

ここまでのところで、一応、**「ExpressでTypeScriptによるサーバーサイド開発を行う」**ということができるようにはなりました。ただ、Express自体はもともとJavaScriptのためのフレームワークですから、どうしても**「無理やりTypeScriptに置き換えて使っている」**というところはあります。標準でTypeScript版が作れず、express-generator-typescriptというパッケージでプロジェクトを作成するなどしたのも、いわば**「標準でサポートされていないための苦肉の策」**といったところはあります。

もし、Expressにこだわらないのであれば、最初からTypeScriptベースで開発することを考えて作られたフレームワークというのもたくさんあります。本格的にTypeScriptでサーバー開発を行いたいならば、そうしたフレームワークを選んだほうがよいでしょう。

ここでは、その代表的な例として**「Nest.js」**というフレームワークを取り上げ、基本的な使い方を説明していきます。Nest.jsは、TypeScriptをフルサポートしたバックエンド・フレームワークです。サーバー側の開発にTypeScriptを考えているのであれば、おそらく真っ先に名前が出てくるものでしょう。

Nest.jsは、実は内部にExpressを持っており、これをコアにして動作しています。このため、コードの形もExpressユーザーであればどこかで見たことがあるような形になっています。

ここまでExpressについて説明をしたところで、いきなりまったく別のフレームワークが登場したため**「今までの学習は無駄になるの？」**と不安に思ったかも知れませんが、そんなことはありません。Expressの知識があれば、Nest.jsは非常にスムーズに使えるようになります。

◉Nest.jsのインストール

Nest.jsは、npmを使ってインストールし利用します。コマンドプロンプトまたはターミナルを起動して以下のコマンドを実行してください。

```
npm install @nestjs/cli -g
```

これでNest.jsのCLIプログラムがインストールされます。Nest.jsは、このCLIプログラムを使ってプロジェクトの作成などを行っていきます。ただしnpxコマンドを使うならばインストールしなくとも問題ありません。

◉図7-8：npmでNest.jsのCLIプログラムをインストールする。

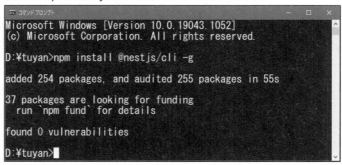

Nest.jsプロジェクトの作成

では、Nest.jsのプロジェクトを作成しましょう。これはインストールしたnestコマンドを使って行います。コマンドプロンプトまたはターミナルでプロジェクトを作成する場所に移動し、以下を実行してください。

```
npx nest new nest_app
```

実行後、以下のようなメッセージが表示されます。これはパッケージ管理ツールに何を使うかを選ぶものです。そのままEnterすればnpmが選択されます。

```
? Which package manager would you ❤·      to use? (Use arrow keys)
> npm
  yarn
```

後は、ひたすら待つだけです。プロジェクト作成まではけっこう時間がかかります。すべて完了すると、「**nest-app**」というフォルダが作成されます。これがプロジェクトのフォルダになります。

● 図 7-9：nest new コマンドで新しいプロジェクトを作成する。

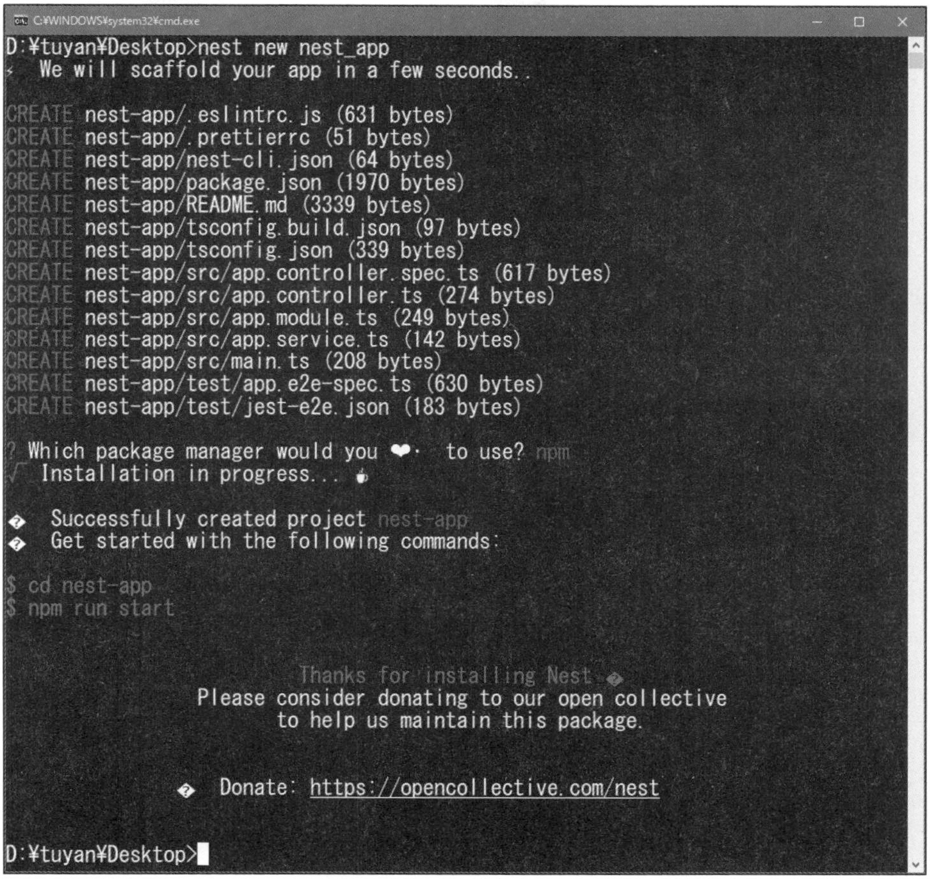

● プロジェクトを実行する

では、実際にアプリを動かしてみましょう。作成されたフォルダを Visual Studio Code で開いてください。そしてターミナルビューを開き、以下のコマンドを実行します。

```
npm run start:dev
```

これでプロジェクトが実行されます。Webブラウザから、http://localhost:3000にアクセスすると「**Hello World!**」というテキストが表示されます。これがサンプルで用意されている表示です。

このstart:devも、実行中にプログラムを修正すると、それが即座に反映されるようになっています。プロジェクトを実行したままコードを入力し、保存したら即座に動作チェックが行えるわけです。

◉図7-10：http://localhost:3000にアクセスすると「Hello World!」と表示される。

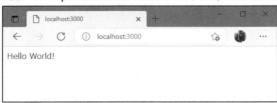

プロジェクトの構成

作成されたプロジェクトの構成がどうなっているか見てみましょう。プロジェクトのフォルダ内には以下のようなものが作成されています。

「dist」フォルダ	これはプロジェクトを実行すると自動生成されます。ビルドされたアプリが保存されているところです。
「node_modules」フォルダ	おなじみ、プロジェクトで使うパッケージがまとめられているところですね。
「src」フォルダ	アプリケーションの本体部分がまとめられているところです。
「test」フォルダ	テスト用のソースコードファイルがまとめられています。

その他、各種の設定ファイル類が保存されているのは、これまでのプロジェクトと同様です。開発は、基本的に「**src**」フォルダにあるものを修正していくだけと考えていいでしょう。

◉「src」フォルダの内容

では、アプリの本体部分である「**src**」フォルダの中はどうなっているのか確認しましょう。この中には以下のようなTypeScriptのソースコードファイルが用意されています。

main.ts	これがメインプログラムです。ここでNest.jsのサーバーが起動されます。
app.module.ts	アプリケーションで利用する各種のモジュール（機能ごとに分かれている組み込み可能なプログラム）を設定します。
app.service.ts	サービスと呼ばれるプログラムのサンプルです。
app.controller.ts	コントローラーと呼ばれるプログラムのサンプルです。
app.controller.spec.ts	コントローラーのテストのためのプログラムです。

　6つに分かれていますが、それぞれの役割がはっきりと決まっており、非常にわかりやすく整理されてるのがわかるでしょう。

　プログラムは、「**メインプログラム**」「**モジュール設定**」「**サービス**」「**コントローラー**」といったもので構成されています。これらの働きがわかれば、Nest.jsのプログラム作成はできるようになるのです。

プログラムの概要をチェックする

　では、順にソースコードを見ていきましょう。まずはメインプログラムであるmain.tsからです。これは以下のようになっています。

○リスト7-10

```
import { NestFactory } from '@nestjs/core';
import { AppModule } from './app.module';

async function bootstrap() {
    const app = await NestFactory.create(AppModule);
    await app.listen(3000);
}
bootstrap();
```

　bootstrapという関数を用意し、これを実行していますね。この関数の中では、NestFactoryというクラスからインスタンスを作成し、そのlistenというメソッドを呼び出して待ち受け状態にしています。NestFactoryで作成されるのがNest.jsのサーバーオブジェクトで、これでサーバーが起動し、利用者がアクセスしてくるのを待ち受けるようになっているのです。

　このNestFactoryインスタンスを作成するcreateでは、AppModuleというオブジェクトを引数に指定しています。これが、次のapp.modules.tsで作成されるAppModuleクラスです。

◉ モジュールについて

次のapp.modules.tsでは、「**モジュール**」というものの準備をしています。これは以下のようになっています。

◉リスト7-11

```
import { Module } from '@nestjs/common';
import { AppController } from './app.controller';
import { AppService } from './app.service';

@Module({
    imports: [],
    controllers: [AppController],
    providers: [AppService],
})
export class AppModule {}
```

@Moduleというのは「**デコレーター**」というものでしたね。これはクラスやメソッドに各種の設定情報などを付け足すものでした。ここでは、AppModuleというクラスに、この@Moduleデコレーターがつけられています（AppModuleクラス自体は、何も持っていない空のクラスです）。

このデコレーターでは、imports, controllers, providersといった値が用意されています。これらはインポート、コントローラー、プロバイダーといったものをまとめるものです。

インポート	importでインポートするモジュールを指定します。
コントローラー	クライアントがアクセスした際の処理をコントロールするものです。Expressのルーティング設定をさらにまとめて使いやすくしたものと考えてください。
プロバイダー	アプリで利用するさまざまな機能を提供するプログラムをまとめてプロバイダーと呼びます。それらを管理するものです。

当面、モジュールは「**コントローラーとサービス**」のことだ、と考えていいでしょう。それ以外のものは登場しませんから。こうしたアプリで使われる部品をここでAppModuleというクラスにまとめ、それをメインプログラムのNestFactoryに渡していた、というわけです。

◉ コントローラーについて

メインプログラムとモジュールの設定は、アプリケーションの本体部分に関するものです。実際にユーザーがアクセスしたときの処理を担当するのは、コントローラーと呼ばれる部分です。デフォルトでは、app.controller.tsというファイルがサンプルとして用意されています。これの

内容を見てみましょう。

●リスト7-12

```typescript
import { Controller, Get } from '@nestjs/common';
import { AppService } from './app.service';

@Controller()
export class AppController {
    constructor(private readonly appService: AppService) {}

    @Get()
    getHello(): string {
        return this.appService.getHello();
    }
}
```

コントローラーは、@Controllerというデコレーターをつけて宣言します。ここでは、app.service.tsにあるAppServiceというサービスクラスを利用しており、コンストラクタでこのオブジェクトを引数に指定しています。

コントローラーでは、クライアントがアクセスしたときに呼び出される処理を用意します。ここでは、getHelloというメソッドが一つ用意されていますね。これには、@Getというデコレーターがつけられています。これは、HTTPのGETメソッドでアクセスされた際の処理であることを示すものです。

ここでは、AppServiceのgetHelloというメソッドを呼び出して、その値をreturnしています。コントローラーのメソッドでは、クライアント側に表示する内容をreturnで返しているのです。これで表示内容が作成されました。

このコントローラーとgetHelloは、特にパスなどを設定していないため、トップページ（"/"のパス）にアクセスすると実行されるようになります。

◎ サービスについて

もう一つ、サービスのプログラムも用意されていました。app.service.tsの中身がどうなっているのか見てみましょう。

●リスト7-13

```
import { Injectable } from '@nestjs/common';

@Injectable()
export class AppService {
    getHello(): string {
        return 'Hello World!';
    }
}
```

ここでは、@Injectableというデコレーターがつけられたクラスが用意されています。このデコレーターは、外部から依存関係を注入（Inject）できることを示すものです。どういうことか？　というと、プログラムを利用する上で必要となる情報を外部から組み込めるようになる、ということです。よくわからないでしょうが、とりあえずここでは**「サービスなどのプロバイダーはすべて@Injectableにする」**とだけ理解しておきましょう。

ここでは、getHelloメソッドで'Hello World!'というテキストを返しています。これが、AppControllerクラスのgetHelloメソッドで戻り値に使われていたのですね。

これで、コントローラーからサービスを呼び出して値を取得し表示する、という一連の流れがわかりました。

ejsを使おう

ここでは、簡単なテキストを表示するだけのサンプルしか用意されていません。もう少し本格的なWebアプリを作成するのに使いたければ、**「テンプレートエンジン」**を使う必要があるでしょう。Nest.jsはExpressをコアにして作られていますから、テンプレートエンジンの利用や設定も同じような感覚で行えます。

では、ejsをインストールしましょう。Visual Studio Codeのターミナルビューから以下を実行してください。これでプロジェクトにejsが追加されます。

```
npm install ejs
```

◉図7-11：npmでejsをインストールする。

```
ターミナル    問題    出力    デバッグ コンソール                    cmd  + ∨  ∧  ×

D:\tuyan\Desktop\nest-app>npm install ejs

added 11 packages, and audited 930 packages in 3s

79 packages are looking for funding
  run `npm fund` for details

found 0 vulnerabilities

D:\tuyan\Desktop\nest-app>

           行 13、列 1   スペース: 4   UTF-8   LF   TypeScript   4.3.2   ⚡  ◯
```

◉ nest-cli.jsonを修正する

続いて、プロジェクトフォルダにある「**nest-cli.json**」というファイルを修正します。これは、Nest.jsのCLIプログラムの設定情報を記述したものです。これを開いて以下のように変更してください。

◉リスト7-14

```
{
    "collection": "@nestjs/schematics",
    "sourceRoot": "src",
    "compilerOptions": {
        "assets": ["**/*.ejs"]
    }
}
```

ここでは、compilerOptionsという項目を追記しました。これでejsファイルがアセット（静的ファイル）として認識され、ビルド時にファイルをコピーする対象になります。要するに「**ejsファイルもビルド時にコピーされる**」ようになるわけです。

◉ main.tsでejsを設定する

では、アプリケーションにejsを組み込みましょう。これは、Expressで行ったのとだいたい同じようなやり方をします。main.tsの内容を以下に書き換えてください。

◉リスト7-15

```
import { NestFactory } from '@nestjs/core'
```

```
import { NestExpressApplication } from '@nestjs/platform-express';
import { AppModule } from './app.module'
import { join } from 'path'

async function bootstrap() {
    const app = await NestFactory.create<NestExpressApplication>(
        AppModule,
    )

    app.useStaticAssets(join(__dirname, '..', 'public'))
    app.setBaseViewsDir(join(__dirname, '..', 'views'))
    app.setViewEngine('ejs')

    await app.listen(3000)
}
bootstrap()
```

　最初にNestFactory.createでオブジェクトを作成していますが、そこに<NestExpressApplication>と総称型を指定しています。これでExpressをベースとするアプリケーションを作成します。これにより、Expressでの設定などがそのまま使えるようにアンリます。その後に以下のような文がありますね。

```
// 静的ファイルの保管場所を設定
app.useStaticAssets(join(__dirname, '..', 'public'))
// ビューテンプレートの保管場所を設定
app.setBaseViewsDir(join(__dirname, '..', 'views'))
// テンプレートエンジンを設定
app.setViewEngine('ejs')
```

　これで、「**public**」フォルダにイメージファイルなどのリソースを配置し、「**views**」フォルダにテンプレートファイルを配置できるようになりました。テンプレートエンジンもejsに設定されました。

◉「views」フォルダとテンプレートを作る

　では、テンプレートファイルを用意しましょう。まずプロジェクトの「**src**」フォルダ内に「**views**」というフォルダを作成してください。そして、この中に「**index.ejs**」という名前でファイルを作成しましょう。ソースコードは以下のように記述しておきます。

リスト7-16

```html
<!DOCTYPE html>
<html lang="ja">
<head>
    <meta charset="UTF-8" />
    <title><%= title %></title>
    <link href="https://cdn.jsdelivr.net/npm/bootstrap@5.0.0/dist/css/
      bootstrap.min.css"
            rel="stylesheet" crossorigin="anonymous">
</head>
<body>
    <h1 class="bg-info text-white p-2"><%= header %></h1>
    <div class="container py-2">
        <h2 class="mb-3"><%= title %></h2>
        <div class="alert alert-info">
            <%= message %>
        </div>
    </div>
</body>
</html>
```

ejsのテンプレートの書き方はもうわかりますね。<%= %>というタグを使って、変数を埋め込んでおくことができました。ここでは、title, header, messageといった変数をテンプレート内に埋め込んであります。

コントローラーを作成する

では、コントローラーを修正し、作成したテンプレートファイルを使って表示を行うようにしてみましょう。app.controller.tsを以下のように書き換えてください。

リスト7-17

```typescript
import { Controller, Get, Render } from '@nestjs/common'
import { AppService } from './app.service'

@Controller()
export class AppController {
    constructor(private readonly appService: AppService) {}

    @Get()
```

```
@Render('index')
root() {
    return {
            title: 'Nest sample app',
            header: 'Nest.js',
            message: 'Hello world!'
    }
  }
}
```

◎図7-12：http://localhost:3000/にアクセスするとこのように表示されるようになった。

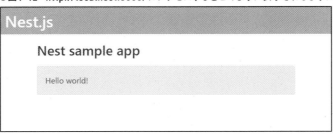

修正したら、http://localhost:3000/にアクセスして表示を確認しましょう。index.ejsに記述した内容の通りに表示が行われます。

◉ コントローラーのメソッドについて

今回は、AppControllerクラスに「**root**」というメソッドを一つだけ用意しました。ここでは、以下のように記述されています。

```
@Get()
@Render('index')
root() {……}
```

@Getの後に、@Renderというデコレーターがつけられています。これは、レンダリングの設定を用意するためのもので、これによりindexというテンプレートを使ってレンダリングを行うようになります。ここではejsをテンプレートエンジンに指定していますから、index.ejsが使われます。

肝心のメソッドの処理は、実は意外に簡単です。表示する内容の代わりに、テンプレート側に渡す値をreturnしているだけです。

```
return {
        title: 'Nest sample app',
        header: 'Nest.js',
        message: 'Hello world!'
}
```

　　表示する内容は、@Renderによりテンプレートが使われることが確定しています。従って、メソッドでは表示内容そのものをreturnする必要はありません。@Renderで使われるテンプレートに必要な情報をまとめてreturnすれば、それをもとに表示内容がレンダリングされます。

試してみよう　フォームの送信

　　単純な表示はこれでできるようになりました。次は、インタラクティブな処理について考えましょう。ユーザーとのやり取りというと、基本は**「フォーム」**でしょう。フォームを利用した処理はどのように行うのか、試してみましょう。

　　まず、テンプレートファイルを修正してフォームを用意します。index.ejsのボディ部分（<body>タグの部分）を以下のように修正してください。

● リスト7-18

```
<body>
    <h1 class="bg-info text-white p-2"><%= title %></h1>
    <div class="container py-2">
        <h2 class="mb-3"><%= msg %></h2>
        <div class="alert alert-info">
            <form method="post" action="/">
                <div class="mb-2">
                    <label>ID:</label>
                    <input type="text" name="id" class="form-control">
                </div>
                <div class="mb-2">
                    <label>password:</label>
                    <input type="password" name="pass" class="form-control">
                </div>
                <div>
                    <input type="submit" value="送信" class="btn btn-info">
                </div>
            </form>
        </div>
    </div>
</body>
```

ここでは、name="id"とname="pass"という2つの入力フィールドを持ったフォームを用意しました。これは<form method="post" action="/">というように属性を指定し、トップページのパスにpost送信するようにしてあります。送信された結果は、<%= msg %>を使って表示させるようにします。

◉ コントローラーを修正する

では、コントローラーを修正しましょう。app.controller.tsの内容を以下に書き換えてください。

◉リスト7-19

```typescript
import { Controller, Get, Post, Body, Render } from '@nestjs/common'
import { AppService } from './app.service'

@Controller()
export class AppController {
    constructor(private readonly appService: AppService) {}

    @Get('/')
    @Render('index')
    root() {
        return {
            title: 'Nest app',
            msg: 'send form:'
        }
    }

    @Post('/')
    @Render('index')
    send(@Body() form:any) {
        return {
            title: 'Nest form',
            msg: JSON.stringify(form)
        }
    }
}
```

◎図7-13：フォームを送信すると、送られた内容が表示される。

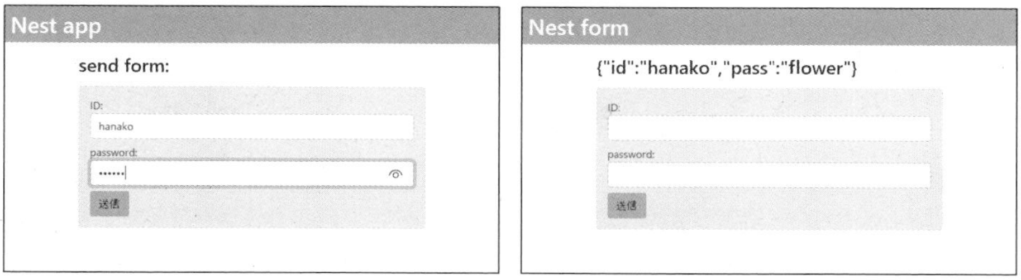

修正できたら、実際にアクセスして動作を確認しましょう。トップページにアクセスすると、フォームが表示されます。これに入力をして送信すると、送信された内容が表示されます。ここではオブジェクトをJSON.stringifyでテキスト化して表示しています。idとpassという値が用意されているのがわかるでしょう。

◉ フォームの処理

では処理の内容を見ていきましょう。ここでは、以下のように2つのメソッドがコントローラーに用意されています。

```
@Get('/')
@Render('index')
root() {……}


@Post('/')
@Render('index')
send(@Body() form:any) {……}
```

rootメソッドには@Getデコレーターがつけられ、これはGETメソッドでアクセスされた際に呼び出されます。sendメソッドは@Postデコレーターがつけられており、パスは同じですがこちらはPOSTメソッドによるアクセスの際に呼び出されます。

このsendメソッドには引数が用意されています。form:anyというものですが、これにも@Bodyというデコレーターがつけられていますね。これは、POST送信された情報のボディ（コンテンツ部分）をこの引数に割り当てることを示します。フォーム送信された場合、送られたフォームの内容が@Bodyにより引数に設定されるわけです。

後は、このform引数から必要な情報を取り出し利用するだけです。今回はformをまるごとJSON.stringifyでテキストにして表示していますが、このformの中身は以下のような形になっています。

```
{"id":《name="id"の値》,"pass":《name="pass"の値》}
```

　　フォームの各項目の値がnameをキーとする形にまとめられていることがわかります。ここか
ら、form.idやform.passとして値を取り出し利用できるのです。

試してみよう Ajaxでサーバーにアクセスする

　　Nest.jsは、バックエンドのためのフレームワークです。実際の開発では、フロントエンドはた
とえばReactのようなもので構築し、そこからバックエンドにAjaxでアクセスして必要な情報を
取得し表示をアップデートする、というようなやり方を取ることが多いでしょう。こうした手法で
は、フォームの送信のように直接コントローラーでフォームの内容を受け取り処理するような
やり方とは実装の仕方も違ってきます。

　　そこで、Ajaxで情報を送受するサンプルも作ってみましょう。先ほどのフォームをAjaxで
サーバーに送信し受け取るように修正してみます。まず、コントローラー側の修正です。app.
controller.tsのAppControllerクラスに記述してあるsendメソッド（@Postデコレーターを指定
しているメソッド）を以下のように変更してください。

◎ リスト7-20

```
@Post('/')
send(@Body() form:any) {
    return form
}
```

　　ここでは、@Bodyで受け取った内容をそのままreturnしています。@Bodyで得られる値は通
常、オブジェクトになっています。これをそのままreturnすると、そのオブジェクトがJSON形式
のテキストに変換されて出力されます。

◉ テンプレートファイルの修正

　　では、テンプレートファイルを修正しましょう。index.ejsの内容を以下のように書き換えてく
ださい。

◎ リスト7-21

```
<!DOCTYPE html>
<html lang="ja">
<head>
    <meta charset="UTF-8" />
```

```html
    <title><%= title %></title>
    <link href="https://cdn.jsdelivr.net/npm/bootstrap@5.0.0/dist/css/
      bootstrap.min.css"
            rel="stylesheet" crossorigin="anonymous">
    <script src="index.js"></script>
</head>
<body>
    <h1 class="bg-info text-white p-2"><%= title %></h1>
    <div class="container py-2">
        <h2 class="mb-3" id="msg"><%= msg %></h2>
        <div class="alert alert-info">
            <div class="mb-2">
                <label>ID:</label>
                <input type="text" id="id" class="form-control">
            </div>
            <div class="mb-2">
                <label>password:</label>
                <input type="password" id="pass" class="form-control">
            </div>
            <div>
                <button class="btn btn-info" onclick="doAction()">送信</button>
            </div>
        </div>
    </div>
</body>
</html>
```

　　ここでは、フォームには<form>を用意していません。実際の送信処理は、<script src="index.js">で読み込んだindex.jsで行います。送信用のボタンにはonclick="doAction()"と指定をしており、このdoAction関数をindex.jsに用意することで送信処理が実装されるようにしておきます。

◉ index.ts の作成

　　では、スクリプトを作成しましょう。プロジェクトフォルダ内に「**public**」という名前でフォルダを作成してください。そしてその中に「**index.ts**」とファイルを作成します。これが、今回のAjax処理を行うファイルです。このindex.tsが、ビルド時にindex.jsに変換され、それがindex.ejsから読み込まれて利用されることになります。

◎リスト7-22

```typescript
async function getData(url:string, obj:object) {
    const response = await fetch(url, {
        method:'POST',
        mode: 'cors',
        headers: {
            'Content-Type': 'application/json'
        },
        body: JSON.stringify(obj)
    })
    const result = await response.json()
    const msg_node:Element = document.querySelector('#msg')
    msg_node.textContent = JSON.stringify(result)
}

const url = '/'

function doAction():void {
    const id_node:HTMLInputElement = document.querySelector('#id')
    const pass_node:HTMLInputElement = document.querySelector('#pass')
    const obj = {
            id:id_node.value,
            pass:pass_node.value
        }
    getData(url, obj)
}
```

◎図7-14：IDとパスワードを入力しボタンを押すと、Ajaxでサーバーにアクセスし送信内容を取得して表示する。

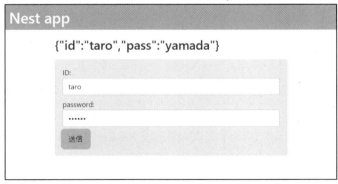

アクセスし、先ほどと同じように入力フィールドにIDとパスワードを記入してボタンをクリックしてください。サーバーにアクセスしてフォームの内容を送信し、結果を受け取って表示します。動作そのものはフォーム送信と同じですが、今回は送信もせず、ページもリロードされません。その場で表示だけが更新されます。

ここではdoAction関数でidとpassの値を取り出し、それをobjというオブジェクトにまとめてgetData関数を呼び出しています。このgetDataで、実際のAjax通信が行われています。ここではfetchを使って以下のようにアクセスを行っています。

```
const response = await fetch(url, {
    method:'POST',
    mode: 'cors',
    headers: {
        'Content-Type': 'application/json'
    },
    body: JSON.stringify(obj)
})
```

POSTメソッドを使い、urlのパスにアクセスしています。body: JSON.stringify(obj)でフォームの内容をまとめたオブジェクトをボディに設定しています。結果は、responseからjsonメソッドを呼び出してオブジェクトとして取り出し処理すればいいでしょう。

```
const result = await response.json()
```

これでresultに返送されたJSONデータのオブジェクトが取り出せます。後は、ここから必要な値を取得し利用するだけです。

一般的なフォーム送信と、AjaxによるJavaScript内からのサーバーアクセスがこれでできるようになりました。この2つの方式が使えるようになれば、サーバーから必要に応じて各種データをやり取りできるようになります。Webアプリのもっとも基本となる機能はこれで作れるようになる、と考えていいでしょう。

Section 7-3 TypeORMでSQLデータベースを使う

SQLデータベースとORM

本格的なWebアプリの開発では、**「データの扱い」**が非常に重要になります。多量のデータを保管し、必要に応じて検索するためには、テキストファイルなどでは限界があります。やはりデータベースを使う必要があるでしょう。

現在、広く使われているデータベースの多くは**「SQL」**と呼ばれるデータアクセス言語を使ってデータを処理するようになっています。SQLデータベースは非常に高度な処理が行える反面、専用言語を使ってアクセスしなければいけないため、プログラムの作成が難しくなりがちです。

そこで、現在の多くのプログラムでは、データベースに直接アクセスしてSQLの命令を送受するのではなく、**「ORM」**と呼ばれるフレームワークを介してデータベースにアクセスするようになっています

◉ORMとは

ORMとは**「Object-Relational Mapping」**の略で、日本語では**「オブジェクト＝関係マッピング」**と呼ばれます。Objectはプログラミング言語のオブジェクト、RelationalはSQLデータベースの情報を示すものと考えてください。つまりORMは、**「プログラミング言語のオブジェクトとSQLデータベースのデータをマッピングし、相互にやり取りできるようにするフレームワーク」**なのです。このORMを使うことで、プログラミング言語側ではその言語のオブジェクトとしてデータベースのデータを扱えるようになります。SQLの命令などが隠蔽され、純粋にプログラミング言語の処理だけを考えれば済むようになるのです。

◉ TypeORM について

Nest.jsには標準でORM機能はありませんが、TypeScriptに対応したORMフレームワークは既にいくつもあり、それらをインストールして利用することができます。Nest.jsでもっとも広く使われているのは「**TypeORM**」というフレームワークでしょう。

TypeORMは、データベースのテーブル（保管するデータの構造を定義したもの）を「**エンティティ**」と呼ばれるクラスとして定義します。そしてテーブルに保管されているデータ（レコードと呼ばれます）は、そのエンティティクラスのインスタンスとして扱われます。TypeORMでは、データベースを扱うのにSQLの命令を書いたり、データベースから受け取ったデータの構造を調べて値を取り出したりする作業はありません。

また主なデータベースアクセスの機能は「**リポジトリ**」と呼ばれるクラスを通じて自動生成されるため、データアクセスのためのメソッドを苦労して書くこともなくなります。

TypeORMを準備する

では、TypeORMを利用する準備を整えていきましょう。まず、「**どのデータベースを利用するか**」を考えなければいけません。ここでは「**SQLite**」というデータベースを利用することにします。

SQLiteは、データベースファイルに直接アクセスする小さなライブラリです。多くのSQLデータベースは、専用のデータベースサーバーを備えており、これにWebサーバーからアクセスして操作を行うのですが、SQLiteは直接fileにアクセスして操作するため、データベースのセットアップなどもほとんど必要ありません。

このSQLiteは、さまざまな言語で対応しています。Node.jsにもパッケージが用意されており、npmでインストールするだけでSQLiteの機能を使えるようになります。

◉ パッケージをインストールする

では、プロジェクトを開いているVisual Studio Codeからターミナルビューを開いて、SQLite利用のために必要なパッケージをインストールしましょう。以下のコマンドを順に実行していってください。

✚ SQLite のパッケージ

```
npm install sqlite3
```

✚ TypeORM のパッケージ

```
npm install typeorm
```

╋Nest.jsで TypeORM を利用するためのパッケージ

```
npm install @nestjs/typeorm
```

　これらがインストールできれば、Nest.jsからTypeORMを使ってSQLiteにアクセスできるようになります。

◉ormconfig.jsonを作成する

　続いて、TypeORMの設定ファイルを用意します。プロジェクトのフォルダ内に**「ormconfig.json」**という名前のfileを用意してください。そしてその中に以下のように記述をしましょう。

◆リスト7-23

```json
{
    "type": "sqlite",
    "database": "data/database.sqlite3",
    "entities": [
        "dist/entities/**/*.entity.js"
    ],
    "migrations": [
        "dist/migrations/**/*.js"
    ]
}
```

　ここでは4つの値が用意されています。これらはそれぞれ以下のような役割を果たしています。

"type"	データベースの種類を指定します。ここでは "sqlite" にしてあります。
"database"	データベースの指定です。SQLiteの場合、データベースファイルの場所を指定します。ここでは「**data**」フォルダ内に「**database.sqlite3**」というファイル名で作成をします。
"entities"	これは「**エンティティ**」と呼ばれるクラスの配置場所を示すものです。これはアプリの実行時に使われる設定であるため、Nest.jsで実行時に使われる「**dist**」フォルダ内のJavaScriptファイルを指定しています。ここでは「**dist**」内の「**entities**」フォルダの中に〇〇.entity.jsという名前で保存されているものとします。
"migrations"	これは「**マイグレーション**」と呼ばれる処理のファイルを示すものです。これもビルドで生成される「**dist**」内にある場所を指定します。ここでは「**dist**」フォルダ内の「**migrations**」というフォルダにソースコードが保存されているものとします。

これらは、type以外はいずれも「ファイルの配置場所を指定するものです。これは、それぞれで自由に設定してもいいのですが、注意しておきたいことがあります。

まず、"database"によるデータベースファイルの配置場所は**「dist」**内にはしない、という点です。**「dist」**フォルダは、ビルドごとに生成されます。従って、この中にあったファイルはビルドした段階で消えてしまいます。

また"entities"と"migrations"は、いずれも**「dist」**内の場所を指定します。"entities"はエンティティの指定で、これは実行時に設定をもとにエンティティが検索されます。従って、実行時に使われる**「dist」**フォルダ内の場所を指定しておく必要があります。

また"migrations"は、実行する処理が自動生成されますが、これは実行時は**「dist」**内のエンティティを使用することになるため、**「dist」**フォルダ以外の場所に配置しておくとモジュールがロードできず実行に失敗することがあります。

この2つは、いずれもプロジェクトをビルドして生成されたJavaScriptファイルが指定されています。このため、データベースを利用できるようにするまでに何度かビルドを繰り返し実行することになります。

◉ MySql/Postgres 利用の場合

ここではSQLiteを使いますが、SQLデータベースは他にも多数あります。そうしたものを利用する場合は、ormconfig.jsonに必要な設定情報を記述します。

例として、もっともよく利用されるMySQLとPostgreSQLの設定情報について触れておきましょう。これらを利用する際は、ormconfig.jsonに以下のような項目を用意します。

```
{
    "type": "mysql または postgres",
    "host": "ホスト名",
    "port": ポート番号,
    "username": "利用者名",
    "password": "パスワード",
    "database": "データベース名"
    ……その他の設定……
}
```

"type"にデータベース名を指定し、host, port, username, password, databaseといった項目に値を指定します。これで、指定したホストのデータベースに指定のアカウントでアクセスするようになります。

◉ app.module.ts を修正する

続いて、app.module.ts に、TypeORM のモジュールを追加します。ファイルを開いて、以下のように追記をしてください。

◉リスト7-24

```
import { Module } from '@nestjs/common';
import { AppController } from './app.controller';
import { AppService } from './app.service';
import { TypeOrmModule } from '@nestjs/typeorm'; // ☆

@Module({
    imports: [TypeOrmModule.forRoot()], // ☆
    controllers: [AppController],
    providers: [AppService],
})
export class AppModule { }
```

☆マークの2行が追記したものです。これでTypeOrmModuleのforRootメソッドで得られるオブジェクト（DynamicModuleというクラスのインスタンスです）がモジュールとして組み込まれます。

これで、TypeORMを利用するための準備は整いました！

エンティティクラスの作成

では、TypeORMを使ったデータベースアクセスを行っていきましょう。最初に行うのは「エンティティの作成」です。

エンティティとは、データベースで扱うデータの構造を定義したクラスのことです。SQLデータベースでは、データはそのままデータベースに保存することはできません。データベース内に「テーブル」と呼ばれるものを作成し、このテーブルに「レコード」と呼ばれる形でデータを記録していきます。テーブルには、「**nameというstring型の項目、idというinteger型の項目、……**」というようにどういう値が保管されるかが定義されており、その形式に合わせてデータを保存していくようになっているのです。

エンティティは、この「**保管するデータの構造**」をクラスの形で表したものです。クラス内に、保管する値をプロパティとして用意した形をしています。

● Mydataエンティティの作成

では、実際に簡単なエンティティを作ってみましょう。プロジェクトフォルダの「**src**」フォルダ内に「**entities**」という名前のフォルダを作成してください。ここにエンティティのソースコードをまとめることにします。

この中に「**mydata.entity.ts**」という名前でソースコードファイルを作成しましょう。エンティティのソースコードファイルは、このように「**○○.entity.ts**」という名前で作成をします（これはormconfig.jsonでそのように指定しているためです）。

ファイルを作成したら、以下のようにソースコードを記述しましょう。

● リスト7-25

```
import { Entity, Column, PrimaryGeneratedColumn } from 'typeorm';

@Entity()
export class Mydata {
    @PrimaryGeneratedColumn()
    id: number

    @Column({ length: 20 })
    name: string

    @Column({ length: 100 })
    pass: string

    @Column({ length: 100, nullable:true })
    mail: string

    @Column()
    age: number
}
```

Mydataという、いくつかのプロパティがあるだけのシンプルなクラスが用意されています。ただし、クラスとプロパティには各種のデコレーターがつけられています。以下に簡単に整理しておきましょう。

```
@Entity()
```

エンティティクラスにつけられるデコレーターです。これがつけられているクラスは、Nest.jsにより自動的にエンティティクラスとみなされます。

```
@PrimaryGeneratedColumn()
```

　　Mydataクラスにあるidというプロパティにつけられています。これは、このプロパティが「**プ
ライマリキー**」となるもので、値を自動生成してつけられることを示します。
　　プライマリキーというのは、データベースのレコードを識別するために割り振られるユニーク
なキー（決して同じ値が存在しないキー）のことです。データベースのテーブルには、プライマ
リキーが必ず一つ用意されます。これは決して同じ値がつけられてはいけないので、自分で入
力するより自動的に割り振ってくれたほうが圧倒的に簡単です。それを行ってくれるのがこのデ
コレーターです。

```
@Column()
```

　　コラム（テーブルに用意される項目）に関する設定です。このデコレーターをつけると、この
項目がテーブルのコラムとして使われることを示します。また、この引数にはコラムに関する設
定情報を用意することもできます。{ length: 100, nullable:true }というのは、テキストのコラムで
「**最大20文字**」であり、値がnullである（未入力）ことを許可するものです。

マイグレーションについて

　　これで、エンティティクラスは用意できました。次に行うのは、このエンティティクラスをもと
に、データベース側に対応するテーブルを作成する作業です。
　　これは、本来ならばSQLの命令文を書いてテーブルの作成を行うのですが、TypeORMには
「**マイグレーション**」という機能があり、これを使うことでエンティティクラスからテーブルを自
動生成させることができます。この機能を使ってみましょう。
　　マイグレーションは、npx typeormというコマンドを使って行います。これは、以下のような
形で記述します。

```
npx typeorm migration:generate -n 名前 -d 場所
```

　　migration:generateにより、マイグレーションのファイルを生成します。-nでは作成するマイグ
レーションの名前、-dはファイルの保存場所をそれぞれ指定します。
　　これで、指定場所に「**マイグレーションファイル**」というファイルが生成されます。これは、
マイグレーションの内容をスクリプトの形で生成したファイルです。このファイルを実行するこ
とで、マイグレーションが実行されます。

◉ マイグレーションファイルの生成

では、マイグレーションファイルを作成しましょう。以下のコマンドを順に実行してください。

```
npm run build
npx typeorm migration:generate -n mydata_migration -d src/migrations
```

これで、プロジェクトフォルダ内に「**data**」というフォルダが作成されます。この中には「**database.sqlite3**」というデータベースファイルが作られます。また「**src**」フォルダ内には「**migrations**」というフォルダが作成され、このフォルダ内にマイグレーションファイルが保存されます。

◉ マイグレーションの実行

マイグレーションファイルが作成されたら、これを実行してマイグレーションを行いましょう。これもコマンドとして実行します。以下のコマンドを順に実行しましょう。

```
npm run build
npx typeorm migration:run
```

npm run buildにより、先ほど「**data**」フォルダ内に作成されたマイグレーションファイルも含めてアプリケーションがビルドされ「**dist**」フォルダに保存されます。このマイグレーションファイルを2番目のmigration:runにより実行します。これで「**data**」フォルダにあるデータベースファイルにmydataテーブルが追加され、使えるようになります。

モジュールを作成する

では、Mydataエンティティを利用するプログラム類を作成しましょう。Nest.js/TypeORMでは、「**src**」フォルダ内にエンティティ名のフォルダを作成し、その中に必要なファイル類を作成していきます。

では、どのようなファイルを用意する必要があるでしょうか。これは、「**モジュール**」「**サービス**」「**コントローラー**」の3種類である、と考えてください。これらは、アプリケーションに標準で作成されていましたね。エンティティを作成してそれを利用するプログラムを作成する倍も、この3つのプログラムをセットで用意することになります。では、ターミナルビューから以下のコマンドを順に実行していきましょう。

✚ モジュールの作成

```
npx nest generate    module mydata
```

✚ サービスの作成

```
npx nest generate    service mydata
```

✚ コントローラーの作成

```
npx nest generate    controller mydata
```

これらにより、「**src**」フォルダ内に「**mydata**」というフォルダが作成され、その中にソースコードファイルが保存されます。ここに用意されたファイルを編集してプログラムを作成していきます。

mydata.module.ts の作成

まずは、モジュールの作成からです。「**mydata**」フォルダにあるmydata.module.tsファイルを開いてください。そして以下のように内容を記述しましょう。

◐リスト7-26

```
import { Module } from '@nestjs/common'
import { MydataService } from './mydata.service'
import { MydataController } from './mydata.controller'

import { Mydata } from '../entities/mydata.entity'
import { TypeOrmModule } from '@nestjs/typeorm'

@Module({
    imports: [TypeOrmModule.forFeature([Mydata])],
    providers: [MydataService],
    controllers: [MydataController]
})
export class MydataModule {}
```

@Moduleの引数に、imports, providers, controllersの値をそれぞれ用意しています。これらにより、TypeOrmModule、MydataService、MydataControllerといったものがモジュールとしてまとめられます。

こうして作成されたMydataModuleをアプリケーションのモジュール（app.module.ts）に組み込めば、このMydataModuleのモジュールに組み込まれたものがすべて動作するようになります。MydataControllerはコントローラーとして認識され、MydataServiceはサービスとして使えるようになるわけです。

◉ app.module.ts の修正

では、app.module.tsを修正しましょう。内容を以下のように書き換えてください。☆マークの部分が追記した文です。

◉リスト7-27

```
import { Module } from '@nestjs/common';
import { AppController } from './app.controller';
import { AppService } from './app.service';
import { TypeOrmModule } from '@nestjs/typeorm'; // ☆
import { MydataModule } from './mydata/mydata.module';

@Module({
    imports: [TypeOrmModule.forRoot(), MydataModule], // ☆
    controllers: [AppController],
    providers: [AppService],
})
export class AppModule { }
```

MydataModuleについては自動的に追加されているはずですが、TypeOrmModuleは手動で追記する必要があります。

これでMydataModuleがモジュールとしてアプリケーションのモジュールに組み込まれ使えるようになりました。

サービスの作成

モジュールは、必要なプログラム類をまとめて使えるようにするためのものです。実際の処理を行うのは、残るサービスとコントローラーです。今回は、以下のように機能を分けて実装することにします。

サービス	データベースにアクセスする処理を用意する。
コントローラー	クライアントがアクセスしたときの処理を用意する。

つまりデータベースアクセスの部分はすべてサービスに用意しておき、コントローラーでは必要に応じてサービスの機能を呼び出せば必要なデータが取り出せるようにするわけです。

では、サービスを作成しましょう。このクラスで、データベースアクセスの基本的な機能が用意されることになります。「**mydata**」フォルダ内のmydata.service.tsを開いて以下のように修正しましょう。

○リスト7-28

```typescript
import { Injectable } from '@nestjs/common';

import { Repository } from 'typeorm'
import { InjectRepository } from '@nestjs/typeorm'
import { Mydata } from '../entities/mydata.entity'

@Injectable()
export class MydataService {
    constructor(
        @InjectRepository(Mydata)
        private readonly mydataRepository: Repository<Mydata>
    ) {}

    getAll():Promise<Mydata[]> {
        return this.mydataRepository.find()
    }
}
```

決して長くはありませんが、この中にはデータベースアクセスに関する非常に重要な機能が用意されています。

ここでは、MydataServiceというクラスを宣言し、その中で「**getAll**」というメソッドを用意しています。これは、mydataテーブルからすべてのレコードを取得するメソッドです。

◎ コンストラクタとリポジトリ

まず、コンストラクタを見てください。ここでは、引数内に以下のようなものが用意されています。

```
@InjectRepository(Mydata)
private readonly mydataRepository: Repository<Mydata>
```

@InjectRepositoryというデコレーターは、**「リポジトリ」**と呼ばれるオブジェクトをこのプロパティに挿入する働きをします。引数にMydataを指定することで、Mydataを扱うためのリポジトリが挿入されるようになります。ここにあるRepository<Mydata>というのは、Mydataを総称型として設定するRepositoryクラスのインスタンス、という意味になります。

このRepositoryというクラスがリポジトリのクラスです。リポジトリというのは、データベースアクセスの処理を自動生成するクラスです。リポジトリでは、指定されたエンティティを利用するための主なメソッドが自動的に用意されています。それらメソッドを呼び出すだけで簡単なデータベースアクセスは行えるようになるのです。

ここでは、getAllメソッドでリポジトリを使っています。ここで行っているのは、以下の1文のみです。

```
return this.mydataRepository.find()
```

mydataRepositoryの**「find」**というメソッドを呼び出し、その結果をそのままreturnしています。このgetAllメソッドでは、戻り値にPromise<Mydata[]>と指定していますね。findは非同期メソッドなので、結果はPromiseになります。findでMydata配列を値として受け取るPromiseが得られ、それを返していたのですね。

このように、リポジトリを使ってデータベースアクセスを行うため、自分でデータベースを操作する処理を書く必要がありません。ただリポジトリのメソッドを呼び出すだけでいいのです。

コントローラーの作成

では、コントローラーを作成しましょう。まだテンプレートファイルなども用意していませんから、ごく単純に**「データベースからmydataテーブルのレコードをすべて取得して出力する」**というだけのものを作成してみましょう。

では、**「mydata」**フォルダから**「mydata.controller.ts」**ファイルを開き、以下のように内容を修正してください。

○リスト7-29

```
import { Controller, Get } from '@nestjs/common'
import { MydataService } from './mydata.service'

@Controller('mydata')
export class MydataController {
    constructor(private readonly mydataService: MydataService) {}
```

```
@Get('/')
root():Promise<any[]> {
    return this.mydataService.getAll()
}
}
```

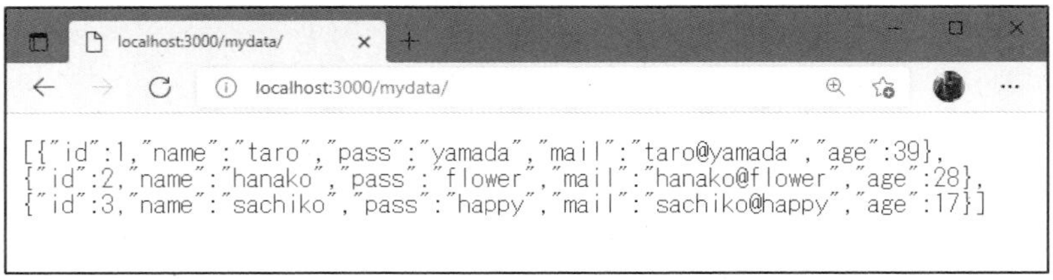

◎図7-15：http://localhost:3000/mydata/にアクセスするとmydataのレコードがJSON形式で出力される。これはサンプルとしていくつかレコードを用意したもの。

```
[{"id":1,"name":"taro","pass":"yamada","mail":"taro@yamada","age":39},
{"id":2,"name":"hanako","pass":"flower","mail":"hanako@flower","age":28},
{"id":3,"name":"sachiko","pass":"happy","mail":"sachiko@happy","age":17}]
```

　修正したら、実際にnpm run start:devを実行し、http://localhost:3000/mydata/にアクセスしてみましょう。現時点ではまだmydataに何もレコードを用意していないので、単に[]とだけ表示されるでしょう。mydataにレコードが追加されると、それらがすべてJSON形式で表示されるようになります。

　ここではコンストラクタの引数でMydataServiceインスタンスが渡されるようにしています。用意されているrootメソッドでは、このMydataServiceからgetAllを呼び出し値を返しているだけです。後は、受け取ったPromiseからMydata配列をJSONフォーマットに変換して出力してくれます。

　このrootの戻り値には、Promise<any[]>が指定されていますね。リポジトリのメソッドは基本的にすべて非同期です。従って、このようにリポジトリの結果をそのまま返すような場合は、戻り値はPromiseになります。

　データベースの処理がサービスに切り離されたため、コントローラーの処理は非常にすっきりと整理されることがわかるでしょう。

試してみよう Mydataの作成と表示を行おう

　データベース利用の基本がわかったところで、Mydataを利用するWebページを作りましょう。まず、サービスにもう少しメソッドを追加しましょう。mydata.service.tsを開いて、MydataServiceクラスに以下のメソッドを追加してください。

◎リスト7-30

```
addMydata(data:any):Promise<InsertResult> {
```

```
    return this.mydataRepository.insert(data)
}
```

　このaddMydataメソッドは、引数として渡されたdataをMydataインスタンスとしてデータベースに追加保存するものです。これもMydataRepositoryにある**「insert」**というメソッドを呼び出しているだけです。

　こんな具合に、よく使われる汎用的な機能はリポジトリにメソッドとして用意されており、それを呼び出すだけでできてしまうのです。

◉ テンプレートファイルを用意する

　では、Webページ用のテンプレートファイルを用意しましょう。**「views」**フォルダ内に**「mydata」**というフォルダを用意してください。その中に**「index.ejs」**という名前でファイルを作成し、以下のように内容を記述しましょう。

◉リスト7-31

```
<!DOCTYPE html>
<html lang="ja">
<head>
    <meta charset="UTF-8" />
    <title><%= title %></title>
    <link href="https://cdn.jsdelivr.net/npm/bootstrap@5.0.0/dist/css/
      bootstrap.min.css"
          rel="stylesheet" crossorigin="anonymous">
</head>
<body>
    <h1 class="bg-info text-white p-2"><%= title %></h1>
    <div class="container py-2">
        <h2 class="mb-3"><%= msg %></h2>
        <div class="alert alert-info">
            <form method="post" action="/mydata/">
                <div class="mb-2">
                    <label>name:</label>
                    <input type="text" name="name" class="form-control">
                </div>
                <div class="mb-2">
                    <label>password:</label>
                    <input type="password" name="pass" class="form-control">
                </div>
```

```html
            <div class="mb-2">
                <label>mail:</label>
                <input type="email" name="mail" class="form-control">
            </div>
            <div class="mb-2">
                <label>age:</label>
                <input type="number" name="age" class="form-control">
            </div>
            <div>
                <input type="submit" value="送信" class="btn btn-info">
            </div>
        </form>
    </div>
    <table class="table my-4">
        <thead><tr>
            <th>id</th>
            <th>name</th>
            <th>mail</th>
            <th>age</th>
        </tr></thead>
        <tbody>
            <% for(let i in data){
                let item = data[i] %>
                <tr>
                    <td><%= item.id %></td>
                    <td><%= item.name %></td>
                    <td><%= item.mail %></td>
                    <td><%= item.age %></td>
                </tr>
            <% } %>
        </tbody>
    </table>
    </div>
</body>
</html>
```

　ここでは、name, pass, mail, ageといった入力項目を持つフォームと、レコードを一覧表示するテーブルを用意してあります。フォームは、<form method="post" action="/mydata/">というように指定してあります。これにより、送信すると/mydata/にPOSTメソッドでフォームの内容が送られることになります。

◉ テーブルの表示

テーブルの表示では、JavaScriptのコードを一部埋め込んで処理を作成しています。ここではdataという名前でMydata配列が渡される前提で処理を用意しています。

```
<% for(let i in data){
    let item = data[i] %>
    <tr>
        <td><%= item.id %></td>
        <td><%= item.name %></td>
        <td><%= item.mail %></td>
        <td><%= item.age %></td>
    </tr>
<% } %>
```

ここでは、<% %>というタグの中にfor構文とdataからMydataを変数itemに取り出す処理を用意しています。この<% %>は、JavaScriptのコードを記述し実行できるタグです。このように直接コードを埋め込むことで複雑な表示も作成できるようになります。

◉ コントローラーを修正する

では、コントローラーを作成しましょう。今回は、GETでアクセスしてテンプレートによる表示を行うメソッドと、POST送信されたときの処理を行うメソッドを用意します。

では「**mydata**」フォルダのmydata.controller.tsを開いて、中身を以下のように書き換えてください。

◉リスト7-32

```
import { Controller, Render, Get, Post, Redirect, Body }
        from '@nestjs/common'
import { MydataService } from './mydata.service'

@Controller('mydata')
export class MydataController {
    constructor(private readonly mydataService: MydataService) {}

    @Get('/')
    @Render('mydata/index')
    async index():Promise<any> {
        return {
```

```
        title: 'SQLite app',
        msg: 'mydata controller:',
        data: await this.mydataService.getAll()
    }
  }


@Post('/')
@Redirect('/mydata/')
async send(@Body() form:any):Promise<void> {
    await this.mydataService.addMydata(form)
  }
}
```

●図7-16：フォームとmydataの一覧が表示される。フォームに入力して送信すると、そのデータが追加される。

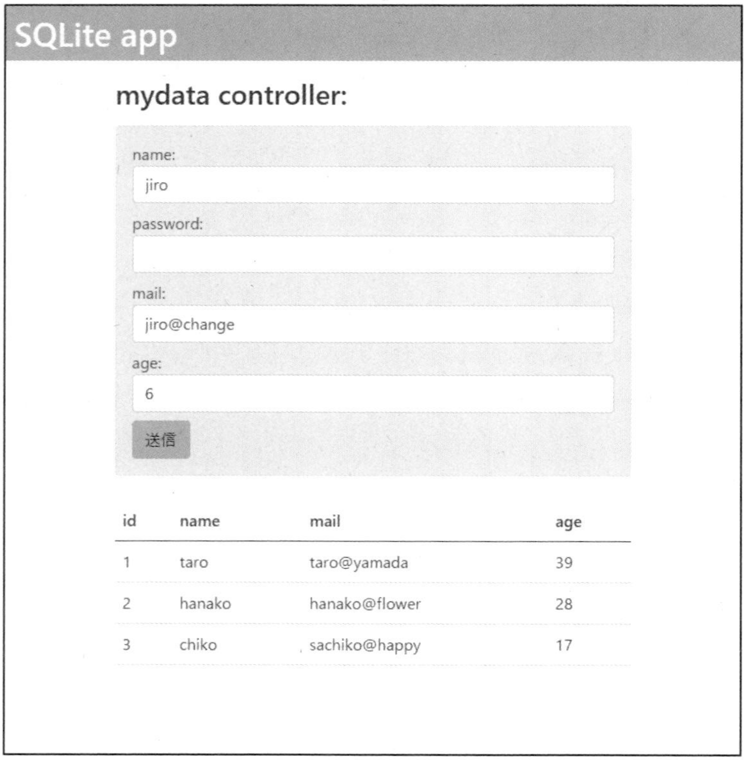

SQLite app

mydata controller:

name:

jiro

password:

mail:

jiro@change

age:

6

送信

id	name	mail	age
1	taro	taro@yamada	39
2	hanako	hanako@flower	28
3	chiko	, sachiko@happy	17

　/mydata/にアクセスすると、mydataを入力するフォームと、保管されているmydataの一覧を表示するテーブルがページに表示されます。フォームに値を入力して送信すると、そのデータがデータベースに追加されます。フォームを送信していくと、テーブルにどんどんレコードが追加されていくのがわかるでしょう。

◉ メソッドの処理

では、2つのメソッドがどのように実行されているのか見てみましょう。まずは一つ目のindexメソッドです。これは以下のように宣言されています。

```
@Get('/')
@Render('mydata/index')
async index():Promise<any> {……}
```

@Renderでは、'mydata/index'と引数を指定しています。これで「views」フォルダの「mydata」フォルダ内にあるindex.ejsが使われるようになります。メソッドにはasyncがつけられていますが、これは中で非同期処理をawaitで同期処理として利用しているためです。メソッドのreturnを見ると、こうなっていますね。

```
return {
    title: 'SQLite app',
    msg: 'mydata controller:',
    data: await this.mydataService.getAll()
}
```

dataのところに、await this.mydataService.getAll()と記述されています。getAllは非同期処理なので、そのままではPromiseが返されます。awaitをつけて同期処理にし、PromiseのMydata配列がdataに設定されるようにしているのですね。

もう一つのsendメソッドは、フォーム送信された際の処理を行うものです。これは以下のように宣言されています。

```
@Post('/')
@Redirect('/mydata/')
async send(@Body() form:any):Promise<void> {……}
```

ここでは、@Redirectというデコレーターがつけられていますね。これは実行後、引数に指定したパスにリダイレクトするものです。

ここでもasyncがメソッドにつけられています。中で実行しているのは以下の1文のみです。

```
await this.mydataService.addMydata(form)
```

これでaddMydataを使い、引数で渡されるフォーム情報のオブジェクトをそのままmydata

テーブルに保存していた、というわけです。実行後、@Redirectによりそのまま/mydata/にリダイレクトされます。

　@Redirectを指定している場合、処理が終わると強制的に指定のパスにリダイレクトするため、結果の表示などは行われません。メソッドの戻り値を見ると、:Promise<void>というように総称型にvoidが指定されています。これで**「非同期の結果を返すけれど戻り値はない」**という指定ができます。

データベース処理はリポジトリ次第

　これで、ごく簡単ですがTypeROMを利用してSQLiteデータベースにアクセスしデータの処理を行う簡単なプログラムができました。今回、全レコードの取得と新しいレコードの作成だけ行いましたが、基本的には**「リポジトリに用意されているメソッドを呼び出すだけ」**なのがわかったでしょう。それ以外の操作も、基本的には**「リポジトリのどのメソッドを使えばいいか」**を覚えるだけであり、複雑なことはほとんどありません。

　もちろん、リポジトリは万能ではなく、複雑な操作になればリポジトリのメソッドだけでは行えないことも出てくるでしょう。しかし、それはまだだいぶ先のことです。当面の間、データベースの操作は、**「リポジトリを操作すること」**と考えて間違いありません。

Section
7-4

作ってみよう

メッセージボードを作ろう

ポイント

▶ **2つのエンティティの連携方法を理解しましょう。**

▶ **さまざまなリダイレクトの方法を覚えましょう。**

▶ **セッションの使い方をマスターしましょう。**

Chapter
7

2つのエンティティでメッセージボード

では、TypeORMを利用して簡単なWebアプリを作成してみましょう。とりあえず基本的な TypeORMの使い方はわかりましたが、実際の開発になるとまだまだ覚えなければいけないこ とが出てきます。中でも重要なのが**「複数テーブルの連携」**でしょう。一つのテーブルだけな ら決まったfileに決まったコードを書いていくだけで使えるようになりますが、複数のテーブル を作成し、それらを連携して処理するにはまた別のテクニックが必要になります。

では、例として**「メッセージを投稿するアプリ」**を作ってみましょう。といっても、ただ投稿 するだけではなく、ログインページからログインして投稿をするようにしてみます。ログインする ユーザーは、先ほどmydataで簡単な個人情報テーブルを作りましたから、これをそのまま利用 することにします。

このmydataと、メッセージボードのテーブルを用意して、両者を連携して動くようにするの です。メッセージボードに投稿されたレコードでは、どのユーザーが投稿したか、mydataのレ コードに連携して得られるようにするのです。

また、ログインして使うということは**「ログインしているかどうか」**が常に確認できるように しなければいけません。これには**「セッション」**という技術を使います。これも本格的なWebア プリを作る際には必ず必要となってくる技術です。

◉ メッセージボードの使い方

作成するWebアプリは、2つのページだけで構成されるシンプルなものです。アクセスする と、まずログインページが現れます。ここでmydataに登録されている名前とパスワードを入力し ボタンを押すとログインしてメッセージボードのページに移動します（名前とパスワードが合わ ないとまたログインページに戻ります）。

◉図7-17：アクセスすると最初にログインページが現れる。

Login page

your name & password:

name:

taro

password:

••••••

送信

　メッセージボードには、送信フォームとメッセージの一覧が表示されます。フォームには、ログインしているユーザーの名前とメールアドレスが表示されています。ここでメッセージを書いて送信すれば、そのメッセージが追加されます。

　下のメッセージの一覧では、送信されたメッセージと投稿日時、投稿者の名前が表示されます。メッセージは新しいものから順に、最大20個まで表示されます。この表示メッセージ数は簡単に変更できます。

◉図7-18：メッセージボードの画面。メッセージを書いて送信すると一覧に追加される。

Board page

please send a message!

login user:
hanako(hanako@flower)
message:

メッセージを送る。

送信

message	name
やっほー (2021/6/25 15:07:08)	sachiko
こんにちは (2021/6/25 15:06:49)	taro
メッセージを送ってみます。 (2021/6/25 15:06:31)	hanako
こんにちは！ (2021/6/25 15:05:56)	hanako
試しに送る。 (2021/6/25 14:56:14)	taro
This is test. (2021/6/24 21:13:47)	taro

セッションの組み込み

では、作成していきましょう。今回も、ここまで使ってきた**「nest-app」**プロジェクトをそのまま利用します（mydataを使う必要があるので）。このプロジェクトに、新たにメッセージボード用のエンティティを追加し、必要なモジュール等を作っていくことになります。

ただし、その前に一つだけやっておくべきことがあります。それは**「セッション」**機能の追加です。セッションは、サーバーとクライアントの間で連続した接続を維持するために必要な機能です。このセッションにより、今アクセスしているのがどのユーザー化を識別し、個々のクライアントごとに個別に対応できるようになります。

このセッションの機能はいくつもありますが、ここでは**「express-session」**というパッケージを使うことにします。これは、Express用のセッションパッケージです。Nest.jsではコア部分にExpressを使っています。このため、Express用のパッケージを追加して利用することができるのです。

では、パッケージをインストールしましょう。Visual Studio Codeのターミナルビューから、以下のコマンドを順に実行してください。

```
npm install express-session
npm install -D @types/express-session
```

これでexpress-sessionと、TypeScriptでexpress-sessionを利用するためのライブラリが組み込まれます。

◉ main.tsを修正する

続いて、express-sessionのセッション機能がアプリで使えるようにします。これは、main.tsを書き換えて行います。以下のように内容を変更してください。

◑リスト7-33
```
import { NestFactory } from '@nestjs/core'
import { NestExpressApplication } from '@nestjs/platform-express'
import { AppModule } from './app.module'
import { join } from 'path'
import * as session from 'express-session' // ☆追記

async function bootstrap() {
    const app = await NestFactory.create<NestExpressApplication>(
        AppModule
```

```
    )

    app.useStaticAssets(join(__dirname, '..', 'public'))
    app.setBaseViewsDir(join(__dirname, '..', 'views'))
    app.setViewEngine('ejs')

    // ☆追記した部分
    app.use(
        session({
            secret: 'secret-value-is-here', // ※秘密鍵
            resave: false,
            saveUninitialized: false,
        }),
    )

    await app.listen(3000)
}
bootstrap()
```

☆マークのつけられている部分（2ヶ所）が、express-session用に追記した部分です。これでセッション機能が使えるようになります。

なお、記述部分で一つだけ注意すべき点があります。それは、secretという項目の値（「※秘密鍵」とコメントを付けているところ）です。これはセッションを外部から取り出せなくするために使われるもので、この値を自分なりのテキストに変更することで、外部から読み取れなくなります。このまま使わず、値を適当に書き換えて利用してください。

Boardエンティティの作成

では、プログラムを作成しましょう。最初に作るのは、メッセージボード用のエンティティです。今回は「Board」という名前で作ることにします。「**entities**」フォルダ内に、新しく「**board.entity.ts**」という名前でfileを作成してください。そして以下のように記述をしましょう。

●リスト7-34

```
import { Entity, Column, PrimaryGeneratedColumn, ManyToOne } from 'typeorm'
import { Mydata } from './mydata.entity'


@Entity()
```

```
export class Board {
    @PrimaryGeneratedColumn()
    id: number

    @Column({ length: 255 })
    message: string

    @Column('datetime')
    date: Date

    @ManyToOne(type => Mydata, mydata => mydata.boards, {
        eager: true
    })
    mydata: Mydata
}
```

今回は、id, message, date, mydataといった項目を用意しました。messageが送信する
メッセージで、dateは投稿した日時の値、そしてmydataはメッセージを投稿したユーザーの
Mydataを示します。

◉ エンティティの連携について

ここでは、mydataの項目に@ManyToOneという新しいデコレーターが使われています。こ
れは、BoardとMydataの関連を指定するためのものです。TypeORMには、2つのエンティティ
の関係を示すデコレーターがいくつか用意されています。これは、以下のような形で引数が指
定されています。

(引数=> エンティティ, 引数 => 値, { オプション })

一つ目の引数は、関連付けるオブジェクトの型を指定するための関数で、関連付けるエン
ティティクラスを戻り値に指定します。2つ目の引数は、連携する相手側のクラスにあるどの
プロパティにこのクラスが関連付けられているかを指定します。そして3番目の引数にはその
他のオプション情報を指定します。ここでは、連携するのはMydata型であり、mydataの中の
boardsというプロパティに関連Boardインスタンスが設定されることを示しています。

またオプションに| eager: true |という値を指定していますが、これはBoardインスタンスが
呼ばれたら即座にmydataプロパティの値 (Mydataインスタンス) も得られるようにするもので
す。これをつけることで、Boardインスタンスを取得する際、必ず一緒にmydataも取得される
ようになります。

◉ 連携用デコレーターの種類

ここでは[@ManyToOneというデコレーターを使いましたが、2つのテーブルを連携するためのデコレーターは全部で4種類あります。以下に簡単にまとめておきましょう。

@OneToOne

1対1対応のためのデコレーターです。Boardにつけるなら、Boardのインスタンス一つに対し、Mydataのインスタンス一つが対応することを示します。

@OneToMany

1対多の対応を行うデコレーターです。たとえばMydataでは、一つのMydataに対して複数のBoardが関連付けられていますね。このような関係を指定するものです。

@ManyToOne

今回のBoardで使いましたね。これは多対1の対応を行うデコレーターです。たとえばBoardとMydataの関係で言えば、複数のBoardに一つのMydataが関連付けられているはずです。このような関係を示すのに用いられます。

@ManyToMany

これは、多対多といって、複数のエンティティに別のエンティティの複数インスタンスが関連付けられているものです。「デタラメじゃないか」なんて思われないように。たとえばBoardで複数のmydataが投稿者として設定できるようになれば、この多対多の関連付けになるでしょう。

マイグレーションとモジュール生成

では、エンティティができたらマイグレーションを使ってSQLiteのデータベースを更新しましょう。Visual Studio Codeのターミナルビューから以下を実行してください。

```
npm run build
npx typeorm migration:generate -n board_migration -d src/migrations
```

これで「src」フォルダ内の「migrations」フォルダにマイグレーションファイルが作成されます。そのまま以下の命令を実行します。

```
npm run build
npx typeorm migration:run
```

これでマイグレーションが実行され、データベースファイルにテーブルが生成されました。続いて、Boardエンティティを利用したデータベースアクセスを行うために必要となるモジュールを作成しましょう。以下の命令をVisual Studio Codeのターミナルビューから順に実行していってください。

```
npx nest generate    module board
npx nest generate    service board
npx nest generate    controller board
```

これで、「src」内に「board」というフォルダが作成され、その中にモジュール、サービス、コントローラーといったソースコードファイルが作成されます。

モジュールの作成

では、モジュールから作成しましょう。「board」フォルダ内の「board.module.ts」fileを開いてください。そして以下のように内容を修正しましょう。

●リスト7-35

```
import { Module } from '@nestjs/common'
import { BoardService } from './board.service'
import { BoardController } from './board.controller'
import { Board } from '../entities/board.entity'
import { Mydata } from '../entities/mydata.entity'
import { MydataService } from '../mydata/mydata.service'
import { TypeOrmModule } from '@nestjs/typeorm'

@Module({
    imports: [TypeOrmModule.forFeature([Board, Mydata])],
    providers: [BoardService, MydataService],
    controllers: [BoardController]
})
export class BoardModule {}
```

ここでは、providersでBoardModuleとBoardとBoarServiceを、そしてimportしている TypeOrmModuleの引数にMydataとMydataServiceをそれぞれ追加しています。Boardで は、ログインしたユーザーのMydataをセッションに保管したりと、Mydataを利用することもあ ります。このため、両方のエンティティとサービスを使えるようにしているのです。

サービスの作成

次は、サービスです。「**board**」フォルダ内にある「**board.service.ts**」fileを開き、その中 身を以下のように書き換えましょう。

○リスト7-36

```
import { Injectable } from '@nestjs/common';
import { InsertResult, Repository } from 'typeorm'
import { InjectRepository } from '@nestjs/typeorm'
import { Board } from '../entities/board.entity'

@Injectable()
export class BoardService {
    constructor(
        @InjectRepository(Board)
        private readonly boardRepository: Repository<Board>
    ) {}

    getAll():Promise<Board[]> {
        return this.boardRepository.find({
            order: {
                date: "DESC"
            },
            take:20 // ☆最大数
    })
    }

    getById(id:number):Promise<Board> {
        return this.boardRepository.findOne(id)
    }

    addBoard(form:any):Promise<InsertResult> {
        return this.boardRepository.insert(form)
    }
}
```

　BoardServiceのサービスでは、まずコンストラクタで@InjectRepository(Board)デコレーターをつけてRepository<Board>の引数を指定していますね。これでBoard用のリポジトリが使えるようになります。

　メソッドとしては、getAll、getById、addBoardといったものを用意しました。これらはそれぞれ**「全Board（最大20個まで）の取得」「指定したIDのBoardの取得」「新しいBoardの作成」**を行っています。

⦿ findのオプション

　ここでのポイントは、getAllでしょう。this.boardRepository.findでBoardを取得しreturnしていますが、引数にオプションの設定情報を用意してあります。これは以下の2つの値がつけられています。

order: { date: "DESC" }	ソートの指定。date項目を基準に逆順に並べ替える。
take:20	取り出すレコード数の指定。最大20個までを取得する。

　複数のレコードを検索するfindでは、このように取り出すレコードについての細かなオプション設定を用意することができます。この他、**「skip」**というオプションも覚えておくとよいでしょう。これは**「いくつ目からレコードを取得するか」**を指定するものです。たとえば**「skip:10」**とすれば、最初から10個をスキップし、11個目からレコードを取得します。

　このorder, take, skipといったオプションが使えるようになると、膨大なレコードの中から必要な部分だけを取り出せるようになります。たとえば多数のレコードを一定数ごとにページ分けして表示するようなことも可能になります。

⦿ Mydataサービスへの追記

　サービスについては、もう一つ修正があります。それはMydataServiceの修正です。

　「mydata」フォルダのmydata.service.tsを開き、MydataServiceクラスに以下のメソッドを追記しましょう。

⊕リスト7-37

```
getByName(name:string):Promise<Mydata> {
    return this.mydataRepository.findOne({name:name})
}
```

これは、name項目を使ってレコードを取得するものです。引数にテキストを指定して呼び出すと、nameの値が引数に等しいレコードを検索して返します。同じ値のレコードが複数ある場合は、最初のものだけを返します。

ここでは、findOneメソッドを使って検索を行っていますね。findOneは、IDによる検索だけでなく、他のコラムを使った検索にも利用できます。これは**「一つのレコードだけを取得する」**メソッドなのです。

ここでは、|name:name|と引数を用意しています。これで、nameプロパティの値がnameであるものを検索します。このように検索の条件をオブジェクトとして用意することで、複雑な検索も行うことができます。

なお、この検索条件の指定は、findOneだけでなく、複数のレコードを検索するfindでも使うことができます。

コントローラーの作成

残るは、コントローラーです。今回は、ログインページとそのPOST処理、そしてメッセージボードの表示ページとそのPOST処理の4つのメソッドを用意する必要があります。では、**「board」**フォルダ内にある**「board.controller.ts」**を開いて以下のように記述しましょう。

● リスト7-38

```
import { Controller, Get, Post, Body, Render, Req,
        Res, Session, Redirect } from '@nestjs/common';
import { Request, Response } from 'express';
import { Any, InsertResult } from 'typeorm';
import { BoardService } from './board.service'
import { MydataService } from '../mydata/mydata.service'
import { Mydata } from '../entities/mydata.entity'


@Controller('board')
export class BoardController {
    constructor(private readonly boardService: BoardService,
            private readonly mydataService: MydataService) {}


    @Get('/')
    async index(@Session() session: Record<string, any>,
        @Res() response:Response):Promise<any> {
        if (session.login === undefined) {
            return response.redirect('/board/login')
        }
```

```
        return response.render('board/index',
            {
                msg: 'please send a message!',
                login: session.login,
                data: await this.boardService.getAll()
            })
    }


    @Post('/')
    @Redirect('/board/')
    async send(@Body() form:any):Promise<void> {
        form.date = new Date()
        this.boardService.addBoard(form)
    }


    @Get('/login')
    @Render('board/login')
    login(@Session() session: Record<string, any>):any {
        return {
            msg: 'your name & password:',
            login:session.login
        }
    }


    @Post('/login')
    async sign(@Body() form:any,
            @Session() session: Record<string, any>,
            @Res() response:Response):Promise<void> {
        const mydata:Mydata = await this.mydataService.getByName(form.name)
        if (mydata != undefined && form.pass === mydata.pass) {
            session.login = mydata
            return response.redirect('/board/')
        }
        return response.redirect('/board/login')
    }
}
```

　今回のクラスでは、コンストラクタでBoardServiceとMydataServiceの2つのサービスを引数に指定しています。こうすることで、両サービスともに使えるようになります。

◉ セッションとレスポンス

では、メソッドを見てみましょう。最初にあるindexメソッドでは、見慣れない引数が用意されていますね。以下の2つです。

✚ セッション

```
@Session() session: Record<string, any>,
```

✚ レスポンス

```
@Res() response:Response
```

@Sessionというデコレーターは、セッションを管理するSessionオブジェクトを引数に渡すためのものです。これはRecord<string, any>という型になっていますが、これはテキストをキーとして値を保管するオブジェクトです。普通のJSON形式で書かれたオブジェクトリテラルをイメージすればいいでしょう。

もう一つの@Resは、サーバーからクライアントへの返信を管理するResponseというオブジェクトを渡すためのものです。似たようなものに、クライアントからサーバーへの送信を管理する引数「**@Req() request: Request**」といったものも用意することができます。

このリクエストとレスポンスは、クライアントとサーバーの間でのやり取りを行う際に使われます。「**デコレーターを使って、これらは簡単にメソッドに追加できる**」ということは知っておきましょう。

◉ ログインチェックしてリダイレクト

indexメソッドでは、最初に「**ログインしているかチェックし、していなければログインページにリダイレクトする**」という処理を行っています。それがこの部分です。

```
if (session.login === undefined) {
    return response.redirect('/board/login')
}
```

ifで、sessionオブジェクトのloginがundefinedかどうかをチェックしています。セッションを管理するSessionは、保管したい値を適当なプロパティに設定するだけですべて保持させることができます。ここでは、ログインしたらそのユーザーのmydataインスタンスをloginプロパティに保管するようにしています。従って、session.loginがundefinedならログインしていないと判断で

きるわけです。

　ログインしていない場合は、ログインページ（'/board/login'）にリダイレクトをします。これは、Responseオブジェクトの**「redirect」**というメソッドを呼び出し、その戻り値をreturnするだけです。

　リダイレクトは、@Redirectというデコレーターでも行えましたが、これは必ず指定のパスにリダイレクトをするものでした。今回のように、状況に応じてリダイレクトするかページを表示するか決めるような場合は、Responseのredirectメソッドを使います。

◉ ログインの処理

　もう一つ、説明しておきたいのは、ログインページから名前とパスワードを送信した後の処理です。signメソッドでは、まず送信されたnameの値を使ってMydataを検索しています。

```
const mydata:Mydata = await this.mydataService.getByName(form.name)
```

　MydataServiceに追加したgetByNameメソッドを使い、送信フォームのnameの値のレコードを検索しています。これが得られたら、そのパスワードがフォームのpassと等しいかチェックしています。

```
if (mydata != undefined && form.pass === mydata.pass) {……
```

　戻り値のmydataがundefineではなく、かつform.passとmydata.passが等しければ、ログインできたとみなします。取得したmydataをセッションに保存し、ボードのページ（'/board/'）にリダイレクトします。

```
session.login = mydata
return response.redirect('/board/')
```

　これでログインの処理を完了です。セッションへの保管は、このようにSessionオブジェクトの適当なプロパティに値を代入するだけです。同じようにしてさまざまな値をセッションに保管することができます。

テンプレートファイルの作成

　さあ、残るはテンプレートファイルだけです。**「views」**フォルダの中に**「board」**という名前のフォルダを作成してください。この中に、Board関連のテンプレートファイルを用意しま

す。

まずは、ログインページのテンプレートファイルです。「**login.ejs**」という名前で作成し、以下のように記述しましょう。

● リスト7-39

```html
<!DOCTYPE html>
<html lang="ja">
<head>
    <meta charset="UTF-8" />
    <title>Login</title>
    <link href="https://cdn.jsdelivr.net/npm/bootstrap@5.0.0/dist/css/
    bootstrap.min.css"
            rel="stylesheet" crossorigin="anonymous">
</head>
<body>
    <h1 class="bg-info text-white p-2">Login page</h1>
    <div class="container py-2">
        <h2 class="mb-3"><%= msg %></h2>
        <div class="alert alert-info">
            <form method="post" action="/board/login">
                <div class="mb-2">
                    <label>name:</label>
                    <input type="text" name="name" class="form-control">
                </div>
                <div class="mb-2">
                    <label>password:</label>
                    <input type="password" name="pass" class="form-control">
                </div>
                <div>
                    <input type="submit" value="送信" class="btn btn-info">
                </div>
            </form>
        </div>
    </div>
</body>
</html>
```

ここでは、name="name"とname="pass"という2つの入力フィールドを持つフォームを用意しています。<form>では、method="post" action="/board/login"というように送信先を指定しています。

◉ ボードページのテンプレート

もう一つ、メッセージボードのページで使うテンプレートファイルも用意しましょう。「**vies**」内の「**board**」フォルダの中に「**index.ejs**」という名前で作成してください。そして以下のように記述をします。

◉リスト7-40

```html
<!DOCTYPE html>
<html lang="ja">
<head>
    <meta charset="UTF-8" />
    <title>Board</title>
    <link href="https://cdn.jsdelivr.net/npm/bootstrap@5.0.0/dist/css/
      bootstrap.min.css"
            rel="stylesheet" crossorigin="anonymous">
</head>
<body>
    <h1 class="bg-info text-white p-2">Board page</h1>
    <div class="container py-2">
        <h2 class="mb-3"><%= msg %></h2>
        <div class="alert alert-info">
            <form method="post" action="/board/">
                <div class="mb-2">
                    <label>login user:</label>
                    <h6><%= login.name + '(' + login.mail + ')' %></h6>
                    <input type="hidden" name="mydata" value="<%= login.id %>">
                </div>
                <div class="mb-2">
                    <label>message:</label>
                    <input type="text" name="message" class="form-control">
                </div>
                <div>
                    <input type="submit" value="送信" class="btn btn-info">
                </div>
            </form>
        </div>
        <table class="table my-4">
            <thead><tr>
                <th>message</th>
                <th>name</th>
```

```
        </tr></thead>
        <tbody>
            <% for(let i in data){
                let item = data[i] %>
                <tr>
                    <td class="py-2"><%= item.message %><br>
                    (<%= new Date(item.date).toLocaleString() %>)</td>
                    <td><%= item.mydata.name %></td>
                </tr>
            <% } %>
        </tbody>
    </table>
    </div>
</body>
</html>
```

　　ここでは、メッセージの送信フォームと投稿メッセージの一覧を表示するテーブルが用意されています。フォームの手前には、ログインしているユーザーの情報を以下のように表示しています。

```
<h6><%= login.name + '(' + login.mail + ')' %></h6>
```

　　コントローラー側では、loginという変数にセッションに保管されているmydataを設定しています。このloginを使って名前とメールアドレスを用意していたのですね。

　　フォームでは、投稿するメッセージのフィールドの他に、非表示フィールドを一つ用意してあります。

```
<input type="hidden" name="mydata" value="<%= login.id %>">
```

　　name="mydata"という名前で、ログインしているユーザーのidを値に設定しています。Boardエンティティには、@ManyToOneが指定されたmydata: Mydataというプロパティが用意されていました。このmydataは、関連するMydataインスタンスのidを指定すれば、そのIDのmydataレコードが割り当てられるようになっています。

　　コントローラー側でTypeScriptのコードでBoardインスタンスを作成するような場合は、Mydataインスタンスをそのままmydataプロパティに設定することもできます。フォームとして送信する場合は、このようにIDだけでOKなのです。

TypeScriptは本当に便利なのか？

　以上、Expressから始まり、Nest.jsとTypeORMによるWebアプリ開発へと説明を行ってきました。ほとんどの説明がフレームワークの使い方であったため、あまり「**TypeScriptによる開発**」というのを意識して読まれてはいなかったかも知れません。

　しかし、Nest.jsとTypeORMの掲載コードは、「**JavaScriptではありえないもの**」ばかりだった、ということに気がついたでしょうか。何よりも印象的なのが「**デコレーター**」です。これは、JavaScriptではありえません。コントローラーもサービスもすべてクラスで定義されており、引数などもすべて正確に型が指定されていることでさまざまな値を受け取り利用できます。コントローラーのメソッドで渡される引数はインジェクションと呼ばれる機能により外部からオブジェクトが自動的に挿入されます。こうした高度な機能も、TypeScriptならばこそ可能となるものです。

　TypeScriptは基本的なコードがJavaScriptとほとんど同じであり、型の指定などは慣れてしまうとごく自然に記述するようになるため、「**JavaScriptとたいして違わない、TypeScriptの良さが実感できない**」と感じることは多いでしょう。しかし、再び純粋なJavaScriptに戻ってコーディングしてみると、「**型の指定がない**」「**クラスやインターフェースが使えない**」といった当たり前のことができないことに愕然とするでしょう。

　本書を最後まで読む間に、既にもう皆さんの脳は「**型なしでJavaScriptを書けない**」ようになっているはずです。それこそがTypeScriptをマスターした証といえるでしょう。

Index 索 引

著者略歴

掌田 津耶乃（しょうだ つやの）

日本初のMac専門月刊誌「Mac+」の頃から主にMac系雑誌に寄稿する。ハイパーカードの登場により「ビギナーのためのプログラミング」に開眼。以後、Mac、Windows、Web、Android、iOSとあらゆるプラットフォームのプログラミングビギナーに向けた書籍を執筆し続ける。

近著

「Google Appsheet ではじめるノーコード開発入門」（ラトルズ）

「Kotlin ハンズオン」（秀和システム）

「Power Apps ではじめるローコード開発入門 Power FX 対応」（ラトルズ）

「ブラウザだけで学べる Google スプレッドシート プログラミング入門」（マイナビ）

「Go言語 ハンズオン」（秀和システム）

「React.js＆Next.js超入門 第2版」（秀和システム）

「Vue.js3超入門」（秀和システム）

著書一覧

http://www.amazon.co.jp/-/e/B004L5AED8/

ご意見・ご感想

syoda@tuyano.com

TypeScriptハンズオン

発行日　2021年　9月　1日	第1版第1刷

著　者　掌田　津耶乃

発行者　斉藤　和邦
発行所　株式会社　秀和システム
　　　　〒135-0016
　　　　東京都江東区東陽2-4-2　新宮ビル2F
　　　　Tel 03-6264-3105（販売）　Fax 03-6264-3094
印刷所　三松堂印刷株式会社

©2021 SYODA Tuyano　　　　　　　　　　　Printed in Japan

ISBN978-4-7980-6533-5 C3055